元防衛事務次官 秋山昌廣回顧録

冷戦後の安全保障と防衛交流

秋山昌廣

真田尚剛／服部龍二／小林義之［編］

吉田書店

はしがき

もう一〇年以上前になるが、私は立教大学大学院二一世紀社会デザイン研究科で、五年間ほど特任教授として安全保障を講義していた。二年ほど前に、このとき修士論文の指導をしていた真田尚剛さんと、当時笹川平和財団で共に仕事をした小林義之さんが、服部龍二先生を伴って、私の防衛庁勤務時代をメインとしたオーラルヒストリーを編纂したいと言ってきた。立教大学勤務時代、私は、冷戦終了後の一九九〇年代日米安全保障再確認作業を、多くの関係者にこちらから面接し記録を残す研究プロジェクトを実施していたが、その調査に真田さんも参加していた。こんどは、私がインタビューを受けることになったが、かねてより、この時代に防衛庁で私の関わったことは何かの形で残しておきたいと思っていたので、このオーラルヒストリー・プロジェクトの提案を即座にお受けした。

退官後、気になっていた日中防衛交流について、民間の立場で推進できた笹川平和財団日中友好基金での活動もオーラルヒストリーの対象にすると小林義之さんが言ってきたことも、私にとっては嬉しいことだった。それに、何といっても、オーラルヒストリーの学術的専門家である服部龍二先生の指導の下でなされるというので、むしろ私のほうからこのプロジェクトに対する期待が大きくなったことを覚えている。

私は、一九九一年に大蔵省から防衛庁に移ったが、その後あしかけ八年間にわたり、防衛審議官、人事局長、経理局長、防衛局長そして防衛事務次官として防衛行政に携わり、一九九八年に退官した。

この間の防衛行政は、冷戦終了後の日米同盟の在り方、防衛予算の圧縮（平和の配当）、戦後初の自衛隊ＰＫＯ部隊海外派遣、北朝鮮の核開発疑惑、台湾海峡の緊張、沖縄米軍基地問題、難しい日中関係など多くの課題が目白押しだった。これらを、簡単に語り継ぐことはできないが、他方で資料をそろえて説明すれば表面的、形式的なものになるので、事前の準備はほとんどしないで、インタビュアーの質問に対して私の頭に残っていることを率直に話すことにした。

記憶間違いもあるだろうし、私は記憶力にあまり自信がないので、インタビュアーにいろいろ調べてもらったりして、作業を進めることとなった。そんなやり方を、服部先生をはじめインタビュアーに受け入れていただいたことにまず感謝したい。結果的に、このオーラルヒストリーは、脱線も多くまたあまり理論的な構成ないし語りになっていないことについて、まず、お詫びをしたい。しかし、私の感じたことや考えたことを率直に話したので、かえって中身のある、ユニークなオーラルヒストリーになったのではないかと思う。

役人生活三五年間で、自分にとって最も印象に残った防衛庁勤務時代のことについて、このような形で記録が残せたことは、私個人にとっても大変うれしいことだった。ここに、あらためて、服部龍二先生、真田尚剛さん、小林義之さん、そして出版を快く引き受けていただいた吉田書店の吉田真也さんに、心から感謝の気持ちを表したいと思います。

平成三〇年初秋

秋山　昌廣

目次

はしがき　iii

第1章　大蔵省から防衛庁へ——防衛審議官、人事局長　1

大蔵省から防衛庁へ／防衛審議官として／FSX問題／安全保障環境の変化と防衛庁／海部内閣から宮澤内閣へ／人事局長の役割／「クーデター論文」問題／日中関係の分析／クリントン大統領の登場／中期防衛力整備計画の見直し／北朝鮮の核・ミサイル開発／UNTACとPKO／女性自衛官のキャリアアップ

第2章　細川・村山政権の安全保障政策——防衛庁経理局長　33

防衛庁経理局長への就任／政権交代による安全保障政策への影響／樋口懇談会と「防衛力の在り方検討会議」／樋口レポートと村山首相／TMD構想と若泉敬の「密約」暴露／村山内閣発足と安全保障政策／加藤紘一政調会長の軍縮

論／防衛交流と外国旅費／阪神・淡路大震災／村山内閣の退陣へ／オウム真理教――地下鉄サリン事件から観察処分へ／自衛隊海外派遣と防衛予算

第3章　橋本政権の安全保障政策　……73
――防衛庁防衛局長（1）

防衛局長就任／「大量破壊兵器の拡散問題について」の報告書／日米間の「密約」問題／非核三原則、「核の傘」、NBC兵器／台湾海峡危機／防衛庁長官のロシア・韓国訪問／モンデール駐日大使による尖閣諸島発言／台湾と香港の活動家による尖閣諸島不法上陸／韓国での江陵浸透事件／ペルー大使公邸人質事件／防衛庁情報本部の新設／防衛庁での組織改編／中国・ロシアとの安全保障対話

第4章　普天間基地移設・日米安保共同宣言・日米ガイドライン　…119
――防衛庁防衛局長（2）

沖縄三事案／一九九五年の沖縄少女暴行事件／大田沖縄県知事の代理署名拒否／村山首相・社会党の役割／SACO設置の経緯／サンタモニカでの日米首脳会談／普天間移設決定までの経緯／移設反対の大田知事と移設賛成の比嘉名護市長／米軍基地の整理と橋本首相の決断／一九九六年四月の日米安全保

障共同宣言／日米ガイドラインの見直し／日米ガイドライン見直しに対する諸外国の反応／第二次クリントン政権

第5章　新防衛大綱と中期防衛力整備計画
――防衛庁防衛局長（3）……………………167

防衛大綱の見直し／新防衛大綱策定過程での議論／〇七大綱策定と米国／策定に対する消極的な意見／基盤的防衛力構想／防衛力の規模／基盤的防衛力構想の踏襲／旧防衛大綱のエキスパンド条項と新防衛大綱の「弾力性」／新防衛大綱での治安出動規定／「周辺事態対処」の挿入／新しい防衛大綱と中期防衛力整備計画

第6章　防衛庁改革と防衛交流
――防衛事務次官……………………195

防衛事務次官就任／防衛庁の省昇格問題／韓国による竹島の接岸施設建設／対人地雷禁止条約への署名／統合幕僚会議の権限強化／事務調整訓令の廃止／一九九八年の日ロ防衛交流／小渕内閣の誕生／一九九八年八月のテポドン・ミサイル発射／情報収集衛星導入の経緯／防衛事務次官時代の日中防衛交流／防衛事務次官としての思い出／防衛庁在職中を振り返って／防衛庁在職中

で特に印象に残っている人物

第7章　二一世紀の安全保障——海洋政策研究財団会長・東京財団理事長……241

ハーバード大学研究員／在ユーゴ中国大使館誤爆事件／台湾に関する「三つのNO政策」／一九九九年六月末の中国訪問／日本の情報収集能力／日米ガイドラインと台湾／シップ・アンド・オーシャン財団会長への就任／海洋基本法の制定／海洋政策研究財団での事業／笹川日中友好基金運営委員として／民間団体による日中防衛交流／東京財団理事長として／日本の民間財団やシンクタンクについて

解題（真田尚剛）　293

防衛庁幹部名簿　301

秋山昌廣関連年譜　302

関連資料

防衛庁・自衛隊の組織の概要（一九九八年） 308
「日米防衛協力のための指針」（一九九七年九月二三日） 318
「平成八年度以降に係る防衛計画の大綱」（一九九五年一一月二八日閣議決定） 327

主要人名索引 331

＊本文中における部署名、役職、肩書などは原則として当時のものである。
＊本書に掲載した写真は、著者所蔵のものを利用した。

第1章

大蔵省から防衛庁へ

——防衛審議官、人事局長

大蔵省から防衛庁へ

真田　秋山先生は一九六四年に大蔵省に入省され、主計局主計官や関税局総務課長、東京税関長を経て、一九九〇年に大臣官房審議官（銀行局担当）を務めます。その後、防衛庁に異動となり、長官官房防衛審議官、人事局長、経理局長、防衛局長、防衛事務次官を歴任し、冷戦後の安全保障政策に深く関与されました。本インタビューでは、防衛庁時代を中心に伺いたいと思います。

秋山先生は一九九一年六月、大蔵省から防衛庁に異動されました。まず、その経緯について教えていただけますか。

秋山　ご存じの人は多いと思いますけれども、大蔵省から防衛庁に、幹部要員として二、三年ごとに一人移っていたんですね。結果として、大半が最後事務次官になっていますけれども、別に事務次官要員ということではないのですが。私が事務次官になる二、三年前に亡くなった畠山蕃《はたけやましげる》さんという人がおり、その前に、日吉章《ひよしあきら》さん、三代前が宍倉宗夫《ししくらむねお》さん、宍倉さんの前が矢崎新二《やざきしんじ》さんと、大蔵省出身の次官がこう続いていたわけです。

それは、防衛庁が戦後、一九五四年に新しくできた役所で、かつ、当時は今と全然雰囲気が違っていて、防衛庁って言うと眉をしかめるような、そんな雰囲気があって、現実問題としてなかなか人材が採れなかった。つまり、大卒のキャリアの上級職を採るっていうのが難しかった。防衛庁がだんだん大きな役所になっていく一方、トップとか、局長とか、そういうことをやれる人が少なくて、最初は警察庁、それから自治省から人が出ていた。主として警察から人が出ていたんですが、そのうち大蔵省が人を出すようになったという経緯があって、たまたま私は、その二、三年に一回の番に当たって、あるとき突然、防衛庁に移ってくれという話があったということです。

防衛関係費、防衛予算が非常に大きいものですから、その大きな予算を財政当局の大蔵省がコントロールするために、幹部を派遣しているとよくいわれました。派遣された幹部は、最近はちょっと変わっていますけれども、当時は必ず経理局長というのをやっていた。要求側の経理局長でありながら、多分、要求の段階で予算を抑えるとか、そういうことを狙った人事だと、よくいわれていますけど、全くそんなことはないですね。大蔵省から来た人が経理局長をやったり、幹部になったりして、大蔵省から言わせれば、むしろお金は多く取られたというのが実態です。

そういう経緯があって、私自身は、それはもう青天の霹靂だったのですけれども、もともと国際関係とか、外交とか、そういうことに非常に興味を持っていたので、個人的にはこれは面白いなと思って移ったということです。

防衛審議官として

真田　長官官房の防衛審議官として、特に印象に残っている事件や事故、出張などはありますか。

秋山　防衛審議官で防衛局の仕事を勉強するということになったんです。防衛局担当の防衛審議官だった。

先ほども言ったように、防衛庁の幹部要員として引っ張ってきたということだし、いずれ防衛庁をリードしていかなくちゃいけない人間だということだったのでしょう、防衛審議官のときは、秋山にいろいろと勉強させるという感じが強かった。非常に印象に残ったのは、たくさん国内の出張に行かせてくれて、海上自衛隊の地方総監とか陸上自衛隊の方面総監、あるいは、航空自衛隊の方面隊司令官の人たちに会ってこいと言われた。

私の会った人の多くは、後で幕僚長か統合幕僚会議議長になった人です。兵庫に行ったときには中部方面総監の西元徹也《にしもとてつや》さんという統合幕僚会議議長をやった人、北海道に行ったときには、この人は北部方面総監で辞めたと思いますけれども、志方俊之《しかたとしゆき》さんという有名な陸上自衛隊の幹部、もう大変魅力的な方面総監でしたね。

印象に残るのは、熊本県に陸上自衛隊の第八師団があるんですが、その師団長をやっていた松島悠佐《まつしまゆうすけ》陸将でした。この人は、陸上自衛隊の幕僚長候補の一人だったんですが、大変勇猛果敢というか野戦型のリーダーで、彼が陸上幕僚監部の防衛部長をやっているときに、日吉防衛局長を批判したりした猛者なんです。それで、彼は防衛部長から地方に飛ばされたというような話になっていたんですが、すでに次官になっていた日吉さんが「松島さんに会ってこい」と言うので会って話を聞きました。素晴らしい陸上自衛隊のリーダーという印象を持ちましたよ。自分を批判する自衛官幹部でも制服のリーダーとして認めていた日吉さんが、私に出向かせたわけです。地方の幹部、制服組ですけれども、多くの人に会って話を聞いたのが非常に印象に残っています。

話は飛びますが、（防衛庁経理局長となっていた一九九五年一月一七日の）阪神・淡路大震災のときに、松島悠佐さんは、関西を管轄する中部方面総監だったんです。そのとき、防衛庁長官が玉澤徳一郎《たまざわとくいちろう》さんでした。

実は大阪府にしても、兵庫県にしても、特に神戸市にしても、もうほとんどアンチ自衛隊だった。事前の防災訓練にも自衛隊は参加させてもらえなかったし、事前の交流も何もない。それから、地震発生時に災害派遣要請もなかなかなかった。松島悠佐さんが記者会見で、「もっと事前に協力していたら、もっと事前にコンタクトがあったら、もっと早くに要請があったら、こんなことにはなってない」という本音を漏らしながら、「非常に残念だ」と言ってちょっと記者会見で涙ぐんだんですよ。

それを防衛庁長官が知って、「人前で涙を流すような将軍は駄目だ」と言うので、彼はそこが最後で退官した。少し悲劇的なんですけど、そういうような話がある。その松島悠佐さんに、私は会いに行ったわけだが、非常に素晴らしい人だと思い、後の自衛官幹部人事政策にある示唆を得たと自認しています。

それから、湾岸危機のとき、国連平和協力法案が出されたが、一回成立しなかった（一九九〇年一一月廃案）。もう一回出し直すという話があったときに、畠山さんが防衛局長で、総理大臣が海部俊樹さんだった。防衛局長の所に呼ばれて、「ちょっと秋山、悪いけど、明日官邸に行ってくれ」って言われた。土曜日ですね。二度目の国連平和維持活動（ＰＫＯ）法案の説明を総理の所でやる。畠山さんは「実は明日朝からテニスの合宿に行くので、代わりにたのむ」って、そういうことだった。仕事よりテニス、総理大臣よりテニスを愛した畠山さんが、若くして病に倒れたのが信じられないことでした（一九九五年六月一日死去）。

さて、官邸に集まったのは外務省と、防衛庁と、内閣官房でした。三、四人という非常に少ない人数で総理に話をしたんです。問題は、海部さんは軍事力を使わない派遣でも、自衛隊派遣には基本的に反対だということでした。ところが、もうこれは派遣しなくちゃ収まらないということで、一回法律は流れたけれども、次に今のＰＫＯ法案が出された。

海部さんはやはり出したくないわけですよ。ＰＫＯ法案をもう一回出そうというので説明に行ったわけです。最初に外務省から、「今日はこういう人たちで説明に来ました」と言って、「防衛庁から防衛審議官の秋山」と言ったとたん、海部さんがキッと私を見て「防衛庁から来ているのか」というのが、第一声ですよ。あのときの海部さんの顔、忘れられないね。そのぐらいハト派というか、防衛庁嫌い、自衛隊嫌いだったんです。

それから、非常に興味深かったのは、この法律を出すということについて、もちろん内閣法制局もクリアしてやっていたんですが、「法制局長官はＯＫしたのか」、「もちろん話をしました」、「本当か」と言って海部さんが目の前で大森政輔《まさすけ》法制局長官に電話した。びっくりしましたね。それで、もう本当に苦虫を嚙みつぶしたような顔をして、黙って聞いて、もちろん総理から法案を出すという了承を取ったんです。防衛審議官としては、これはお勉強ではなくて、実際にその意思決定過程において参加しましたので非常に印象に残っていることです。

ＦＳＸ問題

服部　そのほかの課題として、航空自衛隊の次期支援戦闘機、いわゆるＦＳＸ（Fighter Support X/Experimental）の問題もあったかと思います。対米関係、技術面、予算など、どの辺りに難しさがありましたか。

秋山　ＦＳＸについては、秋山防衛審議官をアメリカに派遣して交渉させることとなったのですが、米軍当局との間には二つ大きな課題があって、値段の問題とワークシェアリング。防衛庁に来たばかりの秋山に本気で折衝をやらせる意図ではなかったと思いますが、私も一応格好つけて、事前に「価格はどのぐらいのオファーをしていいんですか」という話を部内でして、金額は忘れましたけれども、「単価はこれが上限だ」なんていう回答ももらっていました。

ワシントンへ行って、それこそ一応折衝使節団みたいなものだから、私をトップにして、内局からは防衛局や装備局の担当者を二、三人連れて、しかも、三菱重工の幹部も本社で待機して、一部はワシントンに乗り込んでいたと思います。しかし何のことはない、全然、折衝にも交渉にもならなかった。非常に固いことを言われましてね。

私が印象に残っているのは、値段の問題とか、技術協力の問題とか、いろいろあるけれども、ワークシェアリングがこんなに大きな課題なのかっていうことでした。つまり、あれはゼネラル・ダイナミクスですか、アメリカ側のメーカーが、どのぐらい仕事を取るかというのが最大の関心事だったんです。ＦＳＸを日本で作るのに、三〇から四〇％ぐらいの仕事を米国によこせと向こうが主張していたのを覚えています（その後、ゼネラル・ダイナミクスは一九九三年に戦闘機部門をロッキードに売却する）。

それから、もう一つは技術の問題でして、三菱重工が、翼とか、胴体の一体成型型新素材という新しい技術を開発した。戦闘機の翼というのは、過去の戦闘機、飛行機なんかみんなそうだけれども、平ばんな素材を鋲《びょう》でつないでいるわけです。それを全部、一度に作っちゃうという新素材技術で、非常に軽い、しかも非常に強い素材で、技術的に質が高くしかも安くできるというんで、アメリカも関心を持っていた。アメリカ側にこの了解を取る、これは私がやるんじゃなくて、もう三菱重工がやるんだけれども、非常に興味深い議論でしたね。これは、ほとんど問題なく通りました。

ＦＳＸは、もちろんアメリカの技術も相当入るわけだけれども、エンジンは（イギリスの）ロールスロイスで、翼や胴体は日本が分担した。いずれにしても、国産とはいえ、主要な所はやっぱり外国の技術なんです。

服部　ＦＳＸについて国内で難航したことはありますか。例えば大蔵省との関係で、予算に苦労したようなことはありますか。

秋山　ＦＳＸの交渉の段階において、具体的な予算についてはほとんど議論していません。とにかく価格問題が最大でした。価格が決まれば、何機買うかというときに中期計画とか予算とかが大きな課題となります。今度は防衛大綱あるいは中期防衛力整備計画の話になるわけですけれども、この段階では、相当締め付けがあった。非常に単価が高くなったから。

真田　この問題が日米関係に与えた影響についてお伺いします。防衛庁官房秘書課員だった高見澤將林《たかみざわのぶしげ》さんは、「ＦＳＸは本来なら日本で独自開発できるのに、無理に日米共同開発にせざるを得なくなった、という気分を日本側に残し、嫌米の雰囲気が出てきた」と述べています（外岡秀俊／本田優／三浦俊章『日米同盟半世紀――安保と密約』朝日新聞社、二〇〇一年、四九四頁）。

秋山先生ご自身は、そのような雰囲気をお感じになりましたか。

秋山　このＦＳＸの開発には相当複雑な経緯があるわけですよ。ＮＨＫのワシントン支局長だった手嶋龍一さんが、『たそがれゆく日米同盟――ニッポンＦＳＸを撃て』（新潮文庫、二〇〇六年）という本を出しているくらいだから、非常に厳しい日米間での交渉があったのは事実です。しかし、私が行ったときは、もうそれが終わった後だったので、嫌米感だとかいうのは私は特に感じなかったですね。

航空機の開発段階での設計変更はよくある話なんだが、テストフライト、そして最後の任務を付与するというところにいくプロセスは、割合と順調だったんです。例えば、今、三菱重工が悪戦苦闘しているる国産のジェット旅客機（ＭＲＪ）のように、何度も何度も失敗しているケースがあるじゃないですか。そういうことはなかった。Ｆ－２に進む過程は、割合とうまくいったという印象です。

真田　うまくいったというのは、うまく開発できたという意味でしょうか。

秋山　予定どおり開発も進み、予定どおり製作に入れたという意味でうまくいったという印象です。

安全保障環境の変化と防衛庁

真田　一九九一年一二月、ソ連が崩壊します。日本の安全保障政策を取り巻く内外の環境の変化について、秋山先生は、どのようにお考えでしたか。

秋山　この点について難しいなと思うのは、もうその後のことを経験しちゃったものだから、当時、どう思っていたかということを今なかなか思い出せないんです。ただ、えらいことが起こって、えらいときに自分はこの仕事をやっているなという印象は非常に強かったです。

幾つか残っている印象では、ゴルバチョフがどこかクリミアのほうの別荘にいて、他方でエリツィンがモスクワ市の市庁舎を戦車で攻撃するっていう場面をテレビで見ていて、もうほとんど毎日のように映画を見ているような感じだったですね（一九九一年八月のクーデター未遂事件）。

そのときに、一つ強く印象に残っているのは、外務省って何をやっているんだろうということですね。私はこの時期、まだ防衛審議官だったと思いますが、ソ連で緊急事態というときに、外務審議官がほぼ毎日のように外務省の講堂に各省庁の幹部を集めて情報を流していた。その情報を私は聞いていて、がく然としたというか、なんだこれはと思いました。ソ連が大変なときに、外務省に入ってくる情報はほとんどソ連政府の外務省から出ている情報なんです。

こんなの聞いたってしょうがないと思って、モスクワ駐在の防衛駐在官から話を聞いた。防衛庁の防衛駐在官というのは、ちょっと外務省と一線を引いて、軍だとか、シンクタンクの研究者だとか、安全保障の専門家とか、そういう人たちに猛烈にネットワークを広げていたので、そこから入ってくる情報が本当に新鮮で、そういうコントラストをこのとき感じました。ちょっと外務省の批判になっちゃったが、外交関係が機能しない、異常なことが起こっていたわけです。

それから、ソ連の崩壊をどのように捉えたか。今だと信じられないけれども、崩壊した直後ぐらいから、ちょっと極端なことを言えば、米国がロシアは今や同盟国だと言わんばかりのことを言い出した。それまで敵だったのが、もう今やロシアは友好国というか、同盟国ということまで言っていたと思います。それほど急速に米ロの関係が盛り上がったんです。

ソ連は冷戦に負け、勝ったのがアメリカだから、それはやはり、無条件降伏じゃないけれども、勝った国に対して非常に複雑な気持ちだったと思います。それで当時、ロシアが民主主義を採り入れるということで、突然民主主義国家になって、言論が自由になって、結果大混乱になった。しかし、それも結局長くは続かなかった。そういう印象を持っています。

後で出てくれば詳しく話しますが、日本もその空気に乗って、一九九六年、臼井日出男防衛庁長官がロシアを公式訪問しました。私も同行しましたが、あのときのロシア訪問は本当に印象的でした。

海部内閣から宮澤内閣へ

服部　ソ連解体直前の一九九一年一一月、海部内閣から宮澤喜一内閣に代わっています。先ほど、海部さんはPKO法案に腰が引けていたというお話でしたけれども、宮澤内閣の成立はどう受け止めましたか。

秋山　海部さんがPKO法案に非常に消極的だったということに関連して言うと、最初のPKO法案の委員会審議のときに、防衛庁の防衛局長の藤井一夫さんの答弁がもう固くて固くて。それで、後ろに座っている海部さんが「何言ってるんだ、そんな答弁駄目だ」なんていうことを言ったりしたせいで、心労が重なって防衛局長から防衛研究所長に移った。本当に気の毒で、西廣整輝《にしひろせいき》さんに続く、「ミスター防衛庁」と言われる、本当に立派な人だったんだけれども、海部さんのときにそういうことがありました。

ところで、宮澤さんはハト派って言われているけれども全然そうではないですよ、あの人は。イデオロギーとしてはそうかもしれないけれども、安全保障に関しては非常にしっかりした考えを持っている人で、彼の内閣の時代に初めて、自衛隊のＰＫＯがカンボジアへ派遣された。そのときに、日本の民間人ボランティア一人が殺害された。

警察の高田《たかた》晴行《はるゆき》警視（当時警部補）も襲撃されて殉職した。いよいよ、選挙が行われるという、確か（一九九三年）四月頃だったと思いますが、日本からも選挙監視団が派遣されていた。ポルポト派が近くで、相当悪いことをしているという話があって、平和・安全保障法制の駆けつけ警護の議論と全く同じだけれども、実際に派遣された選挙監視団員に何か起こったときに、自衛隊はどうするかという議論があったんです。

そのとき西元さんが統幕議長で、現場の部隊長から、何か起こったときに自分たちは絶対見殺しにできませんと言われた。それはそうだということで、ご記憶がある人は分かると思いますが、巡回して情報収集に行くということをして、そのときにたまたま何かあったら助けると。それは緊急避難だということでいいから、とにかく助けろと。しょっちゅう情報収集をして、何かあったらＰＫＯ法の法律を超えることになるかもしれないが、無垢の民間人を何としても守るという意思決定を防衛庁としてしたんです。西元さんと畠山防衛局長が宮澤さんに話をして了解は取って、西元さんが現場に連絡した。このとき、宮澤さんは、最後は自分が責任を取ると言われた。宮澤さんは国家の責任者として、非常にしっかりしていると思いました。

服部　ボランティアの中田《なかた》厚仁《あつひと》さんが亡くなったんでしたね。射殺されてしまったんですよね。

秋山　中田さんでしたね。お父さんが息子さんの遺志をついで頑張っておられましたけどね。中田さんが亡くなって、それから高田警視が亡くなって、そしていよいよ選挙というときに、こういう話で、宮澤さんというのは、そういう意味じゃあ非常にきちんとした人だったですね。

ちょっと話が飛んじゃうけれども、宮澤さんが総理大臣を辞めた後、私が村山富市内閣で防衛大綱の見直し（〇七大綱）をやって、それで、中期防衛力整備計画もやった。

元総理ということで宮澤さんの所に説明に行ったんです。宮澤さんという人はちょっと不思議な人で、総理大臣をやった人なのに、後輩というか役人を相手に「秋山先生」って言うんですね。「秋山先生、この防衛大綱は何年ぐらい寿命があるんですか」って言われた。私から「一〇年、できれば一五年」と言いました。それは防衛大綱と絡んでいた中期防衛力整備計画が期間五年でしたので、防衛大綱はどのぐらいもつのかと聞かれたときに、中期防衛力整備計画を二回ぐらいはやりたいと、できれば三回、従って一〇年ないし一五年ということを話したんです。そうしたら、宮澤さんが「そうですか、はあ、一五年ね。うーん」。

で、彼は何を考えていたかといったら、中国のことなんです。あの防衛大綱にしても、中期防衛力整備計画にしても、実質的にそれほどじゃないけれども、防衛力を減らすという防衛大綱だし中期防衛力整備計画だったんですね。大ざっぱに言うと、約二割減らすと。それを、彼は中国がどのぐらいの軍事大国になるかということを考えて、「はあ、五年、一〇年、一五年ですか。まあ、大丈夫ですかね、中国は」と一言つぶやいた。そういうことから、ああ、この人は結構、真剣に安全保障のことを考えているんだと思いました。

当時、「平和の配当」だとか何だとかいわれて、防衛力を減らせという雰囲気ですね。政権も自社さ政権で、総理は村山富市さんだし、自民党の政調会長は加藤紘一さんだし、勇ましいことは言えない環境でした。そんなときに、宮澤さんがそういうことを言ったので、非常に印象深いことでした。いずれにしても、宮澤さんはハト派というけど、安全保障に関してはしっかりした考えを持っていたという印象ですね。

服部　カンボジアPKOについては、のちほど、あらためて伺います。

人事局長の役割

真田　一九九二年六月、秋山先生は防衛審議官から人事局長に異動されました。防衛庁における人事局と人事局長の役割について、教えていただけますか。

秋山　人事局というのは、自衛官の幹部クラスの人事、それから、不祥事の始末ですよ。大きいのはこの二つです。それで、幹部人事というのはトップクラスの人事、つまり幕僚長にしても地方総監にしても、トップクラスの人事は内局が握っている。地方の中堅幹部以下については、陸海空の各幕僚監部の人事担当が握っているわけですけれども。一定以上の階級になるとみんな、人事局に来るわけですね。そういうこともあって、防衛審議官時代に秋山にとにかく早く、地方の制服組の幹部とネットワークを作らせようとした。

人事関係ではあと、給与ですよね。予算折衝では、いろんな手当をもらいにいく。なかなか本俸は上がらないものだからね。

　人事局には関係ないんだけれども、自衛隊というのは超過勤務手当がない。これは制服だけじゃなくて、背広（文官）もない。一部に本当の事務官というのはいるけれども、防衛省の内局にいるいわゆる背広組も大半が自衛隊員なんです。つまり文官も自衛隊員。自衛隊員というのは超勤が付かないんです。なぜか。国を守る仕事は勤務時間に制限はないと、単純にそういう理由で。これはどうも、どこの国もそうらしい。その代わり、もちろんちゃんと一定の手当てはしているけれども十分ではない。陸海空自衛隊の人事局に対する非常に大きな期待は、予算折衝においていろんな手当を取ってくることなんです。危険手当とか、何とか作業手当とか、超過勤務が取れないものだから、そういうものをもらってくる。

　その手当で一番印象に残っているのは、ＰＫＯ法案が通った後、実際にＰＫＯ部隊を出すときのことです。ＰＫＯの隊員に指名された隊員が行くわけです。これにＰＫＯ業務手当を出す。今はどうなっているか知らないが、半端じゃないんです、その金額が。一日一万五〇〇〇円とか、二万円とか。とにかくＰＫＯ部隊に派遣されると、帰ってくるともう家が建つなんて、ちょっとこれはオーバーですが、少なくとも車は買えた。毎日出ますから大きい手当でしたね。

　それから、殉職自衛隊員に対する手当、これが世界各国と比較すると非常に低い。国内においても警察とか、消防とかに比べると低い。なぜ低いかというと、長い間自衛隊が白い目で見られていたということもある。これを人並みにしようというので、だいぶ駆けずり回ったことがありました。

　当時自衛隊員はみんな、富国生命の保険に入っていて、殉職するともちろん保険金が出るし、国からも出る。全部合わせていくらという計算だったが、それでも警察とか消防とか、あるいは他の国に比べると低かった。これをどうやって引き上げるかといった仕事。
人事局での大きな仕事には名誉の問題もありました。つまり、叙勲が毎年春と秋にありますが、自衛隊員の幹部、中堅幹部も含めて、どうやってそのレベルを上げるか、対象を広げるか。世界各国に比べて、日本の場合、国防を担当する自衛官への叙勲のレベルが非常に低かった。戦前は良かったと思うし、世界各国では軍人は非常に国民から尊敬されている職種ですから、叙勲のレベルは非常に高いわけね。日本ではそれがなかなかもらえなくて、これをもらうレベルを上げるために交渉するというのも仕事の一つでしたね。
私が人事局長のとき、統合幕僚会議議長は陸海空の幕僚長と同じ給与で、次官よりも低かったのです。ところが近年では、（統合幕僚会議議長から名称変更された）統合幕僚長が格上げされ、次官と同じ扱いになった。幕僚長は一つ下ですけどね。しかし、外から見たら、一応、同格というふうに見られていた。しかし、叙勲のときに、どうしてもちょっと遅れるというふうな話があって、不満があった。ところが、最近驚いたことには、統合幕僚長が、これまでの事務次官と同じ瑞宝重光章《ずいほうじゅうこうしょう》ではなくて、その一つ上の瑞宝大綬章《だいじゅしょう》を受けるようになった。これは、自衛隊員の悲願だった。国防組織の制服のトップが、文官のトップの下とか同じとかというはずはないというので、（首相の）安倍晋三さんが受け入れたんでしょうね。瑞宝大綬章を受けた統合幕僚長が二代続きました。
真田　自衛官の名誉に関して、天皇陛下による認証官にすべきではないかという指摘がありますね。
秋山　ええ。
真田　そういうことにも、人事局長として対応されたのでしょうか。

秋山　認証官の問題は個人としてはあまり抵抗感がなかったが、実現性がなかったから折衝するまでに至らなかったので印象に残っていません。

「クーデター論文」問題

真田　先ほど不祥事の始末というお話がありました。この時期の不祥事としては、いわゆる「クーデター論文」の問題がありましたね。

秋山　確か、金丸信さんのお金の問題に絡んで（東京佐川急便事件）、自衛官の中堅幹部が、もうクーデターしかないといったような記事を『週刊文春』（一九九二年一〇月二二日号）に投稿した。

真田　これについて、秋山先生はどうすべきと考えましたか。

秋山　名前は忘れましたけれど、投稿した自衛官を処分しなくちゃいけないということになった。

真田　三等陸佐です。

秋山　そう、三等陸佐だった。ああいう記事を書いたぐらいで、あんまり騒いでもしょうがないかなと私は思っていた。しかし、当時、防衛庁長官が宮下創平さんで、宮下さんは大蔵省出身だけど、確か軍の経験があるんで、戦前のイメージが出て来ることに対して非常に厳しくて、「こういうのは徹底的にやれ」、「芽が出たところで、絶対こういうことが起こらないようにつぶせ」と、かなり激しかった。

　自分としてはいい案だったなと思っていたのだけれども、三等陸佐を二階級降格（尉官に降格）させるという案を考えた。こんな処分初めてなんだよ。制服組の幹部を降格処分にするということを考えて、二階級降格という案を宮下さんの所へ持っていった。でも、「駄目だ。辞めさせろ」って言うんです。辞めさせる処分というのは、よほどの理由がなければなかなか難しくてね。困っちゃってね。彼が所属している部隊の師団長あるいは方面総監に球を投げて、本人から辞職願を取れと。よくある話で、警察なんかでは諭旨免職とか言ってね。

そのときの私の考えは、宮下防衛庁長官は軍国主義といわれたけれども、その政治に対する軍の介入といっても、週刊誌にクーデター云々と書いたぐらいではどうっていうこともないというものでした。当時、今の政治はなっていないということを言う幹部自衛官は結構いた。幕僚長まではいかなかったけれども、方面総監までいった陸上自衛隊の幹部が政治の腐敗を憂えて、政治家と直接付き合って、戦前にあったような政治的な動きをするようなこともあった。この事件はそういう人ではないんだけれども、クーデター、軍の力で政治を倒せという主張に対して、宮下さんが非常に厳しく対応をしたというのが、大変大きな印象です。

服部　宮下長官は終戦時に、陸軍予科士官学校を中退されているようですね。

それから、問題の論文を発表した三等陸佐については、民主主義制度を否定し、クーデターを容認する見解を発表する行為は許されないとして、懲戒免職処分になったと報道されています。懲戒を定めた自衛隊法第四六条一項二号「隊員たるにふさわしくない行為」に当たるとされ、第五八条一項「品位を保つ義務」に違反したと判断されています。自衛官が自分の意見をマスコミに発表したことで懲戒免職となったことは初めてのようです（『朝日新聞』一九九二年一一月一三日、『読売新聞』一一月一三日、『毎日新聞』一一月一三日夕刊）。

秋山　懲戒免職って書いてあるなら、最終的にそうだったかもしれない。その後、不服審査請求が提出されたと思う。そのくらい、懲戒免職というのは難しい処分だったと思います。

日中関係の分析

服部　次に宮澤内閣期の日中関係について、お伺いします。中国は一九九二年二月二五日に領海法を制定し、尖閣諸島や南沙諸島を中国領として記載しました。翌日に齋藤正樹公使が中国外交部に抗議しています（『朝日新聞』一九九二年二月二七日）。また、八月には中韓国交が樹立され、一〇月には天皇が訪中します。この頃の中国や日中関係をどのように分析されていましたか。

秋山　一九九二年二月、防衛審議官ですね。防衛審議官として、このことははっきりとは覚えていない。六月には人事局長になっている。個人として、日中関係とか、中国の問題に関係するようになったのは経理局長のときです。人事局長のときに、そういう国際関係はほとんど仕事上関係なかった。領海法の制定とか、こういうような事実について考えたのは後になってからです。

服部　防衛審議官の時期ですと、中国の江沢民総書記が四月に来日して、六月に成立するPKO法案に釘《くぎ》をさすとともに、天皇訪中に対する懸念を打ち消そうとしたようです。その後、一九九八年に江沢民は国家主席として来日します。

秋山　国家主席として来たときに、確かいろんな問題を起こしている。

服部　一九九二年の段階では、むしろ天皇訪中を求めているんじゃないかと思います。

秋山　外務省は（中国の領海法に）抗議したのですか。

服部　ええ。ただ、外務省も抜かっていて、その動きは察知できていなかったようなんですね。むしろ、共同通信の記者のほうが情報をつかんでいたようです（西倉一喜『アジア未来』共同通信社、一九九七年、三八～三九、一六七～一七一頁）。

それでも、一九九二年のメイン・イッシューは天皇訪中の是非でした。宮澤内閣の前の海部内閣のときにも、天安門事件後で孤立していた中国に手を差し伸べるかどうか議論になっていましたし、中国側は天皇訪中を要請していたかと思います。

秋山　天安門事件の後、いち早く制裁解除をしたのは日本でした。それは海部さんのときだ。そして、海部さんは中国に行った。天皇が訪中するというのが一つの大きなシグナルになった。

服部　海部総理が一九九一年八月に訪中したとき、李鵬首相が翌年の天皇訪中を要請しています。翌年、つまり一九九二年は日中国交正常化二〇周年でもありましたから。

秋山　私が、中国のことについて言えるとすれば、自分が経理局長になってからのことですね。もともと、国際関係に興味があったものですから、冷戦が終わった後、日中関係を何とかしなくちゃいけないという個人的な動機で中国を見ていたので、防衛庁がそのときどう見ていたのかというのはあまり関心がなかった。多分、それほど中国、中国ということは言っていなかったと思います。

クリントン大統領の登場

真田　今度はアメリカについてです。一九九二年一一月、米国大統領選挙にて現職のブッシュ大統領（共和党）がクリントン氏（民主党）に敗れました。秋山先生や防衛庁・自衛隊は、この選挙結果が日本の安全保障政策にいかなる影響を与えると考えましたか。

秋山　この現職のブッシュってパパ・ブッシュですね。一般論として、安全保障とか、そういう面で日米関係を考えるときに、防衛庁に限らず、日本では、共和党のほうがいいというのが基本的にある。だから、その共和党から民主党に移っていってどうなるだろうといったような、一般的な関心なり、懸念はあったと思うけれども、それ以上に、防衛庁・自衛隊が、安全保障上どんな影響があるだろうかと考えていたかはあまり関知していない。

ブッシュもそうだったが、クリントンも選挙キャンペーンのときには、結構、反中国的なことを言っていた。もちろんブッシュのほうが激しかったけれども。でも、両方とも、大統領になった後変わったわけです。それは、息子のジョージ・W・ブッシュが出たときもそうだった。彼は大統領になってからも、一生懸命反中的なことを模索はしたけれども、結局やめた。クリントンも実はそうで、選挙キャンペーンでは（中国の人権問題が改善されなければ最恵国待遇を停止すると）言っていたんだけれども、結局、そうではなくなった。

という印象があるぐらいで、日本の安全保障政策に、ブッシュからクリントンになったときどんな影響があるかといろいろ考えたわけではなかった。

中期防衛力整備計画の見直し

真田　宮澤内閣は一九九二年一二月一八日、中期防衛力整備計画の見直しを閣議決定します。

秋山　一九九二年の一二月、これはまだ私が人事局長のときですね。

真田　はい。人事局長として、中期防衛力整備計画にどのように関与されましたか。

秋山　ほとんど関与していない。

真田　人事局長というのは、中期防衛力整備計画にはあまり関与しない立場なのでしょうか。

秋山　関与しないね。関係ゼロじゃないと思うけれども、実質的な関与はゼロだ。

他の役所だったら、ちょっと違うと思うけれども、防衛庁には防衛局防衛課があった。防衛に関することは全て防衛課でやっていたわけだ。従って、ほかの組織には全く情報も入ってこない。こんな組織は珍しい。例えば、大蔵省大蔵局大蔵課なんてない。防衛庁だから、防衛が行政目的で当たり前なんだけど、防衛庁防衛局防衛課ってすごいですね。極端なこと言えば、防衛に関することは、全部、そこでやっている。

ちょっと話が飛んじゃうけれども、これはあまりにもひどいと思い、私が防衛局長か、防衛次官のときに、防衛局を分けて運用局を作った。その運用局とは、防衛局から自衛隊の運用部門を切り離したものです。その代わり教育訓練局を廃止し、教育訓練局の教育部門は人事局に入れて人事教育局とし、訓練部門は運用局に引き継ぎました。しかし、防衛庁・自衛隊のプロパーの人たちには非常に評判が悪くて、結局最近なくなってしまったと思うんだけど。そのときの私の気持ちは、余りにも権力というか仕事が集中している防衛局から少し分離独立した局を作るべきだというものでした。

服部 局長クラスの会議というのが、当然、あるわけですよね。

秋山 あるかもしれないけれども、決まったことをただ追認したんだろうと思う。防衛政策に関して、予算という意味でせいぜい経理局は関係があった。教育訓練局は訓練では関係があったが防衛力整備には関係ない、実際の訓練だからね。装備局は関係あった。だから、装備局、経理局、防衛局、これらは相互に関係している。人事局は、防衛力整備という意味ではあまり関係なかった。

真田 こういう中期防衛力整備計画の場合は、官房長の役割もほとんどないですか。

秋山 ないと思うね。

真田 やはり経理局、装備局、防衛局ですか。

秋山 そうですね。

北朝鮮の核・ミサイル開発

真田 次に北朝鮮の問題です。一九九三年三月、北朝鮮が核拡散防止条約（ＮＰＴ）からの脱退を宣言し、朝鮮半島危機が起こります。

秋山 一九九三年三月というのは、まだ私が人事局長のときですね。

真田 はい。同年五月には北朝鮮がノドン・ミサイルを発射しました。秋山先生は人事局長として、これらの問題にどのように対処されたのでしょうか。
秋山　人事局としては、ノータッチ。この問題はもちろん、（一九九五年四月から）防衛局長として非常に関与したから大体のことは全部知っていますけれども、人事局長当時、防衛庁がどう反応したかっていうことは知らない。

今となっては、北朝鮮の核開発にしても、ミサイル開発にしても、かなり進んで、アメリカに対しても脅威を与えるぐらいまでになってきたから深刻な問題になっていますが、この当時は、全体としてまだそんなに危機意識は持っていなかったように思います。持っている人もいましたけどね。でも、またやっているねと、脱退してどうするの、どうしようもないねあの国はと、こんな感じだったんではないかと思います。

防衛庁全体として、一九九二年、一九九三年頃、北朝鮮問題は冷戦後の一つの問題として意識しましたけれども、今ほど、深刻には考えていなかったように思いますね。ただ、制服組は違ったかもしれません。
服部　北朝鮮は一九九三年三月一二日に脱退を宣言しますが、正式に脱退したのはずっと後ですね。
真田　そうです。取りあえず、脱退を表明という感じです。
服部　表明したものの、同年六月一一日の米朝共同声明で、脱退の発効を停止するんですね。一〇年後の二〇〇三年一月一〇日にも、北朝鮮はＮＰＴからの脱退を宣言しますね。このときは、翌日に発効してますね。
真田　一九九三年の三月の段階では、あくまでも脱退を表明しただけです。そのうち、朝鮮半島危機が一九九四年の三月ぐらいに高まり、南北実務者協議では北朝鮮代表が「戦争が起これば、ソウルが火の海になる」と発言します。

そこでカーターが（六月に）訪朝して、（黒鉛減速炉を軽水炉に交換することで）収まります。一〇月の米朝枠組み合意で、北朝鮮は黒鉛減速炉を凍結することを約束し、その代わりに軽水炉の提供と重油の供給を受けることになりました。そのための機関として、KEDO（朝鮮半島エネルギー開発機構）が一九九五年三月に設立されます。

ですから、当分（北朝鮮は）、NPTには入っていると思います。その後に、一〇年後ぐらいに本当にやめて、今に至るという形だったと記憶しております。

秋山　カーターは特使でしたっけね。

真田　事実上特使といえるのかもしれませんが、形式的には一民間人のようでした。

秋山　カーター元大統領が、北朝鮮に行って、一応、何か収めてきた。後に枠組み合意ができたが、あのとき私の印象に強く残っているのは、金日成とカーターの会談風景です。皆さん覚えているかもしれないけれど、カーターの座っている椅子が、金日成の座っているいすより二〇センチか、三〇センチ低かった。すると、会談しているときに片方がガクッと低くて、片方が高いと、見た目に優劣がある、そういうつまらないことをやる国だったという記憶があります。

それから、この後だけどKEDOの開発とか、一応、枠組み合意ができて、軽水炉を作ることになったんです。ある意味では少し動き出した。あのプロセスをいい方向に持っていけなかった一つの大きな原因がアメリカの態度だった。アメリカが結局、合意した義務を履行しなかった。GE（ゼネラル・エレクトリック社）から軽水炉が導入される予定だった。ところがアメリカのほうで、急に導入の保証をしろと言いだした。保証しないんだったら、もう北朝鮮に出さないとか言いだして、もめにもめちゃって、また（ケリー米国務次官補が二〇〇二年一〇月に訪朝したとき）北のウラン濃縮計画が分かったりして、最終的には結局あのKEDOが駄目になった。あれは惜しかったと思う。北朝鮮も非常に期待していたんだから。

北朝鮮問題に関しては、プロセスをよく検証してみる必要があると思うんです。私はもう直感的だけれども、アメリカのハンドリングミスとか、アメリカの企業エゴとか、その辺に問題があったと思います。

服部　カーターの訪朝のときに、黒鉛減速炉を軽水炉に交換することで合意したんですね。

秋山　訪朝後（の一九九四年一〇月）に枠組み合意ができた。

服部　そして一九九五年三月にKEDOが発足していたわけですね。北朝鮮が二〇〇五年に核保有宣言を行うなどしたこともあって、二〇〇六年に軽水炉計画は中止されます。

秋山　KEDOの組織に、日本人も出して動き出していた。北朝鮮問題がなかなか解決しない一つの理由は、アメリカの方針がクルクル変わったことです。また、日本について言えば、どうしても拉致問題が出てくる。

UNTACとPKO

真田　すでに少し伺っていますが、一九九三年五月、国連カンボジア暫定統治機構（ＵＮＴＡＣ）の文民警察官として活動していた高田晴行警部補が同地にて殉職しますね。この事件に限らず、カンボジアＰＫＯについて、宮澤総理の官邸ですとか、防衛庁・自衛隊は、どう対応されたのでしょうか。

秋山　一九九三年五月。だから、私はまだ人事局長だった。人事局長としてこのＰＫＯ派遣には関与している。それは、派遣部隊の隊長を誰にするかとか、誰を派遣するかとか。それから、残された家族をどうやって世話するとか、軍隊にはよくある話です。戦地に兵隊を派遣したら、その家族の面倒を見る。

初代の日本のＰＫＯ部隊の大隊長は渡邊隆さんといって陸上自衛隊から出た、宮下防衛庁長官の（防衛長官室）副官をやっていた人です。渡邊さんという人はかっこいいし、背も高いし、非常に印象的な、立派な幹部だった。

そして、最初にどこの部隊を出すのかということになったんです。施設部隊だということになったので、結局、白羽の矢が立ったのが京都府宇治市にある第四施設団だった。ところが、太平洋戦争時代にそこから出た部隊はもう連戦連敗ということだったので、本当に大丈夫かという心配があったが、とにかく派遣する隊員を選ばなくちゃいけないと。これが予想外で、隊内で嫌だという話はなくて、むしろ積極的に応募してきた。部隊の昔の評判は良くなかったけれども、そのときはみなＰＫＯで活動したいという雰囲気だったことを、よく覚えています。

それから、ちょっと印象深いのは行く前の話です。これから言う話は、人事局長のときの話ではなくて防衛審議官のときの認識だけれども。部隊が派遣される前に、畠山防衛局長が現地入りしている。何しに行ったかというと、どこが一番安全かということを調べに行った。何か起きたときに助けてくれる部隊がいるかということも調べた。日本らしいけれども、それで、日本の最初のPKO派遣は成功したんですね。当時、明石康さんがUNTACのトップだったので、明石さんに連絡をとったところ、タケオがいいと、あそこは安全だと。すぐ近くにフランスの部隊がいる、何か起きたら、フランスの部隊が守ってくれるということで、タケオに決めた。

服部　秋山先生自身も、タケオを視察されていますね。

秋山　行っています。一九九三年の二月頃かな。実は、その後、（民間ボランティアで選挙監視員の）中田さんが（射殺されて）亡くなった。それから、高田警視も亡くなった。警察はその当時、警察庁長官は城内康光《きうちやすみつ》さんといって、今の自民党衆議院議員の城内実《みのる》さんのお父さん。彼がじだんだ踏んで悔しがったのは、自分たちはそういう安全調査をしなかった。言われるまま出して、言われる所に行って、それであの悲劇になっちゃったと。これは自衛隊との大きな差でした。

防衛庁・自衛隊としてはちょっと特別だったかもしれないけれども、自衛隊、まあ軍隊を外に出す、絶対武器を使ってはいけないとか、憲法違反とか何とか言われていたから。とにかく畠山さんが直ちに飛んで行ったのは、どこが安全かと、何かあったら、誰が守ってくれるかと。とても、普通の軍隊組織の幹部ではないよね。でも、それがある意味で成功して、初の自衛隊PKO派遣部隊は何の問題もなく、成功裏に帰ってきた。警察は悲劇が起こってしまったので、それ以降一切、PKOに警察官を出していない。大変なトラウマになってしまった。その差が出たということで、畠山さんが事前に安全調査に出かけたことが非常に印象に残っています。

渡邊大隊長の次に、第二次派遣隊というのが出た。その第二次派遣隊が選挙のときに現地で活動をしている。第二次の派遣隊は、大隊長が北海道の第一施設群の幹部だったと思う。石下義夫《いしおろしよしお》さんと言ったかな。いかにも野戦型で、内局の言うことも聞きそうもないようなところがあり、少し心配した。

しかし実際には、これが立派な人で、選挙のとき、現地で何か起きたらどうしようかということも、綿密に陸上幕僚監部あるいは統合幕僚会議と協議して、日本から派遣された選挙監視員に何かあったら、もう軍人としては放っておくことはできませんと。だけどちゃんと準備して、最終的に宮澤総理まで了解を取って、きちんと対応できた。

カンボジアの初めてのＰＫＯは、大成功だった。当時、派遣された隊員が六〇〇人ぐらいだった。それに対して、日本から出ていったジャーナリストがピークには三〇〇人ぐらいいた。すごかった。現地の広報担当も悲鳴を上げていた。それだけ関心が高かったということだった。

防衛庁・自衛隊の対応についてですが、あのＰＫＯの法律を一回読んで頭に入る人は天才ですね。もう非常に複雑な法律なんです。よくこんな法律を作ったなというしろものです。やっぱり自衛官、制服のほうからすれば、何だこれはと。軍隊を出すんだったら、武器の使用にしても何にしても、軍隊がちゃんと働けるようにしてくれと。確か、あのＰＫＯの部隊というのは、自衛隊員としてじゃなくて、内閣府国際平和協力本部に所属するＰＫＯ隊員として出ている。実際は自衛隊員だから、ＰＫＯ隊員が自衛隊の服を着てもいいとか、そんな話があった。変な話なんだ。それはそれとして、よくもまあ、みんな、特に制服があの法律を理解してちゃんとやってくれたなというのが、率直な感想です。

ああ、これが軍隊だなって思ったのは、銃後の守りというか、家族の面倒、家族と現場の派遣された隊員との連絡とか通信とか何だとか、本当によく考えていた。それは軍隊の経験がない私としては、いやあ、やっぱり軍隊というのはすごいなと思いました。いずれにしても、誰も欠けなくて良かった。今のところ、自衛隊はＰＫＯでは欠けていない。

女性自衛官のキャリアアップ

小林　女性自衛官のキャリアアップについてお聞きします。女性自衛官の将補も今は出てきていますけれども、当時、人事局長をされていたときに、女性自衛官のキャリアについての扱いについてはいかがでしたか。

秋山　人事局長時代ではなくて、私が防衛局長時代の頃だったけれど、労働省が中心になって、男女雇用機会均等法、男女共同参画社会の関係ですね、あれを推進したのが、松原亘子《のぶこ》さんという、日本で最初の女性事務次官、私の高校の同窓生です。彼女が推進した政策でして、彼女が局長をやっているときに、防衛局長の私の所にやってきて、「自衛隊は遅れているじゃないですか」とお叱りを受けて、「まず、婦人自衛官というのはやめてください。婦人というのは、ある意味で差別語だから。女性自衛官にしてください」というわけです。「いいですよ、女性自衛官」と言って、当時は「婦人自衛官募集」というのがポスターに出ていて、それが女性自衛官に変わりました。もう今は慣れちゃいましたけどね。

私は違和感がなくて、「分かりました、しかも、女性自衛官に名前を変えるだけじゃなくて、もっと就業機会を増やして、それこそよほどの理由がない限り、自衛隊内でつける職種を拡大し、その機会を男女共同にしましょう」ということにしました。それは世界の潮流にも合っていて、アメリカが一番進んでいるんですけれども、割合と日本は早くキャッチアップして、もうすでに女性の艦長やパイロットも出ています。戦闘機のパイロットは駄目だったけれどね。制約された職種があって、当時は、戦闘機が駄目、それから確か、第一線の歩兵、普通科ですね、これが駄目。それから偵察隊も駄目、潜水艦も駄目。今は、だいぶ良くなった。

真田　練習艦の艦長の事例があります。

秋山　戦うのはまだ駄目でしょうか。

真田　最近は、潜水艦以外は配置制限が解除されたようです。

秋山　いろいろ理由があって、母性保護とか、やっぱり潜水艦は難しいと思うよね。あんな狭い所ですからね。とか、いろんな理由で駄目な所はあるんだけれども、かなり広がっていて女性自衛官がいろんな戦う仕事をやっています。

　例えば、女性自衛官に向いていて、評判になっているのが、短距離地対空誘導弾（短ＳＡＭ：Surface-to-Air Missile）、近距離地対空誘導弾（近ＳＡＭ）の高射特科中隊ですね。結構、女性自衛官がいますよ。いかに冷静に計算をして、どういう角度で打つかとかいうようなことは、もうパソコンを扱うようなものなんですよね。女性でもできるというか、むしろ優れている。

　それに、偉い人も出てきましたよ、空将補とか、海将補も出たんじゃないかな。昔は女性幹部というと看護婦の婦長さんだったんだけどね。今はそうじゃない所で出ているはずです。だけど、まだ少ない。

第2章

細川・村山政権の安全保障政策

――防衛庁経理局長

防衛庁経理局長への就任

真田　一九九三年六月二五日、秋山先生は経理局長に就任されます。前任者の宝珠山昇《ほうしゅやまのぼる》さんから申し送りは何かありましたか。

秋山　報告すべきようなことはなかったですね。

服部　前任の宝珠山さんは、最初から防衛庁の方ですね。

秋山　そうです。

服部　その後任の経理局長に秋山先生が就任されたというのは、やはり大蔵省出身ということが大きかったんでしょうか。

秋山　大蔵省から防衛庁に移った人は、一つのパターンは経理局長になって、それから防衛局長になって、防衛事務次官になるというケースが多かったんですね。大体二年か三年ごとに大蔵省から来ていたから、経理局長の多くは大蔵省の人がやっていたということですね。だから、プロパーの人が経理局長になったというのは珍しい。宝珠山さんは非常にいい経理局長だったと思いますよ。ご本人もやって良かったんじゃないですかね。

私は、大蔵省から来ているということもあったので、経理局長ということは当然あったと思いますね。私は、めずらしく経理局長の前に人事局長をやっていた。そのほうがむしろ異例で、大蔵省から行って、人事局長をやったのは私だけじゃないかな。最近はいるけれども、以前はなかったと思う。

真田　秋山先生の前後で、大蔵省出身の人事局長はいません。坪井龍文《たつふみ》さん、三井康有《やすとも》さん、萩次郎さんなどの歴代人事局長は、最初から防衛庁に入庁された方々ですから。

服部　秋山先生の次の経理局長の佐藤謙さんは大蔵省出身ですね。

秋山　そうですね。

政権交代による安全保障政策への影響

真田　一九九三年七月の衆議院選挙にて自民党は単独過半数を得られず、その翌月に非自民党政権である細川護熙《もりひろ》内閣が成立しました。秋山先生と防衛庁・自衛隊は、この過程をどのように捉え、そして日本の安全保障政策にいかなる影響があると考えましたか。

秋山　細川さんはやはり、軍縮ということを結構言っていたので、軍縮についてどういうふうに指示してくるのかという懸念を持っていたというのは事実ですね。

防衛庁・自衛隊として、細川さんをどう見ていたかというのは、当時、私はまだ防衛庁の感覚で見ていなかったものだから、よく説明できないけれども、庁内全体で、軍縮についてはちょっと「えっ」というような感じはあった。結果的には、そうひどいことではなかったが、「軍縮、軍縮」と言っていましたので、みんなが構えていたというのはありましたがね。樋口懇談会（防衛問題懇談会）が細川内閣の下でできた、それは大丈夫なのかという心配は、やっぱり当時ありました。

防衛庁・自衛隊としてというよりも、私自身はもともと政治に関心があったので、ついに自民党が万年与党から降りたかと、興味深く見ていました。しかし、それにしても、あのときは二大政党の政権交代ではなく、自民党がこけてしまったわけだ。この連立政権は本当に大丈夫なのかと、私は個人としてちょっと懸念していました。防衛庁・自衛隊として見ていたのではなくて、個人的には面白いことになってきたなと思っていました。

真田　それは、自民党が下野したというよりも、幾つも政党が連なって連立政権になっているので、まとまるのかという感じですか。

秋山　そうですね。確か、八党派連立政権だった。

真田　防衛費が思ったほどマイナスにならなかったという理由について、秋山先生はどのようにお考えですか。

秋山　私は細川さんが軍縮と言ったものだから、どうするのかと思案した。一つは防衛大綱の見直し（〇七大綱策定）に関係してしまうし、すぐ防衛関係費の問題、あるいは予算要求の問題があり、伸び率二％弱で予算要求を出すということになった。これは、細川さんの言っている軍縮という姿では全然ないわけです。ただ、細川政権は、七月（一八日）の総選挙に勝って、組閣できたのがもう七月末か八月だったかな。

真田　八月（九日）ですね。

秋山　概算要求は八月末だから、はっきり言って、もう全部概算要求案はできているわけです。当時の予算の仕組みからすると、シーリング枠（概算要求額の上限を前年度予算の一定比率内とすること）とかがあって、各省庁は政策経費はこうだとかああだとか言って、制約がある中でギリギリ五月、六月頃から大蔵省と詰めて概算要求額を出してくるわけですから、この頃はもう出来上がっていたんです。

そういうふうに動いているのに、とても途中からいじれない。これは大蔵省からすると、「そうか、総理大臣が軍縮と言っているんだから、この際、防衛関係を切ってやろう」なんて仮に思う人がいても、予算要求の仕組みからすると、とても間に合わないという状況だったんです。

ただ、もちろん、例えば（大蔵省が防衛庁に対して）一〇〇〇億円減らせとか、〇・五％減らせとか、そういう多少の余地は残っていた。私ははっきり覚えていないけれども、とにかく、二％を切って出せば、細川さんの顔も立つんじゃないかというので、大体そういうコンセンサスが大蔵省と防衛庁の間で内々できて、割合と早めに要求額が決まったんです（防衛費の要求額は、前年比一・九五％増で大蔵省と防衛庁の折り合いがついた。前年度の要求は三・六％増であり、それを大きく下回った）。

一九九四年度の政府予算案も〇・八九％の伸び率だったかな。このときは細川さんがだいぶ頑張って、つまらない話だけれども、〇・九％を切れというので〇・八九となった。そんな枝葉末節の調整をして、細川さんの顔を立てたということがありました。概算要求のときはもうほとんど動かせなかったので、とにかく二％切ればいいかということでした。

このとき、防衛事務次官の畠山蕃さん、（大蔵省側は）田谷《たや》廣明《ひろあき》君が主計局総務課長だったかな、確か両人とも細川さんに非常に近かった。なぜ近いかというと、ご両者とも細川さんお膝元の熊本県の企画開発部長か何かをやっている。そんなこともあって、割合と細川さんに対してはパイプがあるという感じだった。そんな関係も利用できたんだと思います。

それから、ついでに言えば、大蔵省が「これはいい機会だ、ぶった切ってやる」と言うとすれば、主計局では総務課で、とにかく予算を切り詰めるという方向だから、あり得るかもしれない。だけど、担当の主計官は利益代弁的なところがあり、防衛担当主計官は、防衛予算を主計局の中で一生懸命取るという立場にあるので、「よし、それは切ってやれ」なんて言うかといえば、それがうまく収まらない可能性があるわけだから、絶対言わない。大蔵省というのは、あんまり非現実的なことを考えない所ですからね。予算というのはもう政治だから、収まりそうもないようなことはやらないんです。

次にも出てくる話だけれども、防衛力整備についての軍縮というのは、防衛庁・自衛隊はみんな相当身構えました。なぜかというと、細川さんが言うだけじゃなくて、主としてアメリカが、「平和の配当」ということで大きく国防費を減らすという動きがあった。ちょっと遅れたけれども、ヨーロッパもそういう傾向があった。いずれにしても、「平和の配当」という動きが世界の中にあったものだから、やっぱり、防衛力整備でこれはやられるかもしれないという不安なり懸念は、防衛庁・自衛隊は持っていたと思う。

服部　田谷総務課長と細川総理のパイプが効いたわけですね。

秋山　「あのパイプがあるから、大丈夫ね」って、当時みんな言っていた。田谷さんと畠山さんがいるから、非現実的なことにはならないと。だから、総務課長は「切れ、切れ」って言えなかったと思います。

真田　中西啓介防衛庁長官について何かありますか。

秋山　中西啓介さんというのは、あの後いろいろつまらない事件があって、気の毒に息子さんの問題とかね。ご本人が暴力団にからまれたとか、なんかいろんなことを言われて、防衛庁長官を退かれた。

服部　中西さんが辞任したのは、ある講演で憲法改正を検討すべきと発言したのに対して、自民党の白川勝彦議員が衆議院予算委員会で追及し、委員会を空転させたためでした。それに関連して、『朝日新聞』一九九三年一二月一〇日朝刊七面に、中西防衛庁長官の辞任が、防衛官僚にとって誤算だったことなどが書かれています。

秋山　結果的にはやっぱり、リタイアせざるを得ないところにいってしまった人なんだけれども、この人は、小泉純一郎さんみたいにちょっと一匹狼的なところがあって、離党する前の自民党の中でもものすごく注目されていた人だった。非常にはっきりしている。

防衛庁・自衛隊がどう思っていたかは知らないけれども、畠山事務次官、秋山経理局長は中西さんに近かった。防衛庁・自衛隊が歓迎したというよりも、我々は「ああ、中西さんが来るのか」、中西さんも「おお、秋山たち、いるのか」と、こういう感じだったんです。

というのは、政治家としては非常に珍しいのだけれども、小泉さんに似ているというのは同じで、中西さんは確か自民党の中で大蔵族だったんですよ。小泉さんも信じられないけど、大蔵族なんだよ。どういう意味かというと、この人たちは、大蔵委員会とか自民党財政部会という、最も票につながらない仕事をやっていた。そういう意味で、防衛庁・自衛隊というよりも、たまたま防衛庁に行っていた、大蔵省出身の秋山とか、畠山さんが「ウェルカム、中西さん」って、こういう感じだった。

防衛庁・自衛隊全体がどうかというと、中西さんはかなりはっきりした人だし、基本的に政治に流されない、はっきりした信念を持っている人ということで、多分、ほとんどみんな歓迎だったと思います。例えば、国防が必要だという信念はあり、防衛とか自衛隊に対して何か大衆迎合的な否定的な感情を持っているとかが全くない人だからね。期待されましたよ。

服部　先ほどの『朝日新聞』によりますと、中西さんが辞めたとき、秋山先生は「また一から戦略の練り直しだ」と嘆いたとあります。ご記憶でしょうか。

秋山　覚えていないが、中西長官の下で、しっかり予算要求するとか、防衛力整備をやるとか準備していたので、これは大変だ、全てやり直しだと感じたんだと思います。中西防衛庁長官が辞めたのは……。

服部　一九九三年一二月二日です。

秋山　憲法発言って、何の発言をしたのだったかな。

服部　半世紀前にできた憲法にしがみつくのはよくない、というような趣旨だったようです（「第一二八回国会衆議院予算委員会議録」第六号、一九九三年一二月二日）。

秋山　そう、思い出した。閣僚の発言で注意すべき憲法改正について、はっきり言ってしまったんだね。

服部　中西さんの次が愛知和男さんでした。

秋山　愛知さん自身は長官就任を喜んだけれども、防衛庁は愛知防衛庁長官に特別に何か期待はしていなかった。大変な紳士だし、柔軟な人だけども、中西さんが持っている強さとかはなかった。

樋口懇談会と「防衛力の在り方検討会議」

真田　一九九四年二月に樋口懇談会が発足し、同年八月には樋口レポートが提出されました。樋口懇談会は、アサヒビール会長の樋口廣太郎《ひろたろう》さんを座長とし、秩父セメント会長である諸井虔《もろいけん》さん、大河原良《おおかわらよし》雄《お》さん、西廣整輝さん、渡邉昭夫先生らがメンバーに含まれています。同懇談会での議論や報告書は、新しい防衛大綱である〇七大綱のベースになったといわれています。

経理局長の秋山先生は、樋口懇談会あるいは樋口レポート作成にどのように関与され、また樋口レポートをどう評価されたのでしょうか。そして、樋口懇談会の発足と委員の人選、そこでの議論に対する防衛庁内局と各幕僚監部の反応などについても、教えていただけますか。

秋山　私は、樋口懇談会は、人選も含めてノータッチ、相談も受けていない。大臣、次官、防衛局でやっていたということだ。

樋口懇談会ができたのが二月でしょう。細川内閣が一二月か一月か忘れてしまったけれども、わずかの差で公職選挙法を改正して、小選挙区制導入を乗り切った後に、この話が出てきた。しかし最終的には、細川さんはつまらないお金の問題かなんかで四月頃に退陣してしまうんだよね（東京佐川急便からの献金疑惑）。

その前にもう一つ、大きな問題があったのが、（国民）福祉税構想だった。これは、大蔵省と小沢一郎さんがある意味で結託してやったといわれているけれども、（官房長官の）武村正義さんが反乱を起こして、首相と官房長官が対立したまま、今度は細川さんがああいう問題で退任するということになってしまったわけだ。

この樋口懇談会ができたときは、まだそういう大動乱にいく直前だったと思うけどね。

私は直接関与していないので、後から聞いた話だけれど、これは細川さんのイニシアチブというよりも、西廣整輝さんのイニシアチブなんだよね。「ミスター防衛庁」の西廣さんは結構、細川さんに近くて、西廣さんが、こういうのをやったらいいと細川さんに持っていっている。それで、「あなたは軍縮と言うから、防衛力を徹底的にスリム化する」ということで、西廣イニシアチブの樋口懇談会がスタートした。

実は、私が防衛庁に移ってきて（次官から防衛庁顧問になっていた）西廣さんに会ったときに、西廣さんは非常にはっきりしていて、当時、「まず、陸上自衛隊の人数は多過ぎる。一八万人なんか要らない、一二万人でいい」なんて言っていた。大体、日本の防衛をするのに、日本列島で戦争したら、もうそのときは負けだと。だから、海、空が大事だ。陸上自衛隊は多過ぎる。「ミスター防衛庁」が、最初からそういうことを言っていた。

海上自衛隊に関して言えば、Ｐ－３Ｃ対潜哨戒機も一〇〇機あったが、これなんか全く要らない、半分でいいと言っていた。そんなに潜水艦がうようよしているわけでもないのに、もうやることがないと。アメリカのためにやっているんだと言うわけね。だから、そんなものは少なくしたらいいと。

それから、ちょっと細かいけれども、掃海艇。あれは多過ぎると（西廣は述べていて）、あれは終戦直後の大量に残留していた機雷を掃海するために、大きな部隊を作ったもので、あの使命はもう昭和二〇年代に終わったと。だから、こんなに多くは要らないと言うわけです。

もう一つ、重要なことがあった。航空自衛隊のレーダーサイトなんて自動化したらいいと、こんなものに人を張り付けている必要はないとかね。非常にはっきりしたイメージがあって、ちょうど細川さんが軍縮と言ったので、これを機会に西廣構想を実現しようということだったんだと思います。

樋口懇談会は（一九九四年）二月に始まったが、同時に「防衛力の在り方検討会議」というのを防衛庁の中に作った（愛知長官を議長とし、畠山事務次官、村田直昭防衛局長、西元徹也統幕議長らで構成された）。

ところが、「在り方検討会議」というのは、樋口懇談会のシャドーコミッティーなんだ。内閣総理大臣のもとに樋口懇談会ができた。本来は、これは防衛の問題だから防衛庁の中に作るべきなのに、内閣のほうに作られたと、じゃあ、我々できちんと委員会を作って、それをそこに持ち込もうと。だから、実際には、防衛庁の事務方で資料を全部作って「在り方検討会議」にかけて、それを樋口懇談会にかけるというようなイメージだった。

また樋口懇談会の前の年に、民間人の集まった防衛局長の私的懇談会もあった。

真田　ありました。一九九三年（六月から六回開催）の「新時代の防衛を語る会」ですね（広く国民各層の意見に耳を傾けることが重要との観点から設置され、五十嵐武士、猪口邦子、岡本行夫、三枝成彰、中西輝政らがメンバーであった）。

秋山　これは、まあ、いろいろな人から自由に意見を聴いておこうという会で、特に意味のあるレポートも出なかったと思います。

「在り方検討会議」は翌年（一九九四年）始まったが、一九九五年の三月末時点で、西廣さんが言っていた、ある意味で防衛力の中身をスリム化するということについて、陸海空自衛隊を含めて、ほぼ合意に達した。防衛大綱見直しの始まる少し前の段階でした。防衛庁は、樋口懇談会とは別に、いろいろな検討会で軍縮への対応を自ら準備をしていたわけね。

樋口懇談会が終わったのが（一九九四年）七月か、八月だったかな。

真田　八月です。

秋山　いずれにしても、樋口懇談会の中に出てくる防衛力整備のいろんな意見は、大体が西廣イズムですよ。

真田　いわゆる樋口懇談会に対して、防衛庁の内局と各幕僚監部は否定的だったのでしょうか。

秋山　否定的ではなかったけれど、警戒はした。

真田　やはり、本来は防衛庁の中にそういう会議を設置してやるべきだという考えだったのでしょうか。

秋山　いや、それで抵抗したということはないですね。（一九九三年六月から次官になっていた）畠山さんという人は、局あって省なし、庁あって政府なしとか、そういう発想の人じゃなくて、割合と垣根のない人なんですよ。畠山さんは省益にこだわらない、改革志向の非常に強い人でした。

ついでに言えば、畠山さんが防衛事務次官になったときに確か、防衛庁の在り方についての検討会というのを作っている。防衛庁はどうあるべきかと。それで、プロパーの幹部候補生連中を広く集めて全く自由な議論を毎月一回やっていた。反発もあったようですけれど。

国防は、もちろん防衛庁が中心だけれども、やっぱり政府全体の問題というか、首相のもとに国防関係のそういう懇談会ができるということ自体については、何の抵抗もなかったと思うし、畠山さん自身は、そんなことを全然問題にしていなかったと思う。

真田　畠山さんが改革志向の持ち主で、防衛庁の組織の在り方を変えようということに対して、生え抜きの方が反対されたというのはなぜでしょうか。

秋山　何を議論していたのか、私は参加していなかったから分からないけれども。これは正式な検討委員会じゃなくて、事務次官の私的な検討委員会で、プロパーの中で「これは」と思う人を集めて、議論をしていたということなんですね。畠山さんは基本的に、防衛行政なり、防衛力の在り方について従来と同じような議論をしているというのはおかしいと考えていたと思います。もっと自由な発想で考えようということで、この検討会も始まったと思うんです。従って内局のこれまでの考え方から、あるいは防衛力整備の専門家たるプロパーの人たちからすれば、抵抗があったと思います。もっとも、委員会は議論だけして終わってしまった。畠山さんは、最後病気で倒れてしまった。ただ、彼は改革志向の強い人だった、ということを言っておきたい。

樋口レポートと村山首相

秋山　（樋口懇談会に話を戻すと）細川さんが軍縮って言っているとか、樋口廣太郎さんが全く素人とか、構成メンバーに外務省から割と自衛隊に厳しい人が入っているとか、気になることがいろいろあった。

真田　外務省からは、大河原良雄（経団連特別顧問、元駐米大使）さんが入っています。

秋山　大河原さんだ。別に反自衛隊じゃないんだけれども、外交中心というか、そういう面が強い人だったから、何となく大丈夫かなという懸念はあったと思いますね。

服部　樋口懇談会が（一九九四年）二月二八日に初会合で、それに呼応するように防衛庁内に新設された「防衛力の在り方検討会議」が三月一日初会合です。

秋山　三月でしたか。

服部　樋口懇談会の直後に開かれたわけですね。

秋山　そうですね。多少ずれがあるけれども、要するに、（樋口懇談会に対する）準備のための委員会ですよ。

真田　「在り方検討会議」に経理局長の秋山先生は参加されていなかったのでしょうか。

秋山　参加していますけど、経理局長というのは予算の所管だから、あまり関与しなかった。

小林　ただ、途中で秋山先生は一九九五年四月に、経理局長から防衛局長に移られています。防衛局長として参加されていたのは、「在り方検討会議」の後半ですね。

秋山　私は、この「在り方検討会議」の議論の記憶はあまりない。「今度、樋口懇談会がありますから、こういうふうに資料を作ります」と言って、部下から説明があるとか、そんなことだったと思いますね。

記憶があるのは、一九九五年三月に、事実上、陸海空幕僚長、統幕議長も含めて、自衛隊の防衛力整備について、新しい防衛大綱ができたらこうしようねと、非常に大ざっぱな言い方をすれば、陸海空それぞれ二割削減ということで、三軍がみんな了解したということ。その位しか、「在り方検討会議」に関しては覚えていないが、これは大変重要なことでした。

真田　（樋口レポートは一九九四年八月一二日に提出されるが、）佐久間一《まこと》元統幕議長は、村山富市首相が樋口レポートを受けるかどうか、懸念があったとおっしゃっています（近代日本史料研究会『佐久間一オーラルヒストリー』下巻、近代日本史料研究会、二〇〇八年、二一二頁）。その点、秋山先生はどのようにお考えでしたか。

秋山　私は、このときはまだ経理局長だったかな。

真田　経理局長ですね。

秋山　じゃあ、少し関心はあったというのが事実かと思いますが、相変わらず、防衛局の話なのであまり関与していない。私の個人的な記憶では、村山さんが（一九九四年六月に）総理大臣になって、そもそも樋口懇談会を続けるのかという心配があったのだけれども、これははっきり言って、石原信雄官房副長官が「きわめて重要な課題なので、続けるべき」と進言し、総理も「分かった」ということで続けられた、というものです。

実は、翌年（一九九五年）防衛大綱を総理に説明したとき、一カ所だけ修正要請があった。それは、自衛隊の使命として幾つかある中で、大規模災害への対策をきちんと入れるようにと言われた。確か、原案に抽象的に書いていたのを、一つ項立てして、大規模災害対策や災害救援、そういうものを自衛隊の重要な役目として入れることにしました。村山さんが率いた社会党は、自衛隊を災害支援をメインとする国土警備隊に改組する考えを示していたが、そういうのがやっぱり背景にあるんだなと思いました。

これ（防衛大綱）は一年後（一九九五年一一月二八日閣議決定）の話ですけれども、総理はその他の内容については、説明していてもあんまり関心を示さなかった。これ（樋口レポート）を出しても、受け取るのかなという心配は、やっぱりあったのでしょう。樋口さんが総理の所に持っていったときに、通常であれば、総理大臣の私的諮問委員会とか懇談会とかがレポートとか答申を出せば、総理は「いただいた答申を十分踏まえて」とか「尊重して対処します」と、答えるんだよ。（村山さんは）確か、そう答えなかった。「よく勉強してみます」という程度だったので、みんながっかりして、大丈夫かなというのはあったようですね。だから、佐久間さんが言っているのは、まんざら間違ってはいないと思いますよ。

小林　「在り方検討会議」は二一回、（樋口レポート提出の）翌年（一九九五年）一一月二八日まで実施されていますね。

秋山　「在り方検討会議」は樋口懇談会が終わった後もやっているんです。それで、さっき言いかけたのは、一九九五年の防衛大綱の決定はその年の一一月か一二月だと思うんだけれども、（村山内閣で）検討が始まったのは六月でした。その前の（一九九五年）三月に、「在り方検討会議」で、陸海空自衛隊のある意味で防衛力を削減するという案は、全員でほぼ確認していた。

ＴＭＤ構想と若泉敬の「密約」暴露

服部　この頃アメリカから求められていたものとして、ミサイル防衛問題、いわゆるＴＭＤ（Theater Missile Defense：戦域ミサイル防衛）構想がありました。

ＴＭＤ構想について、例えば『朝日新聞』一九九四年三月一五日に記事があります。

（愛知防衛庁長官は）来日したクリストファー米国務長官らからの強い要請に配慮し、疑問点が残るＴＭＤ自体への直接的な参加表明は避けつつも、日米同盟関係を重視する姿勢を明らかにすることにした。一四日、防衛庁内で開かれた「防衛力の在り方検討会議」（議長・愛知長官、事務次官や防衛局長、統幕議長らで構成）で、愛知長官は「今後の防衛体制を考えるうえで、対ミサイル防衛は大きな課題だ。その中でTMDが有効なものとして検討対象になっている」などと発言。TMDを念頭に置きつつ、ミサイル防衛体制の必要性を新指針に位置づけていく考えを強調した。

つまり、愛知長官は、今後の防衛体制を考える上で、ミサイル防衛は大きな課題であり、検討対象になっていると述べたようです。

秋山　その頃、そういう話が出ていた。もともと日本は、レーガンからパパ・ブッシュの時代に、宇宙空間で相手のミサイルを全部やっつけるとかいう構想に関心を示した。

真田　SDI構想（Strategic Defense Initiative：戦略防衛構想）ですか。

秋山　SDI構想だ。あれに参加するとか、しないとかという話があったけれども、結局お金が掛かるし、無理かなと。実は、ミサイル防衛の話は、愛知さんにクリストファー国務長官が話す前から、防衛庁も検討を始めていたと記憶する。ただ、日米で開発とかを協力してやろうという話はこの頃からかもしれません。TMDの話はよく庁内で議論していた。Theater（戦域）という言葉を、この頃から認識したことをよく覚えています。

いずれにしても、その後、日米間では防衛ミサイル開発についての協力というのが一貫してテーマになっていた。クリストファー訪日が一つの重要なきっかけだったかもしれない。

真田　ちょっと話がずれますが、一九九四年五月、佐藤栄作首相の密使であった若泉敬氏が著書『他策ナカリシヲ信ゼムト欲ス』（文藝春秋）を刊行し、沖縄返還交渉時の「密約」について明らかにしました。同書刊行に対する秋山先生と防衛庁・自衛隊の反応について、教えていただけますか。

秋山　私には記憶にない。非核三原則はもちろん認識していたが。
真田　（非核三原則は）持たず、作らず、持ち込ませず、です。
秋山　一番引っ掛かるのは、「持ち込ませず」なんだよね。この「持ち込ませず」ということに関しては、米軍に持ち込ませずという話だけど、何となく闇の世界という感じはしていた。この若泉さんの著書では、核の問題、「密約」ってどうなっていたんだっけ。
真田　沖縄が返還されまして、沖縄は日本本土と同じように、アメリカ軍の核はないと。ただし、有事になったら、米軍の核を持ち込むという「密約」があったというものです。
秋山　「非核三原則と言うけれども」という意味なんだね。幸い有事にならなかったから、その「密約」は何も利いていないんだけれど。ただ、ちょくちょくアメリカの原子力潜水艦が入港していたが、どうなっているのかという議論は、当時もあった。原子力潜水艦の原子力推進機構は別に核兵器ではないという認識だけども、本当に空母とか原子力潜水艦が核ミサイルを外しているのかという議論はずっとあった。核弾頭は外してあっても、ミサイル本体はどうなっているのかとか。
　全く検証できないのだけれども、ただ言えることは一九九〇年代初頭かな、アメリカが少なくとも核ミサイルを外すという決定をして運航をしている、という事実はあったんだ。その前はどうだったのかという議論はあるんだろうが。こういう疑惑というか闇の世界があったので、例えば、宗谷海峡とか、津軽海峡、対馬海峡という日本にからむ国際海峡の領海の範囲を、日本はあそこだけ三カイリにしている。通常は一二カイリですが。
　一二カイリにすると、領海が大幅に拡大し、津軽海峡や対馬海峡では全部、領海になってしまう。領海にしてしまうと、持ち込ませないということで、核兵器を積んでいる潜水艦が通れなくなってしまう。だから、非核三原則を非常に意識はしていたと思いますね。「密約」があったとかについては、当時、私は認識していなかったので、若泉さんの書籍にほとんど意見はなかったですね。

服部　若泉さんは、もともと防衛庁防衛研修所の方でしたね。その意味では、元関係者ともいえますけれども、呼び出して事実関係を確認しなかったのでしょうか。

秋山　やっていないと思う。

服部　そうですか。それから、同じ佐藤内閣のとき、中曽根康弘さんが防衛庁長官で、当時のレアード国防長官と会議をしたときに、「密約」ではないのですけれども、「核兵器の導入は留保したほうがいい」と発言していますね。この発言が微妙なのは、非核三原則とやや矛盾しているところがあったわけです。その辺りを、防衛庁としてはどう認識していたのでしょうか。

秋山　私も、それは覚えていますよ。やっぱり闇の世界があるんだなということで、みんな、いろいろ苦労しているなという認識でした。

村山内閣発足と安全保障政策

真田　すでに樋口レポートなどで村山さんの話が出ていますが、あらためて村山内閣の発足からお伺いします。少しさかのぼりますと、細川首相の次に、新生党党首の羽田《はた》孜《つとむ》首相が一九九四年四月二八日に内閣を成立させます。このとき村山委員長の社会党が政権を離脱したため、羽田内閣は新生党や公明党による少数与党政権でした。羽田首相が六月二五日に総辞職を表明し、自民、社会、さきがけ連立の村山内閣が発足します。秋山先生と防衛庁・自衛隊は、この過程をどのように捉えられ、また日本の安全保障にいかなる影響があると考えましたか。

秋山　防衛庁・自衛隊がどう考えていたかという以前の私の個人的な関心として、これはえらいことになったなと。（村山内閣は社会党と自民党の）左派と右派の連合政権だから、一体、こんなものが成功するのかと。しかも、少数左派が首相になるわけだから、これは政治の常道に反しているなと感じましたね。

　自民党の政権復帰意欲というのはこんなに強いのかということをあらためて感じたし、万年与党の自民党が野党になって悲哀を味わったというか、官僚からも遠ざけられ、いろんなことがあったわけです。まず、個人的には、この自社さ政権というのはものすごい執念だったなと、さすが政権与党志向の強い自民党だなと、このときは思いました。

　村山さんは自衛隊違憲論を言っていた社会党の党首だから、一体どうなるのかということで、石原官房副長官も非常に心配をして、畠山次官を中心にして、とにかく首相は自衛隊の最高指揮官ですということを、首班指名の直後に首相官邸に押しかけていって、申し上げたことがあります。（村山総理は）「そんなことは分かっている」と言われました。

　村山総理から直接伺ったわけではなく、後で分かったんだけれども、村山さんが首相になって一番心配したのは別のことでした。村山さんが首相になったのは六月でしょう。

真田　六月（三〇日）です。

秋山　七月（八日から一〇日）に、イタリアでG7サミットがあったんです。ベネチアかな、どこだったか、忘れてしまったけれども。

真田　イタリアだと、ナポリだと思います。

秋山　ナポリか。村山さんはそれが心配で、首相になって、「自衛隊の最高指揮官だから、ちょっと防衛庁を呼べ」というのではなくて、七月のナポリ・サミットのことで、すぐ呼んだのが宮澤喜一さんだったというんですね。どういうふうにやったらいいのかと。あるいは、これは首相になる前かな。それが非常に心配だったそうですよ。宮澤さんが何を言ったのかは忘れてしまったけれども、宮澤さんの話を聞いてだいぶ安心したということで、自衛隊の最高指揮官ですということについては、ただ「分かっている」ということでした。

こういうことを言いに行ったというのは、結構話題になっていて、確か、私も（村山総理への進言に）付いていったと思うのだけれども、妙なところから関心を持たれたことがあるんです。二〇〇〇年に、台湾の総統が李登輝から陳水扁になった。李登輝の退任が間近で、陳水扁にもうすぐ変わるというときだった。私はそのとき初めて台湾に行ったんだけど、そこで台湾の防衛局長みたいな人と話をしていたら、「秋山さん、確か、村山総理が政権を取ったときに、みんなで総理の所に行ったそうですね。何を言いに行ったんですか」と言うんだよね。

それで、「いや、総理が自衛隊の最高指揮官ですから、それをよく踏まえていただきたいという話をしに行ったんだ」と。そしたら、「何て言いましたか」と言うから、「いや、分かっていると言った」と。

当時、台湾の国防部の幹部である彼は、左翼政権の陳水扁が総統になって、この総統の下で我々は軍を維持できない、国防部はもたないということで、クーデターを起こすべきかどうかということを考えていたらしい。

ちょっと細かい話になってしまいますけれども、民進党の陳水扁が総統になったとき、台湾の軍隊というのは国民党の軍隊だった。中国と似ているんだ。実質的には、人民解放軍というのは（中国共産）党の軍隊だからね。台湾もそうだった。国民党の軍隊だった。ところが、陳水扁のときに、法律はすでにできていたんだけれども、軍を国家の軍隊に切り替えることになった。ということは政府の軍隊になり、総統の指揮下に入るということで、大変複雑な状況というか過渡期で、そういう質問を受けて、「どうだったんですか、日本は」と、だいぶ聞かれました。

それぐらい、そのときには日本でも、防衛庁・自衛隊はちょっと構えたということは事実ですよ。

真田　そうしますと、もし自民党出身の首相でしたら、わざわざ防衛庁の幹部が出かけていって、説明したりはしないということですか。

秋山　そんなことは、三木武夫さんにだってやりませんよ。

だけど、自衛隊違憲論の社会党の委員長で、本人もそう言っていたわけだから、やっぱりこれはと。これは後から聞いた話だけれども、四月頃から自社さ政権というのは画策されて、それで、できたわけでしょう。そのときからやっぱり、自衛隊の話は、相当、自民党と村山さんとで話をして、社会党は非常に逡巡したらしいけれども、村山さんは自分が政権を取ったらもう、自衛隊は合法というか、従来のような主張はしませんということは、かなり早い時期に非常に割り切っていたらしい。

ところが、社会党はなかなか党として切り替えられなかった。調べてみたら分かるけど、社会党が自衛隊違憲論を取り下げたのは、確か、八月か九月だよ。

服部　そうですね。一九九四年九月三日の社会党臨時党大会で、自衛隊違憲論を放棄し合憲と認める新政策を賛成多数で承認しています。方針転換には、反対も根強かったですけれど。

秋山　そうでしたね。だから、村山さんが（首相に）なったときは、まだ社会党は駄目だった。村山さんはもう、それはいいということを言っていたということですね。だから、結果としてはあんまり問題にならなかったのだけれども、やっぱりそれは、構えたことは事実です。

加藤紘一政調会長の軍縮論

秋山　それで思い出した。さっきの経理局長になったときの予算の話で、「軍縮、軍縮」って言った細川さんは八党派連立政権で首相になった。有力な党として新生党があった。小沢さんの所だけれど、小沢さんは非常に自衛隊に近いし、「そんな軍縮なんてとんでもない」ということを言っていた。また、当時、民社党というのがあって、これは昔から非常に自衛隊に近かった。それで、この人たちも「軍縮、とんでもない、防衛関係費を切るなんて絶対反対」ということをはっきり言っていたので、あんまり心配していなかったということですね。

社会党はもちろん、軍縮と言いそうだけれども、このときの自社さ政権ではほとんど、そんな議論はなかったですね。むしろ、自社さ政権で一番対応に苦労したのは、党の要職に居られた加藤紘一さんですよ。彼はハト派ですからね。防衛庁長官をやったけれども、自衛隊のことをあまりお好きでなかった。

経理局長で最初の予算をやったときに、加藤さんには苦労しました。

真田　（加藤は自民党の）政調会長ですね。

秋山　加藤さんが「軍縮だぞ、防衛関係費を減らせ」ときつかった。（一九九五年九月に加藤の後任として政調会長になる）山崎拓さんは、防衛関係費を増やせじゃないけれども、防衛庁長官もやった自衛隊派だからよかった。たまたま、私は加藤紘一さんをよく知っていて、高校の一年先輩で、大学も一年先輩でした。しかも、大学時代あるいは卒業後もずっと、東大法学部政治コースのクラブ（政治コース談話会）があって、加藤さんとはよく付き合っていた。だから、もっぱら一人で加藤さんの説得に行ったのを覚えています。

これは村山政権だからじゃなくて、もともと加藤さんはハト派で、後で考えてみると、村山さんを首相に担いだ自民党幹部として、社会党に代わって言っていたのかなあとも思います。結局、加藤さんが、防衛関係費を減らせと言うので、ちょっと工夫をして防衛関係費の中にある防衛力整備費の新規発注費を減らしたのかな、なんかそういうことで折り合った。加藤紘一対策は、それはもう、「秋山がやってこい」って言われて、いつも一人で行った。

小林　加藤紘一さんとは人間関係があったからということですね。

服部　加藤紘一さんの政調会長は一九九四年七月から一九九五年九月までで、一九九五年九月から三年近く幹事長ですね。つまり、村山内閣の後半と橋本龍太郎内閣で、幹事長を務めています。

防衛交流と外国旅費

秋山　経理局長のときに私が特に印象に残っているのは、そうやって予算は抑制される、マイナスにはならないし、今のようにゼロではなくて、伸び率が〇・九％ということだけれども、それ以前から見たら、「何だ、これは」というぐらい落とされたわけです。ここは大蔵省にいた感覚からやっていたのだけれども、政権もそういうことだし、大蔵省も言っているし、これはもう受けざるを得ないと。出来上がりの予算も伸び率は〇・八％台かなんかだった。

そのときに大蔵省と取引をして、「総額を抑えるから、中身でぜひ言うことを聞いてくれ」と言って、防衛庁内局と自衛隊あるいは関係部署の外国旅費をかなり増やしてもらったんですよ。私の記憶では、私がお願いした初年度に二割か三割、増やしたと思いますよ。二年間、(経理局長を)やっていたから、二年間で相当増やした。さらにその後も、その勢いで、総額が伸びないなら「外国旅費を増やしてくれ」と言って、防衛局長の時代も頑張った。

外国旅費を増やす一つの理由に、国際交流とか、防衛交流とか、そういうことを掲げた。うそか本当か知らないけれども、あるとき大蔵省主計局から「もう勘弁してくれ。防衛庁の外国旅費が外務省の外国旅費よりも増えた。こりゃあもう内部がもたない」と言われて、「そんなばかなことないだろう」と言ったら、本当にそうだった。それにはマジックがあって、防衛庁の外国旅費の中には、部隊が海外で訓練するときの外国旅費も入っている。「これは外務省のものとは違うでしょう」と言ったのだけれども、それでもいくら何でも増え過ぎだというので、そこで天井にぶち当たったという記憶がある。そんなこともあって、経理局長だったけれども、国外にかなり意識があった。

小林　阪神・淡路大震災直前の一九九五年一月一〇日から一四日、秋山先生は経理局長として韓国、中国に出張されていますね。

秋山　防衛庁に移るときの話をしたと思うけれども、私はもともと外交とか国際関係に非常に関心が強かったものだから、防衛庁行き、これは面白いなと喜んだ。けれども、最初の一年間はお勉強だったし、次は人事局長だったのでちょっとチャンスがなかった。経理局長も、本当はそんなことができるのかなと思ったけれども、「私はとにかく、韓国と中国に出張する」と宣言をして行ったんです。議論すべき具体的なテーマがあったわけではなかったが、それまで防衛交流がほとんどなかったから、防衛庁幹部が現地入りすること自体に意味があったのです。

韓国と中国に行った趣旨、狙いは、冷戦が終わり、「平和の配当」とかいって軍縮という世界的な傾向があり、日本の防衛関係費もかなり圧縮する方向だといったようなことを説明に行くというので、韓国と中国に行った。

中国は、なかなか直接には行きにくかったので、確か、韓国から中国に入ったんじゃないかな。無理をして行った。別に、予算の説明のために行く必要があったわけではなくて、冷戦の終わった後の日中関係の改善とか、日韓関係が思うようにいかなかったことが背景にあったんですよ。冷戦が終わった後、従来ほとんどやっていなかった防衛交流がいち早く始まったのは実はロシアだった。次が韓国、そして最後は中国。中国との交流は非常に遅れた。

私が現役のときに、中国で私のカウンターパートになったのは熊光楷《ゆうこうかい》という人で、彼は当時、副総参謀長をやっていた。だから、日本で言えば今の統合幕僚副長で、少将か中将ぐらいになるのかな。当時熊さんは中将になったばかりだった。そのとき、初めて彼と会って、それ以来ずっと、現役のときには私のカウンターパートナーだった。

小林　熊光楷副総参謀長は人民解放軍の対外交流実務のトップで次官級とされていました。中国人民解放軍には総参謀長の下に副総参謀長が数名いて、一九九六年から二〇〇六年まで人民解放軍の対外交流を担当していました。熊光楷さんとのパートナーシップは、秋山先生が防衛庁で要職に就かれていた時代から作っていたパイプということですね。

秋山　そう。そういうことで、経理局長のときに韓国、中国を訪問した。防衛局長になってからも、もちろん、韓国、中国を訪問しています。韓国はよく行っていました。

阪神・淡路大震災

真田　韓国、中国の出張から帰られてすぐの（一九九五年）一月一七日、阪神・淡路大震災が発生しました。経理局長の秋山先生、玉澤徳一郎防衛庁長官、防衛庁内局、各幕僚監部は、どのように行動されたのでしょうか。また、当時の自衛隊の出動に関し、自衛隊法第八三条第二項の但《ただ》し書きとの関連で交わされた防衛庁内局・各幕僚監部での議論について、教えていただけますか。

自衛隊法第八三条第二項の但し書きとは、「天災地変その他の災害に際し、その事態に照らし特に緊急を要し、前項の要請を待ついとまがないと認められるときは、同項の要請を待たないで、部隊等を派遣することができる」を指します。

秋山　まず、派遣要請がなかなか出なかったんですよね。当時、私は経理局長だったから、出なかった理由は分からなかった。大震災の第一報はテレビでした。テレビの報道があって、「何かすごいことが起こってるな」ということだったが、地震が起こったのは（朝の）六時頃だったかな。

真田　起こったのは五時四六分です。

秋山　だから、六時、七時頃からテレビを見ていて、これは大変だという意識はあったのだけれども、情報はそれしかない。最終的には九時頃に派遣要請があったのかな。

真田　もう少し遅かったかもしれませんけど。

秋山　いや、九時か一〇時頃にあった。

服部　（統合幕僚会議議長だった）『西元徹也オーラル・ヒストリー』によると、「十時三十分頃知事の要請を受けましたが、時すでに遅く、道路は完全に車両あるいは倒壊物で塞《ふさ》がっておりました。部隊の現地到着は大幅に遅れるという結果になりました」とありますね（防衛省防衛研究所戦史部編『西元徹也オーラル・ヒストリー：元統合幕僚会議議長』下巻、防衛省防衛研究所、二〇一〇年、二三一頁）。

秋山　そうだった。一〇時過ぎですか。自衛隊は、確か七時頃にはもう待機していた。私は防衛局長じゃないから、その具体的なことはよく知りませんが。

私の知っているのは、派遣要請があってからのことですね。防衛庁長官だった玉澤さんの陣頭指揮の下、情報収集。でも、情報がなかなか上がってこない。防衛庁で生の情報として上げたのは、八尾かあの辺から出た自衛隊のヘリコプターがビデオを撮って流してきたんだね。これが、自衛隊の生の情報の最初かな。高速道路が倒れているとか、火災も発生しているとか、もうひどかった。それが防衛庁にとって、かなりショックで、これは大変だと認識した記憶があります。

それからずっと、もう毎日のようにそういう態勢が続くわけだけれども、当時の陸上幕僚長が冨澤《とみざわ》暉《ひかる》さんだった。

真田 そうです。統合幕僚会議議長が西元さんです。

秋山 西元さんが統合幕僚会議議長で、西元さんは、当日か翌日から簡易ベッドを執務室に持ち込んで、家に帰らずにずっとオフィスで待機する。面白いことに冨澤さんは、ちょっと大げさな言い方をすれば、午後五時になると帰ってしまう。そうではなかったと思うけど、何となく、もう五時になったら帰ってしまうという感じ。玉澤さんは、夜の八時、九時、一〇時頃まで残っていると、こんな状況でした。

玉澤さんは、「冨澤はどうしているか」と言って別に怒りはしないんだけれども、冨澤さんにしてみれば、要するに、情報がないわけだから、残っていたってしょうがない。玉澤さんは盛んに言うのだけれども、情報が取れないわけです。偵察部隊は行っていたと思うけれども。

そのうち、政府のほうも、首相をはじめ大臣クラスか次官クラスかが、現地に行くとか、張り付くとか、いろいろあった。とにかく、中央から聞かれるまでもなく、現地もよく分からない。「情報をよこせ、情報をよこせ」って言っても分からないというような状況が、結構続いていた。

その派遣が遅れたという話。非常にはっきり覚えているのは、「なぜ、自衛隊はすぐ出ないんだ」という話は、自衛隊法第八三条の災害派遣の条文に関係する。八三条に一項、二項、三項とあって、一項は派遣要請、二項は例外規定、三項は近傍《きんぼう》災害ということで、第一項の要請主義というのは自衛隊を動かす基本の問題で、「なぜ出ないんだ、なぜ出ないんだ」というのはいささか筋違い。逆に言えば、「なぜ、派遣要請しないんだ」って私なんかは言いたいわけで、派遣要請できない状況だったら、第二項だったと思うのだけれども、派遣要請ができる状態だったわけですよ。

というのは、だって七時前後からもう、部隊は派遣要請があったら、いつでも出ると準備していた。なかなか派遣要請が来ないから、県に盛んに問い合わせしているわけだよね。これは県じゃなくてもいいわけだ。確か、国の地方機関でもいい。派遣要請ができる仕組みは幾つかあって、県知事が中心だけれども。県に派遣要請をしてくれ、出るからと。

基本的には、災害があっても、自衛隊というのは派遣要請がなければ部隊を動かしてはいけない。だから、派遣要請をしてくれれば、すぐに出るからと待っているのに、「なぜ、自衛隊はすぐ出ないんだ」と言われる。それは私はとてもおかしな議論だと思いましたよ。軍隊を動かす基本ルールである民主主義あるいは文民統制の趣旨からも逸脱する話だよね。これは後で、治安出動との関係でも出てくるのだけれども、そういう基本のところを忘れた、何か知らないけれども、その場主義的なマスコミ論調も含めて、当時、私は、非常に危うい国だなと思いましたね。

この関係で、私はすでに当時の中部方面総監の対応について付言しているけれども。

真田　松島悠佐さん。

秋山　松島悠佐さんが「派遣要請さえ早く出してくれれば」とか、「事前にもっと、ちゃんと自衛隊と取り決めがあったら、こんなことにはなってなかった」と記者会見で涙ながらに語っていたけれども、あれはやっぱり、私なんかはよく分かるね。あんな現場主義的な本当の軍人みたいな人が「国民を守れなくて、もう残念だ」と。しかし、第二項でやればよかったじゃないかというのは、私は今でも、全くそれはおかしい議論だと思っています。

例えば、都道府県知事公舎がつぶれているとか、あるいは県庁舎もつぶれているとか、派遣要請をする所が機能していないということであれば分かるけれども、知事は知事公舎にいた。それは、知事公舎もかなりひどい目には遭ったけれども、例えば知事が動けなくなってしまっているとかそういうことでもないし、あの第二項というのは、派遣要請ができないような状況を指しているので、基本的に派遣要請ができるのに派遣要請をしないうちに、第二項を適用というのはもう法律違反だと、私は思いますね。それほど、第一項というのは重要なんですよ。後で、災害対策基本法の改正をして、もう少し弾力的にできるようにしたとは思います。

当時の防衛庁も、自衛隊の部隊のほうでは、第二項でできるのではないかとか、第三項でやってしまえばいいんじゃないかという感覚を持っていた人がいたと思いますけれども。部隊を動かす原則である文民統制とか、民主主義とかいうところから来た第一項の要請主義の重みを知らない人が言っているだけで、マスコミ論調までそうなっているというのは、これは非常に問題だなと思いましたね。

村山内閣の退陣へ

真田　玉澤防衛庁長官は陣頭指揮を執られていたということですが、ずっと防衛庁のほうに詰めていらっしゃって、あれこれ指示されていたのでしょうか。

秋山　いや、玉澤さんは泊まったときもあるかもしれないけれども、基本的には泊まってはいないと思いますよ。だから、「夜中は、私たちがちゃんと責任を持って見ていますから」と言って、西元さんが泊まっていたというのは覚えています。冨澤さんは、現地はもうそれどころじゃないと。中央からガタガタ、ガタガタ、「あれ出せ、これ出せ、どうなってる」って言ったって、もうとにかく状況把握と、それから、派遣要請が出た後は、それをやるのが精いっぱいで、中央から指揮する話ではない、かえってじゃまするということで、彼はほとんど介入しなかったんだね。玉澤さんは、情報を早く上げろ、中央でもいろいろ対応しろという感じでした。

どっちがいいかは、私もよく分からないけれども。いやあ、冨澤さんというのはすごい人だなと思いました。私は、どちらか言えば、冨澤さんの言うとおりだなと思ったね。

一段落してから、防衛庁の内局からも人が行ったり、幕僚監部からも人が行ったり、政府からも人が行ったりしたけれども、もう現地は、その政府の中央から来た人の面倒を見るだけでも大変なんだよね。だから、私は行かなかった。防衛庁もあんまり行っていないんじゃないかな。

地震があったのは一月でしたね。

真田　一月（一七日）です。

秋山　当時、私の息子が神戸の西にある姫路辺りに住んでいた。地震発生から二日か三日後にやっと携帯電話がつながって、電話で話を聞いたら、もうアパートが倒れそうだと興奮していた。私が仕事で行くと言ったら、経理局長の対応のために現場は何かやらなくてはいけないから、現場が非常に困ってしまう。だけど私はどうしても見ておこうと思って、一カ月後に私人として視察に行った。息子の所に寄って、それからずっとあの辺を歩いたんだけれども。やっぱりものすごく印象に残っていますね。これはと思って、写真を撮ろうとしたら、息子が「お父さん、写真撮らないでくれ。中央から来て写真ばかり撮っているって、もうみんな、カンカンになって怒っている」って言うんだよね。それもそうだなと思って、写真は撮らなかった。

当時、中央から行くと、現場が大変だという話のほうを私は非常に意識していた。だから、私は経理局長だったけれども、プライベートで行って、「何も連絡しないで、すいません」と言って、部隊の拠点を私人で訪ねた。「ああ、そうですか」と言って、それで何カ所かを見た。そのぐらい気を遣っていたということですね。

それから、ついでに言えば、村山さんというのはついてない人だなと思いました。一月に阪神・淡路大震災、それから三月に地下鉄サリン事件、それで、防衛大綱の見直しもそうだけれども、もう社会党・村山さんが最も苦手とする危機管理がどんどん、どんどん来てしまったわけ。「やっぱり村山さんだから、あれはできなかった」とか何とか言われる。地下鉄サリン事件なんて、結局、最終的に破防法の適用まで検討された。

社会党と破防法なんて、もう対極にある話だからね。本当にあの人はついていなかった。村山さんは、阪神・淡路大震災の翌年の一月に総理大臣を退いた。

服部　（一九九六年）一月五日に退陣を表明していますね。

秋山　翌年の一月に辞める前の月の一二月に、破防法の適用の是非の議論があった。それか、宝珠山事件のどっちかなんだ。宝珠山施設庁長官が、沖縄の基地の問題で首相は何も分かっていないと批判した、オフレコの記者懇だったけれど、公になり宝珠山さんは結局長官を辞任した。最終的に、社会党党首・村山さんが大田昌秀知事を訴えることになってしまった。あれは一二月だったかな。

それに輪をかけたように、破防法の適用の話が来たんだ。いやあ、村山さんは疲れていたね。それで、一月、年が明けてみたら、辞めると。私なんかの印象では、首相辞任の原因は破防法の適用の検討と大田知事を訴えたことだと思うんだ。もう、自分はこれ以上できないと。村山さんは絶対言わないけれども、私の印象ではそうだね。だから、そのぐらいついていない人だったと思いますよ。

自民党の海部さんがやっていたって、宮澤さんがやっていたって、あの危機にはなかなかうまく対応できないよね。そういう問題だったと思います。

オウム真理教――地下鉄サリン事件から観察処分へ

真田　オウム真理教事件について、聞かせてください。一九九五年三月二〇日、地下鉄サリン事件が発生し、その後、警察はオウム真理教関連施設を強制捜査し、五月一六日には教祖の麻原彰晃（本名：松本智津夫）を逮捕しました。秋山先生は、経理局長（四月二一日からは防衛局長）として、オウム真理教事件にどう対応されたのでしょうか。

秋山　地下鉄サリン事件で警察が動いたとき、私はもう防衛局長になっていましたよ。警察が踏み込んだのが五月だったかな。

真田　（サティアンと呼ばれたオウム施設で麻原を逮捕したのは）五月一六日です。

秋山　私が防衛局長になった直後だと思う。警察庁の刑事局長（垣見隆）から相談があったんですよ。河口湖の近くの上九一色村《かみくいしきむら》のオウム真理教の拠点に警察が踏み込むと。事前の情報だと、先方はロシアから、カラシニコフ（銃）じゃないけれども、自動小銃を購入して相当持っていると。自動小銃でやられたら、警察は対応できない。だけれども、警察としては、これを最初から自衛隊に治安出動をお願いする案件とは考えない。今でも覚えています。「ここは警察の美学と思ってください。我々が突入して、倒れたら、後はお願いします」という話だった。私のほうは「分かりました」と言った。

当時、自動小銃を、ロシアかソ連か忘れてしまったけれども、あっちで購入を交渉していたという話があったし、ひょっとしたら、戦車も持っているかもしれないなんていう話があった。自動小銃ぐらいは持っているかもしれないし、一丁あっても、警察の装備する拳銃では対応できないだろうから、これは何かしなくちゃいけないということで、一応、準備派遣で自衛隊も集結させた。だけど、それは治安出動というわけにはいかなくて、警察が自動小銃で撃たれたのを災害と言うかどうかは別にして、災害派遣で準備させて、いざとなったらということにした。

そして、入ってみたら、何のことはない、（麻原が）隠し部屋に潜んでいた。もうあのときは、「何だ、これは漫画じゃないか」と正直思った。私は、上九一色村と隣村の村境に親が所有する山荘があったから、年中、そこに行っていて、あの辺はよく知っていた。だから、あの踏みこみは驚きました。サリン事件については、さっき言ったように、村山さんにとって本当に不運だった。

ついでに言えば、これは個人的な話だけれども、いろいろあったオウム事件の中で、一番強烈だったのは地下鉄サリン事件だよね。犯行現場は、霞ケ関駅。びっくりした。私の娘がよく乗る線なんだ。すぐ携帯に電話をしたら、やっぱり娘が乗っていたんだよ。だけど、一台か二台後だったらしい。もう間一髪ということがありました。

服部　オウムには、自衛官も信者として引き込まれていたかと思います。そのうち何人かは逮捕されていますけれども、何かご記憶のことはありますか。

秋山　信者に自衛官がいたという話は覚えています。

服部　自衛隊の内部文書や情報が教団の側に提供されて、懲戒処分になったこともありましたね。

秋山　そういえば、オウム真理教信者がいるとか、捕まったとか、そんな話があったような記憶はありますね。文書が流れたとかは、ちょっとそこまで覚えていません。

当時、サリンというのがいかに強烈な毒ガスかというのは、陸上自衛隊化学部隊が非常によく知っていて、毒物の一覧表なんかをみんなで見てね。今のマレーシア（金正男《キムジョンナム》氏殺害事件）もそうだけど、VXガスって、あれは強烈なんだよね。今も、化学部隊の元幹部がテレビに出てきて解説しているでしょう。

真田　このオウム真理教事件で、防衛局長の秋山先生ご自身が狙われるかもしれないという理由で、先生の周りの警備を固めるということはなかったのでしょうか。

秋山　ちょっとプライベートな話で恐縮ですけれど、いずれ親と一緒に住むつもりで、当時義父の家に移っていました。防衛局長になった直後に、成田闘争で収用委員会の委員がいろいろテロを受けていて、そんなようなことがあったときに、警察から「秋山さん、防衛局長が一戸建ての家というのは困ります」と言われた。困ると言ったって、しょうがない。「とにかく、いつでも爆弾なりが外から放り込まれますから」と言うので、まず表の門扉の下の隙間に、爆弾を転がして入れられないように柵を作ったりした。だけれども、そんなことやったって、所詮どうしようもないというわけで、警察に「移ってください」と説得されて、「移ってくれって言ったって」と言ったら、「いや、公務員宿舎なら大丈夫です」と。で、しょうがないので、公務員宿舎に出戻った。

小林　ご自宅からでも通える距離ですものね。

秋山　恵比寿の防衛研究所の近くに合同宿舎があった。合同宿舎だから、各省庁職員が入っている。各省庁の偉い人が入っているものだから、防衛局長だし、やっぱりあいさつしなくてはと。私の上が外務省の局長さんで、私の下が郵政省の局長さんだったかな。みんなにあいさつに行った。「また、なんで、お引っ越しですか」と言われて、「テロに遭いそうだから、こっちに移りました」と言えなくてさ。「いやあ、いつでも防衛庁にすぐ飛んでいけるように、なるべく近い所って言われて、こっちに移りました」なんて、うそをついて入りました。

服部　オウム真理教については、公安調査庁が一九九六年七月に破防法での団体解散を請求しますが、公安審査委員会は翌年一月に棄却しますね。

秋山　でも、オウム真理教をなんか観察対象に指定しているはずだよ。破防法かどうかは知らないけれども、オウム真理教を指定して、その後ずっと観察対象になった。そのきっかけがあったのが村山さんの時代だった。

真田　公安調査庁が今も観察の対象にしています。

服部　破防法じゃなくて、オウム二法と呼ばれる団体規制法（「無差別大量殺人行為を行った団体の規制に関する法」）と被害者救済法（「特定破産法人の破産財団に属すべき財産の回復に関する特別措置法」）が一九九九年一二月に国会で可決しています。その団体規制法に基づいて、翌年一月に観察処分となり、何度も更新されて現在に至っていますね。

秋山　私は、それ（本来社会党が反対していた破防法の適用問題）が相当村山さんの重荷になったのではないかと思っています。

話は飛んでしまうけれども、九・一一事件があった。（乗っ取られた四機のうち二機が飛び立ったのが）ボストンのローガン空港。私はあの頃、ボストンに住んでいた。九・一一というのは二〇〇一年。

私は、二〇〇一年九月まで、ボストンのハーバード大学にいる予定だった。だけど、六月にハーバード大学で卒業式があって、私は別に卒業生ではなく先生でもないのだけれどもそれに出ていて、父兄もたくさん来て、それを見ていて、「ああ、終わった」と急に帰る気になって、それで七月に帰ってきた。

九・一一のとき東京にいたのだけれども、九月に帰ると言っていたものだから、娘から「お父さん、どこにいるの」と、家に電話がかかってきた。「うちにいるよ」と言うと、「大変だよ、ボストンが」と言う。娘から電話がかかってきたのは夜一〇時頃かな。それで、テレビをつけた。だから、私は一〇時頃から翌日の五時までずっと、生であれを見ていた。地下鉄サリン事件のときの娘の話はお話ししたが、私の場合もある意味では間一髪だった。

思い出すと、ボストンの空港からしょっちゅう私はタクシーに乗って大学宿舎に行っていたのだけれども、トランプ（大統領）の移民反対の話じゃないけれども、タクシーの運転手はイラン系、イラク系や中近東系が圧倒的に多くて、携帯電話を使ってアラビア語あるいはペルシア語でしゃべっている。私は分からない。でも、年がら年中、携帯電話で打ち合わせをしていた。思い出すよ、あの頃のこと。「なんだ、もうお客のことをそっちのけにして」とか、いつも思っていた。何か、中東のネットワークがあったのかもしれない。

自衛隊海外派遣と防衛予算

真田　一九九〇年代以降を振り返りますと、自衛隊の任務や役割は増え続ける一方、防衛予算は今日に至るまでほぼ横ばいです。ＰＫＯなどの自衛隊の海外派遣が本格化するのにともない、防衛予算を増額させるべきとの議論は、政府内あるいは防衛庁・自衛隊内部になかったのでしょうか。

秋山　私が（経理局長で）いるときは、横ばいと言ったって、予算要求が一・九％で、成立予算は確か、〇・九％弱。ゼロではなかったが、もうそのときからほぼ横ばい傾向になってしまった。

それで、中期防衛力整備計画というのは、その翌年か、翌々年、私が防衛局長になってからできた。だから、もうそのときは横ばいの雰囲気だった。中期防衛力整備計画が横ばいなら、もう五年間はそういう予算になってしまう。中期防衛力整備計画ができたのは一九九六年だったかな（一九九五年一二月一五日閣議決定）。

真田　一九九六年度から始まりますね。

秋山　だから、一九九六年から始まる、九六年、九七年、九八年、九九年、二〇〇〇年の五年間は予算はほぼ横ばい。一%か、下手をしたらマイナスかということで、もう変えることができなかったわけだ。その後も、なぜずっと横ばいだったのかというのは、多分、財政の悪化が最大の理由だろうね。公共事業もマイナスとか、そんな時代だったから。

それと、もう一つ、ＯＤＡというのは従来ずっと増やしてきた予算なのだけれども、防衛関係費が伸び率ゼロという辺りから、ＯＤＡも三%とか、四%とか、かなり低い伸び率、あるいは少なくとも一般会計のＯＤＡは減らすという方向になってきた。

そんな状況なので、もう財政困難下に一つできたレールから、（橋本龍太郎や小渕恵三を首班とする）自民党政権になったとしても、動けなかったんだろうね。二〇〇〇年になってからもずっと防衛関係費が横ばいというのは、やっぱり財政悪化が原因でしょう。

第3章

橋本政権の安全保障政策

——防衛庁防衛局長（1）

防衛局長就任

真田　一九九五年四月、秋山先生は防衛局長に就任されます。前任者の村田直昭氏からは、何か申し送りなどはありましたか。

秋山　記憶では、防衛大綱の改定に向けての陸海空自衛隊の装備とか態勢の縮減は、もうほぼ片付いていました。それは、村田さんが防衛局長のときにかなりやった。その前の防衛局長の畠山（蕃）さんのときからやってはいるんだけれど、村田さんのときに終わったという感じだった。村田さんは防衛庁プロパーの幹部で、防衛力整備というのにものすごく関心があって、それはもう決着が付いたということを言われたのは非常によく記憶している。

村田さんからではないですが、防衛大綱の話に関しては、畠山さんも言っていたと思うんだけれども、一番印象に残っているのは、樋口懇談会（防衛問題懇談会）に元の統合幕僚会議議長の佐久間（一）さんが出ていて、その佐久間さんが樋口懇談会の資料をみんな持ってきて、「これに、今、大事なことが全部書いてありますから、ぜひ読んでください」って言われ、四月下旬の防衛局長発令後、五月のアメリカ訪問までの間、必死にそれを読んでいたことです。

服部　前任者の村田さんが、防衛事務次官になるわけですね。

秋山　そうです。

服部　防衛局長から防衛事務次官というのは最も主流のコースなわけですね。

秋山　そう。防衛局長以外から防衛事務次官というのは、それ以前は依田智治さんくらいかな。防衛局長をやらないで、防衛事務次官になる人というのはその頃はあんまりいない。村田さんが四月に防衛事務次官になったのは理由があって、畠山さんが在職中に病気で退任したからです。

真田　秋山先生が防衛局長に就任されて、ご自身で特にこれをやろう、やりたいと意識されたことはありましたか。

秋山　あんまりそういう大げさな構えはなかったけれども、防衛局長になって一つだけ、これはしっかりやらなくちゃいけないと、他の人には言わなかったけれども、自分で内心、意思を固めていたのは、ちょっと大げさな言い方だけれども、もし日本が防衛出動をするとき、それをまず事務方で意思決定するのは防衛局長だという意識が非常に強くて、これだけは間違っちゃいけないということ。それをものすごく意識していた。

その当時、尖閣諸島問題がちょっとガタガタしたことがあるでしょう。あのときにまさか戦争になるとは思わなかったけれども、武力衝突も最終的にはあるかもしれないということをちょっと頭に描いて、防衛局長が判断を間違ったら大変だと。まず、判断するためには現場がどうなっているのかと、そもそも尖閣諸島を見たこともない人は何も判断できないじゃないかと思った。海上幕僚監部防衛部長は、あとで統合幕僚会議議長になった石川亨さんがやっていた。私は彼に電話して、とにかく、すぐ尖閣諸島を視察したいということを言って、確か翌日ぐらいかな、P－3C（対潜哨戒機）を厚木基地から飛ばしてくれて、それで沖縄に行って、那覇基地から今度は、あっちにあったP－3Cに乗って、それでずっと回って尖閣諸島を全部見て。いや、それは非常に印象深かった。ああ、平和な島だなと思って、上から見て、とても天気のいい日で。現場を見る、知ることが第一歩、そういう意識が非常に強かった、これは一例だけど。

現場も知らない人が、その関連する武力行使について対応する決断ができるはずもないと思って、直ちに行ったんです。防衛局長になって、あんまり人には言わなかったけれども、自分で決めていたのはね、これです。手続き的に言えば、防衛出動の閣議決定の起案をするのは防衛局だということだ。それは非常に重いことだと思いました。

あとは例えば、プロパーの防衛局長は防衛局長になったらこういう防衛力整備をしたいとか、こういう体制を作りたいとか、みんな何か考えがある。防衛局長の最大の仕事あるいは関心事項が、防衛力整備をどうするかということ。

ところが、私は防衛局長で防衛力整備を深くやっていない。沖縄問題に巻き込まれてしまったから。翌年の防衛力整備をどうするか、予算要求をどうするかというのは防衛局では最大の課題なんです。それで、それを二週間ぐらい延々とやる。

私もやったけど、もう沖縄の問題が大変で手が回らない。それで結局私は、翌年だったかいつだったか忘れたけれども、防衛力整備を担当する参事官というのを一人作って、参事官が防衛局長の補佐として防衛力整備の担当とした。この参事官は最後は防衛事務次官になった伊藤康成さんという人でしたけどね。

それまで、参事官というと、防衛施設庁の関係の施設整備参事官で、「施設参事官」と呼ばれていた。ついでですが、防衛関係であと二人参事官がいて、外務省から来た国際担当参事官と厚生省から来た衛生参事官。防衛庁側の参事官は施設担当だった。
あと、防衛局長として自分でやろうと思っていたのは、経理局長時代からだけれども、冷戦が終了した後、防衛庁がこれから力を入れなくちゃいけないのは、防衛交流、防衛外交と言うと誤解されるが外交面を強くしなくちゃいけないと、そういう意識が非常に強かった。

「大量破壊兵器の拡散問題について」の報告書

真田　一九九五年五月、防衛庁内部にて「大量破壊兵器の拡散問題について」との報告書が官房企画官の西正典氏（のちの防衛事務次官）や統幕事務局の山口昇氏（のちの陸上自衛隊研究本部長）らによってまとめられ、そこでは日本の核武装について議論されました（『毎日新聞』二〇〇三年二月二〇日夕刊など）。この報告書について、何かご記憶にございますか。

秋山　私はほとんど記憶がない。こんな話があったなということは覚えているが、防衛庁で何を議論したかよく覚えていない。
このときはきっと、またそういう報道かっていう反応だったと思います。ただ、これは核武装をしろという話ではなかったと思う。

服部　核保有はコストがかかるので、アメリカの核抑止力に依存したほうが有利だという結論ですね。

秋山　何かいろいろ研究するときに、核武装の問題を議論するというのは別にあったっていいじゃないかと思っていた。とにかく、こんなことを陰でまたやっているとか言って、いろいろたたかれていたんですよ、当時はね。その一環なので、私はほとんど関心がなかった。議論するのはいいじゃないかと。別に、これは核武装をしろではないですから。

実際に、防衛省の幹部でも核武装をしろという意見を持っている人はいた。だけど、現役のときに、そんなことを言ったこともなければ、確認したこともないです。防衛省のプロパーの幹部で局長までいった人で核武装論者だったが、辞めてからそれを言い出した。そのときは、「言うんだったら、現役のときに言えよ。辞めた後言うっていうのは、おかしいじゃないか」と言って、諭したことはある。だから、そういう考えを持っている人はいたと思うが、研究しちゃいけないということもないんで、あんまり私はそういう報道に関心がなかった。

日米間の「密約」問題

真田　秋山先生は、防衛庁在職中、米軍の核持ち込みに関する「密約」と朝鮮半島有事の際の戦闘作戦行動に関する「密約」について、ご存じでしたか。

秋山　密約ね。正確には思い出せないけれども、こういう問題があるということは、もちろん知っていました。密約という形であったかどうか、記憶はちょっと定かじゃないけれども。

非核三原則の核の持ち込み禁止と言ったって、「核の傘」に日本は守られていて、アメリカの潜水艦にしろ、核ミサイルにしろ、武器の持ち込みは駄目だと言ったら、軍の活動なんかできないんじゃないのという意識はあって、皆さんも分かっていると思うんだけれども、当時の日本の公式の見解は、アメリカが持ち込んでないと言うから、持ち込んでないというものだった。

うまいこと言うねと私も思って、だから、要するに何かあるねということは意識としてはあったけれども、「密約」のことはあんまり記憶にないですね。

かつ、公式見解はそういうことであったけれども、冷戦終了後、ある時点で明らかにアメリカが核兵器を外した。ということがはっきりしたことがあって、持ち込んでないというから持ち込んでないという公式見解は、ある意味で裏付けされたということを意識したことがあります。

服部　父親のほうのブッシュ政権ですね。海洋配備戦術核の撤去完了声明は一九九二年です。

秋山　私は、「密約」があるのではないかとか、事前協議も含めて何かいろいろあるというのは意識していましたが、当時現役のときに、この「密約」の問題でどうしようといったような議論をした記憶はない。

このときに何かが明らかになって、何か新聞に出たということがあったのでしょうか。

真田　若泉敬さんの著書『他策ナカリシヲ信ゼムト欲ス』が一九九四年に出版されました。それは、沖縄返還関連の「密約」ですけど。

服部　沖縄への核再持ち込みを、佐藤（栄作）とニクソンの秘密合意議事録で認めていたかと思います。次男で元通産相の佐藤信二さんが、二〇〇九年に秘密合意議事録を公表しています。

秋山　だから、こういう問題があるというのはもうその前から意識していて、私のときに問題になったわけではない。私も、密約問題があるのかなと。あるけれども、外務省がそういうことを言っているから、そう思わざるを得ないねと。そのうち、それが事実としてはっきりしたということで、ある意味では安心したというぐらいの意識しかない。
服部　少し時代をさかのぼりますけど、ラロック証言ですとか、ライシャワー発言というのが一九七〇年代から八〇年代初頭にありました。
秋山　一九七〇年代ね。私はもう全然知らないですね。
服部　それでは、もう一つだけ、朝鮮半島有事の際の戦闘作戦行動に関する「密約」についてです。一九六〇年一月の「朝鮮議事録」と呼ばれるものですけれども、こちらについても、特にご認識はなかったですか。
秋山　あんまりないですね。
真田　先生が防衛局長になられて、日本有事の際に、例えば尖閣諸島で何かあったときに、ご自身がやはりそれなりの覚悟をしなきゃならないということでしたが、朝鮮半島有事に関してもそのような覚悟があったという意味でしょうか。
秋山　もちろん、それは同じですよ。担当者だという覚悟です。

非核三原則、「核の傘」、ＮＢＣ兵器

真田　一九九〇年代前半から北朝鮮の核開発問題や地下鉄サリン事件が起こりました。防衛庁在職中の秋山先生は、非核三原則や「核の傘」、ＮＢＣ（核・生物・化学）兵器による攻撃について、どのように考えていましたか。

秋山　「核の傘」に関しては、全く公式見解だけれども、自分自身もそのときはそう思っていました。つまり、アメリカの「核の傘」、核による抑止力は日米同盟の下で、日本は完全に信用しているということを、私自身も聞かれれば、それはそうでしょうと言っていた。「核の傘」というのは、個人的にも、これはもう信用するかしないかの問題なので信用すると、こういうふうに言っていました。

ただ、生物化学兵器というのはちょっと違って、「核の傘」の問題でもない。生物化学兵器を仕掛けてきたからといって、アメリカが核を撃つわけにはいかない。だから、これは、単純に生物化学兵器の攻撃に対して、どう日本は対応できるかということだったと思うんです。

ただ、当時は生物化学兵器はもっぱら韓国、朝鮮半島での問題という意識が私らにはあって、当時はまだ、北朝鮮もミサイル開発中で、今のようにノドン・ミサイルが実戦配備され日本を全部カバーしているという状況でもなかったから、日本へのミサイルの弾頭に化学兵器を載せて攻撃してくるという意識はあんまりなかった、正直言ってね。

韓国は大変だと思っていました。しかも、圧倒的に、韓国からの情報ですよ。韓国の見積もりでは、北朝鮮が四〇〇〇トンの大量の生物化学兵器を持っているという分析をしていた。

だから、日本に対して生物化学兵器の攻撃があったらどうかということについて、あんまり真剣に議論はしていなかったです。私の個人的な当時の印象では、化学兵器も大変だけど、サリンの脅威なんてそのときはあんまり知らなかった。マスタードガスとか、何か神経ガスとか、そんな化学兵器を脅威に思っていた。

当時の印象としては、生物兵器が怖い。生物兵器は、例えば、撃ち落としても生物は落ちてくる。それがいろいろ悪さをする、特にばい菌だとか、ウイルスだとかいうことであれば、これはたまらないなと。だから、どうするという答えはなかったが、個人的には生物兵器に対してどうするんだろうという懸念は非常に持ちました。化学兵器は、確かに被害は大きいけれども、除染作業もできる。生物兵器は除染できるのかなって、非常に私は懸念していました。アメリカで確か、郵便でバイオの菌がばらまかれたり、結構、問題になったことがあった。

小林　炭そ菌ですよね。

真田　韓国から北朝鮮が化学兵器を大量に持っているという情報が入ってきたというお話ですが、秋山先生からご覧になって、そのとき、北朝鮮を韓国がどういうふうに脅威として捉えていたのか、過大に評価していたのか、それとも過少に評価していたのか。

秋山　潜在的という意味でもなく最大の敵は北朝鮮というのは、当時の少なくとも韓国国防部の認識ですよね。潜在的じゃなくて、敵は北朝鮮ということを国防部が言っていた。これが変わったのが、盧武鉉政権のときです。確か、表現が変わった。また今は、元に戻っているはずですけども。今回、文在寅政権下でまた変わるかもしれないです。

服部　先ほど、前半でおっしゃっていた非核三原則と「核の傘」の関係についてお伺いします。特に非核三原則の三つ目の「持ち込ませず」ということと、アメリカの「核の傘」、つまり、アメリカの核抑止力に究極的には依存することが、やや矛盾すると言いますか、抵触するような面はないでしょうか。

秋山　核抑止力については、最終的には確保されていると考えますが、この問題は要するに、核兵器を搭載している潜水艦の問題なんです。戦術核兵器を日本に配備するなんていうことは、もう絶対、非核三原則で無理でしょう。それは、アメリカも分かっている。

それから、戦略爆撃機に核兵器を積んでやってくるといっても、戦略爆撃機は日本から出す必要はないわけだから、やっぱり潜水艦の問題なんです。潜水艦はいつでも入港してくるわけです。もっとも、日本の領海に入らなくても、核兵器を搭載した米国の潜水艦は十分オペレーションできる。

だから、一応、核持ち込ませずという原則の下で「核の傘」は確保できるとは思いましたけれども、そうは言ったって、核兵器を搭載した潜水艦がいろんな理由があって寄港する可能性があるというのは、軍のオペレーションとしてあるだろうと、口には出さなかったけれども、思いましたよね。だから、それは、そこまで規制できないだろうという意識はありました。

例の宗谷海峡、津軽海峡などの国際海峡における領海を一二カイリにしないで、従来どおり三カイリのままにしたというのは、日本としては、一種の問題回避行為です。核兵器を搭載した米国の原子力潜水艦が自由に通れるようにした。一応、暗黙の了解はそうだったわけです。だから、日本もなるべく、非核三原則のルールに抵触しないようにしようとしていたわけだ。

台湾海峡危機

真田　一九九五年一二月から一九九六年三月にかけて、台湾海峡危機を迎えました。秋山先生の台湾海峡危機に対する印象、あるいは、自衛隊・防衛庁内の危機感、日米間の連携や齟齬について教えていただけますか。

秋山　まず、防衛局長としては恥ずかしい話ですけれども、あの台湾海峡危機のときに、米海軍の二つの空母戦闘群が台湾海峡に向かったんですね、それを完全には把握していなかった。一つは日本から、一つは中東から来た。日本から向かったという情報は、アメリカは発表していないけれども、もちろん私は知っていました。しかし、中東からもう一つ来るというのは知らなかった。

それは橋本（龍太郎）総理から聞いた。いや、あのときはちょっと防衛局長としては参りましたね、なんでそんな情報が入らないんだと思ってね。基本的に、アメリカは同盟国たる日本に対しても、軍のオペレーションに関わるそういう情報は出さない。防衛局長には上がってこなかったのかどうかは知らないけれども、それを橋本さんが知っていたというので、ちょっとショックを受けました。別に日米間の齟齬じゃないけれども、それをすぐ思い出した。

当時、もちろん防衛庁でもいろいろ対応策を練ったんだけれども、橋本総理を中心にして、かなり頻繁に官邸に関係者が集まって情報分析、何かコンフリクト（衝突）が起こるかどうか、本当に中国は近くの台湾領の無人島を占拠するかどうか、台湾の邦人の救出はどうするべきか、もし何か混乱が起きたときに、避難民が九州、沖縄にやってくるかもしれないけれどどうするべきかと、相当詰めて議論をしました。

橋本さんは、防衛局長以上に現場主義で、中国がもし占拠しようとすれば、どの島だと。あの島だとか、この島だとか、ちょっと今はもう名前を忘れちゃったけれども、台湾が支配している無人島があって、地図を出してチェックしました。邦人救出はどうしたらいいかとか、艦船を出せるかどうかとか、いろいろ議論をしていました。

そのときの防衛庁からの情報提供はやっぱり非常に大きかったですね。中東からの空母戦闘群が来るというのは知らなかったが、その他の情報のほとんどは防衛庁からでした。私の想像では、橋本総理はアメリカに何らかのコンタクトポイントがあって、総理が情報をアメリカから直接入手した。そういう印象がありましたね。

真田　橋本総理が米国と直接パイプを持っていたというお話についてですが、それは官邸ではなく橋本龍太郎個人ということですか。

秋山　そうだと思います。

真田　そういうことはあり得るのですか。

秋山　あるみたいね。橋本さんは「知らないだろう」と言って、秋山をからかう。当時、橋本さんは何かパイプを持っているといわれていた。駐日大使からかもしれませんが。

真田　そういうパイプを持っている首相というのは、橋本さんくらいでしょうか。

秋山　そうだろうね。

服部　橋本内閣が成立するのが一九九六年一月ですから、政権移行期あるいは成立した直後だったわけです。橋本内閣は割とスムーズに台湾海峡危機に対応できた感じでしたか。

秋山　そうね。これは橋本さん自身の仕事だという感じだったです。

それで、この経験があって、五月か六月頃に、橋本首相がイニシアチブを取って危機管理プロジェクトとかいうのが四つぐらい、省庁横断的に、防衛庁も入るのだけれども、できた。総理イニシアチブの危機管理プロジェクトの一部と、防衛庁が中心になってやる日米ガイドラインの見直しがオーバーラップした。

服部　そのときの防衛庁長官である臼井（日出男）さんについて、何か印象に残っていることなどはありますか。

秋山　報告はしていたと思いますけれども、特に指示があったわけではない。

服部　台湾海峡危機が頂点を迎える前に、秋山先生は日中安全保障対話に臨まれていますね。

秋山　台湾危機の前ですね。このときの日中安全保障対話のメインは、防衛大綱の説明だったと思います。その時点ではまだ、中国は周辺事態に台湾が入るという意識をあんまり持っていなかった。だから、そんなに周辺事態についての議論をこの対話でやったという記憶はない。

台湾海峡危機があってから、中国側からこれは何だという話になって、しかも台湾が、新しい防衛大綱は素晴らしい、我々を守ってくれると対外的に発信していた。私なんかはびっくりで、朝鮮半島有事に対して周辺事態という言い方で議論したわけだから、言われてみれば確かに台湾もあるなと。後から分かったけれども、アメリカは台湾も意識していたようです。私らはそのとき、台湾海峡についてあまり考えていなかったけれど、後で議論したら、そうだった。

だから、先の日中安全保障対話では、台湾が周辺事態に入るかどうかという議論はしなかったという記憶だけれど。台湾海峡危機があってから、中国がいろいろ言い出した。

真田　台湾が防衛大綱を、我々を守ってくれるとアピールしたというお話ですけれども。それは、日米ガイドラインではなくて、防衛大綱ですか。

秋山　周辺事態を大きく取り上げたガイドライン以降にアピールが強くなった。台湾が、ついに日本も乗り出した、日本が助けてくれるという話になってしまった。防衛大綱にも周辺事態は言及されました。

服部　この頃秋山先生は、台湾の林金莖《りんきんけい》さん（台北駐日経済文化代表処代表）と会っていませんか。

秋山　台湾の林金莖さんと会ったのは一九九六年一月ですから、台湾海峡危機の問題については議論していません。目黒の雅叙園の中華料理屋で、防衛庁からも三、四人、幹部が出て会食をした。それで、会食の前に、林さんから「秋山さん、ぜひ、これはもう記念ですから、写真撮らせてください」って言われて、「はい」と言ってしまったのが失敗でした。失敗というわけでもないが、とにかくみんなで写真を撮った。それはどういうことかというと、ついに日本で防衛局長という政府高官に会ったという証拠を彼らは作って、台北に送った。

服部　日本側は単なる会食と思っていたのが、台湾側はもう少し深い意図が元からあったということですか。

秋山　もちろん会食はいいんだけれども、林金莖さんの防衛庁幹部とやっと会うことができたという実績づくりに協力してしまったわけです。あんまり立派な幹部じゃないですけど。

真田　それは、林金莖さんの手柄になってしまったということですか。

秋山　手柄でしょうね。私自身は別に台湾派でも何でもないんだけれども、台湾との関係はあまりにも日本側は冷た過ぎるなという気持ちを持っていたものですから、会食を受けたわけです。それ以前に、台湾との国防情報の交換をやらなくてはいけないといって、警察庁から来た当時の調査課長が課長レベルあるいは課長以下のレベルではやっていた。これを本格的にもうちょっとレベルの高いところでやりたいという話があって、いいじゃないか、やろうと。そんな話で、この話も来たんですね。とにかく代表が会いたいと、じゃ、会いましょうと。このときは情報交換はしていませんが。

実は私はそれ以降、台湾との情報交換の窓口みたいになって、防衛庁を辞めた後、民間のシンクタンクの会長でありながら、日台のインテリジェンスの情報交換の場を提供していました。台湾との情報交換、インテリジェンスの関係で、私が首を突っ込んだということで、今でもそれが続いています。

真田 そこには防衛省あるいは自衛隊の現職の方も加わっているのですか。

秋山 そういう場を提供して、現職の人にも来てもらうわけね。

小林 私の記憶ですと、台湾側も副大臣級が来て、必ず交流していました。

秋山 そうね。

小林 日本側も、防衛省から班長クラスの方が来ていましたね。

秋山 そう。場を提供して、ディスカッションをする。公式と言うほどではないが、かなり事務的な議論になるので、そこには防衛省から課長クラスが来ていた。

小林 今は、じゃあ、秋山先生が引き継いでやっているのでしょうか。

秋山 そう。そういう経緯もあって、今台湾に行って会う人は、もっぱら国防部関係の人が多い。台湾にも、日本と同じように国家安全保障会議というのがあって、そこの事務局長は、日本では谷内正太郎《やちしょうたろう》さん、向こうでは大臣クラスの局長がいて、これが蔡英文《さいえいぶん》の懐刀で民進党の事務総長かなんかをやっていた呉釗燮《ごしょうしょう》さんという人だったけれども、その人とも会いましたよ。

それと、今度行くときに、元国防部長の楊念祖《ヤンネンソ》さん、もともとは学者だけどね、会います。

真田 秋山先生が現職の防衛局長のときに、台湾の林金莖さんと会われたということですが、それまで、防衛庁の局長クラスは台湾の要人と会っていなかったのですか。

秋山　会っていないと思う。防衛庁で防衛局長が台湾の幹部と会ったのは、私が最初でしょう。もっとも畠山（蕃）さんがどこかで会っているかもしれない。会ったということを公にするという意味では、私が初めてでしょう。林金茎さんは事実上の大使ですが、私が現職で会った幹部は、台湾海軍の参謀総長とか、そういう人によく会っていました。日本に来るときに必ずコンタクトがあって、ホテルで、私の記憶ではそういう軍人の幹部と二、三回会っている。

これは、自民党に台湾派の大物政治家がいて、会ってやれと電話がかかってくる。藤尾正行先生だったと思うが。

防衛庁長官のロシア・韓国訪問

真田　一九九六年の七月と九月に、海上自衛隊の艦艇が初めてロシアと韓国を訪問しました。これらの訪問の経緯と狙いについて教えていただけますか。

秋山　私は、冷戦が終わった後に防衛交流を活発化させようと考えた。軍のレベルで言えば、まず艦艇訪問、それから共同演習となる。陸はなかなかやりにくいから、最初はやっぱり海になる。

予想外の展開だったけれども、ロシアとの関係というのはいち早く動いた。日本の防衛庁長官としては、ロシア訪問というのは多分、臼井さんが初めてだと思うけれども、それが一九九六年の春に実現した。私の意識としては一番近いのは韓国だし、次いで中国だし、ロシアというのはあんまり考えていなかった。そもそも潜在的には敵国だったわけだから。ところが、最初にロシアとの関係が動いた。
　冷戦終了後割と早く日本の艦艇がウラジオストクを訪問する機会があった。海上自衛隊のほうでは、「えー、いいんですか」という感じだったけれど、「行け、行け」って言って、出したという記憶があります。ロシア海軍三〇〇周年記念観艦式への参加だった。

小林　なるほど。確かに、一九九五年から防衛白書でも初めて、「防衛交流」という言葉を用い始めたと言われています（秋山昌廣／朱鋒『日中安全保障・防衛交流の歴史・現状・展望』亜紀書房、二〇一一年、八七頁）。

秋山　そうだったかな。

小林　ええ。ちょうど秋山先生の活躍された時期に符合して、体系的に人的交流を意識してやり始めたと記されています。大臣レベルから防衛駐在官、留学生、研究者といった各レベルにおける人的交流に加えて、遠洋練習航海や教育訓練等の機会、諸外国の艦艇の訪日の際の親善訓練を防衛交流の手段として位置づけているそうです。

秋山　そう。私が防衛局長のときに、防衛交流はどうあるべきかという、かなりきちんとした調査レポートを作った。当時、防衛審議官の石附弘《いしづきひろし》さんといって、警察庁から来たもともと刑事部門の人なんだけれども、彼が非常に国際関係に興味を持って没頭してくれて、確か「防衛交流のあるべき姿」というすごい資料を作った。だから、さっきも言ったように、私が防衛局長のときに、そういう国際関係を強化しようということがあった。

小林　一九九五年、一九九六年の防衛交流が、その後の防衛大綱や中期防衛力整備計画、防衛の基本方針に受け継がれていったようです。

秋山　防衛大綱には三本柱があって、その一つが、そういう防衛交流も含めた国際協力、広い意味で日本の安全保障に非常に重要だという位置付けになったと思う。

服部　一九九六年四月の臼井さんのロシア訪問には、秋山局長は同行されたわけですね。

秋山　もちろんです。これは非常に印象的な訪ロだったですね。幾つかあるけれども、ソ連が崩壊した後、軍がガタガタになった頃ですからね。

小林　グラチョフ国防相とトップ会談を初めて行った。ソ連時代を通じても、初めてのトップ会談だそうですね。

秋山　そうだ。ロシアはグラチョフ国防大臣だな。グラチョフというのは確か、ロシアＣＩＳ統合軍第一副総司令官からなった人だと思う。

空軍基地に行ったら、ロシアの戦闘機に乗って訓練をしないかという話が出た。当時、ソ連崩壊で、ロシアの軍というのはもう壊滅的な状況になって、商売をやっていた。当時の最新鋭戦闘機スホーイ27で訓練をするから、自衛官を派遣しないかと。もちろん、日本側がお金を払うわけだけれどもね。

実際、その後、航空自衛隊から二人のパイロットを送った。ついでに向こうは、訓練をしたら、戦闘機が要るだろうと、買わないかという話があった。それはこの出張にも関連していて、前からあった話でした。それで、私はロシアで「関心がある」と発言して、航空幕僚長の杉山蕃さんに話したら、面白いじゃないか、買おうと。

実はアメリカも買っている。敵の戦闘機が手に入るならこれを買って、分析する必要があると。まず、パイロットを二人ぐらい送って、一年間ぐらい訓練させて、その後、買い取り交渉に入った。日本のほ

臼井日出男防衛庁長官のロシア訪問（1996年4月）。冷戦終焉後初めての日露国防大臣会議（写真上）。日露防衛交流合意書の署名式（写真下）。

うはただちょっとテストで使いたいというぐらいだから、一機か二機と言って、最後は三機と言ったんだけれども、向こうはどうしても一個飛行隊と言って、一二機でないと売らないという。そんなには要らないと言って、最後六機とかまでいったんだけれども、アメリカから横やりが入って、結局買わなかった。「ロシアの戦闘機を本当に買うのか」って、ものすごいプレッシャーが掛かった。

いろいろ面白い話があった、当時は。

真田　ロシアからスホーイ27を購入するかもということで杉山航空幕僚長とお話しされたということですが、杉山航空幕僚長あるいは航空幕僚監部、航空自衛隊の反応も購入に前向きでしたか。

秋山　買えるんだったら、買おうじゃないかという話だったですよ。空幕も積極的だった。

小林　その後、ロシアの国防相はロジオノフになって来日もしていますね。

秋山　そう。今、面白い話と言ったのは別のとき、私がロシアに行ったときの話です。局長レベルの2プラス2会談を初めてやったときに、非常に面白いことがあった。

ロシアは冷戦が終わった後に、ものすごい早さで交流が進み、例えば、海上事故防止協定というのもすぐ締結したし、災害派遣訓練だったと思うけれども、一応共同訓練もやったし、それから、すぐウラジオストクも艦船訪問したし、大臣も行ったし、それから、ロシアと2プラス2会談を始めた。そういう意味では、ロシアとの関係は本当にワーッと進んだという感じでした。

このとき初めてロシア国防省のビルに入った。旧ソ連国防省のビル。廊下を歩いていると何か音がする。後で分かったが、日本にもある鶯《うぐいす》張《ば》りなんだね。テロリストとか刺客とか敵の侵入を察知する仕組みでした。ロシア国防省ビルに鶯張りがある、面白い経験でした。

服部　日本側からすると、橋本さんがユーラシア外交に熱心であったことと関係するんですか。

秋山　橋本さんは北方領土の問題も含めて、エリツィンとかに接近した。結局、あのときに多少妥協してでも手を握っちゃえば解決できたと思うが、うまくいかなかった。橋本さんは、北方領土の問題もあって、ロシアとの関係に猛烈に入り込んだんです。極東のウラジオストクじゃなくて、もっと奥のクラスノヤルスクまで行った。そこでエリツィンと会ったり、日本では川奈で会ったりして。だからその頃、ロシアとの関係では防衛庁もぐっと乗り込んでいった。

私の印象としては、本丸の韓国、中国が一向に進まない。それで、衛藤征士郎《えとうせいしろう》さんが防衛庁長官をやったときに韓国に行って、日韓関係、日韓防衛交流を一挙に開こうとした。けれども、うまくいかなかった。さらに、中国との防衛交流が近隣の中では一番遅かった。私が防衛庁を辞める頃にようやく始まった。

服部　衛藤さんの防衛庁長官は、村山内閣の改造（一九九五年八月八日）からです。

秋山　一九九五年に行ったんだけれど、そのときはなんで韓国とうまくいかないんだろうと思った。具体的には、国防部長と防衛庁長官の定期会合をやろうというふうなことを打ち出したかったが、決定はできなかった。衛藤さんが行って、それを発表しようと思ったけれども、会議をしている場で青瓦台から発表するなというプレッシャーが掛かってきて、発表できなかった。

小林　当時は、台湾海峡危機とか、日米安保共同宣言、靖国神社参拝、中国核実験といった、日中関係にとって政治的危機が目白押しで、かなり悪化していたと思われます。そうした危機の直後でも、八月に村田防衛事務次官が訪中して、銭樹根《せんじゅこん》副参謀長や遅浩田《ちこうでん》国防部長とも会談して、その後の日中防衛交流は特段、問題もなく進んでいきます。むしろ逆に、一九九六年から九七年、九八年と加速していきます。

これは、双方が積極的に推進していく形で、どの会談でも一致していくのですが、今から見ると不思議なくらいうまくいっているので、それについて少し秋山先生にお話を伺えますか。

秋山　一つは、人的な要素もあるかもしれませんね。熊光楷という、副参謀総長がいたでしょう。彼が中日防衛交流、中日国防交流の責任者で、彼自身も非常に日本との関係に関心があって、これを大事にするという方向だった。それから、中国には、何か日中間に問題が起こると交流を止めるとか何とかというのが当時もありましたけど、今ほどひどくなかった。だから、中断したこともあったと思うけれども、すぐ再開しようということで、結構そういうプロセスで話ができた。

服部　橋本さんの靖国神社参拝は一回だけでした。あとは止めてるんですよね。

秋山　そう。やっぱり、靖国神社参拝で非常に向こうがこじれちゃったのは、小泉（純一郎）さんですよ。

小林　あのときも、防衛庁側でも中国との交流も、ロシアや韓国と同じように進めていこうとしていたのですね。

一九九六年八月、村田防衛事務次官訪中など、中国と防衛交流を進めていく時期ですが、その時期は秋山先生が防衛局長をされているときだったので、中国ともやるんだというようなお考えがあったのでしょうか。

秋山　もちろん、防衛庁長官も中国に行くという意思が非常に強かった。当時の私のつまらない記憶は、日本の外務省がとても固いということ。久間章生《きゅうまあきお》防衛庁長官が訪中したいと言っているのに、外務省は駄目だと言うんですね。理由は、前回、一九八〇年代なんだけれども、確か、日本から防衛庁長官が行っているのかな。だから、今度は向こうが来なくちゃ駄目だって言ってね。プロトコルの話で。それで一九九八年頃に向こうの遅浩田国防部長が、やっと日本に来た。私の記憶では一月か二月。それで、久間さんがその年の四月か五月に訪中した。もう行けるというんで、すぐ行っちゃった。

小林　二月の次が五月だと、三カ月しか開いていないですね。

秋山　そうでしょう。いくら何でもおかしいじゃないと言ったんだけど、もう久間さんが行くって言うんだよ。そのぐらいつまんないことで外務省が抵抗していたというのが、記憶としてはありますね。

防衛事務次官はそういうところはあんまりないから、いいわけだ。しかし、防衛交流の一番大事なことは、トップが交流できるかということです。当時、大臣はなかなか訪問できなかった。

小林　一九八七年五月に、栗原祐幸《ゆうこう》防衛庁長官が訪中して、その後はほぼ一〇年近くなかったんですね。

秋山　そう。もう本当に日中防衛交流は遅れました。

真田　秋山先生が現職のときに、防衛庁幹部が外国要人に会われたときの記録というのは、外務省の方が付けていらっしゃるのですか。それとも、防衛庁の方が通訳されて会談記録を残されているのですか。

秋山　会談記録はやっぱり防衛庁で作っていましたね。

会談記録でちょっと思い出しました。非常に面白いのは、よく聞く話かもしれないけれども、例えば私が熊光楷と面会する、一時間ぐらい会談をするでしょう。そうすると、もちろん防衛庁の人がメモを取るわけだ。現地の大使館でも、メモを取っている。向こうも、メモを取っている。面白いんですよ。

日本側のメモは、相手の言っていることを一生懸命取る。中国側のメモは、自分の親分が何を言っているかをメモるというのがほとんどだ。私の言っていることなんか、ほとんど取らない。メモを取っている人は、軍じゃなくて共産党の人なんだ。要するに、幹部が余計なことを言わないか、間違ったことを言わないかということをメモに取って、証拠にする。中国ではそういうことはよくある話なんだけれども。

私は一度、熊光楷に、「中国側のメモ魔は、いつもあなたの発言のメモを取っているけど、発言が制約されているんじゃないか。一回、本気であなたと話をしたい。だから、全部、事務方を排除してくれ」と言ったんだよ。そうしたら、三回目か四回目ぐらいのときかな、本当に排除したんだ。そのとき、熊光楷いわく、「秋山さん、誰もメモを取っていないよ。分かったか、こういうことは自分だからできるんだ」とか言って威張っていた。そういう記憶があります。

小林　熊光楷はそのとき、八年か九年ぐらいずっと副参謀長をやっていて長期政権だったんですよね。

モンデール駐日大使による尖閣諸島発言

真田　一九九六年九月、駐日米国大使のモンデール氏は「尖閣諸島問題は日米安保条約の対象外であり、万一の場合にも米軍は介入しない」と発言しました。このモンデール発言に対する防衛庁内の反応について、お話しいただけますか。

秋山　モンデール発言は、私も知っているが、もう一度正確に何と発言したか見てもらいたい。モンデールがどういうふうに言ったかということを。
アメリカは領土問題には介入しないと。これはもう、従来からアメリカの基本姿勢なんですよ。やっぱり尖閣諸島の領有権について、アメリカは関与しないということは従来から言っていた。モンデールがちょっと曖昧なことを言ったというのは、私も覚えているけれど、その後確認したら、「いや、領有権の問題に介入しないということなんだ」という弁明があったので、そういうことなのかと。これは外務省にも確認したんだけれどもね。
つまり、日米安保条約の施政権の問題で、尖閣諸島がやられても関与しないとは言っていないんじゃないかと思うんだけど。私の当時の理解では、多少口が滑ったのかもしれないけれども、基本は領有権の問題についてアメリカは関与しないということを言ったという認識で、その後モンデールは発言を訂正しているはずです。
服部　大統領クラスで、尖閣諸島が日米安保条約の適用範囲であると明言したのは、オバマが最初ですかね。
秋山　大統領ではそうだね。日米安保条約を正確に読めば、施政権の及ぶところが米国としての防衛範囲ですから、対象であるのは当然なわけです。ただ、わざわざ触れるか触れないかという話だったわけですけど。
真田　このモンデール発言で、防衛庁・自衛隊内に不安や波紋が広がったということはなかったですか。
秋山　多分、モンデールに確認するのでなくて、防衛庁あるいは自衛隊であれば、米軍に確認するでしょう。「何だ、あれは」と、「いや、あれは違うんだ」と。要するに、軍同士では全然問題になっていないわけですよ。だから、そんな懸念があったとは思いませんね。

でも、私は、米国は領有権争いについては中立だというのは方針としては分かるけれども、北方領土に関しては日本の領土だということを、アメリカは確か言っているんです。北方領土を言っているぐらいだったら、尖閣諸島なんかはもう間違いなく日本の領土じゃないかと思う。サンフランシスコ条約とか、沖縄返還の協定とかを見れば、もう明らかに、アメリカはこれは日本の領土だと認識しているんじゃないかということを、当時私は主張していました。

よくよく調べてみると、沖縄復帰のときの返還協定だとか、あるいは、サンフランシスコ条約だとか、多少アメリカには、中国の関与ってあるかなという意識があったようです。サンフランシスコ条約か沖縄返還協定のときに、少なくとも、尖閣諸島は日本から離してもいいということを主張していた人がアメリカにいた。

真田　沖縄返還のときですね。

秋山　そう。いるんですよ。沖縄だって「これ、本当に日本の領土なのか」と、ばかなことを言っているアメリカの交渉官か学者かなんかが実際にいたんだよね。

カイロ宣言のときに、確か、中華民国の代表として蔣介石が参加しているよね。違いましたっけ。

服部　沖縄についてアメリカ側がオファーして、蔣介石の側はむしろ……。

秋山　要らないと言った。これについては、台湾に記録は残っていない。カイロ宣言とか、大きな外交舞台のときに蔣介石が行っているんだけど、当時の外交部がついて行っていない。国になっていなかったからかもしれないけれどもね。奥さんの宋美齢がついて行っている。宋美齢が全部通訳したが、台湾には記録が残っていないんだ。
服部　アメリカ側などの記録には残ってますね。
秋山　そう、アメリカの記録が残っている。だから、それを分析している人がいますね。東大の川島真先生なんかが分析している。
　それから、今は沖縄問題をメディアが猛烈に追っかけているでしょう。

台湾と香港の活動家による尖閣諸島不法上陸

真田　一九九六年一〇月に、台湾と香港の活動家が尖閣諸島に近づき、不法上陸しました。この事案に対する防衛庁・自衛隊と日本政府内の対応について教えていただけますか。
秋山　私が尖閣諸島をすぐに見に行ったのは、このときかな。一九九五年にもあったのかな。
　ただ、上陸してどうかっていうのは、当時、防衛庁・自衛隊が出ていくという意識はほとんどなかったですね。幕僚監部のほうでは議論していたのかもしれません。というのは、その後制服側から領域警備論というのが出てきたでしょう。
　つまり、自衛隊が領域警備をしなくちゃいけないと。領土の保守の問題なので、海上保安庁に任しておくことはできないと。そういう議論が当時あったと思うんですけれども。私の当時の感覚では、これはもう海上保安庁、警察の問題だと、しっかり守ってくれという意識が強かったですね。日本側からは、尖閣諸島を平穏に管理したいと、中国を刺激したくないという基本方針があるので、日本人の上陸も認めなかった。

真田　この頃、これだけじゃなく、尖閣諸島をめぐる日本人の上陸もありましたし、中国人の上陸もありました。そういうことが確かに複数あった時期だと思います。

秋山　そう。

真田　この時期のお話ですけれども、尖閣諸島問題が注目されていることに関して、秋山先生ご自身、対中認識において変化などはありましたか。

秋山　中国の内政あるいは統治関係からすると、この問題はいずれひどくなるなと。こういうことをてこに国内を引き締めるというのがありますので、なかなか収まらないなと。極端なことを言えば、いつかは武力も使うかもしれないということは、当時、思っていました。

だから、何度か私は主張したんだけれども、どこかでタイミングを見て尖閣諸島を守るための施設を造るべきだと。今のところチャンスがないんだけれども、今度、中国・香港・台湾辺から上陸されたら、直ちに尖閣諸島を守るために、尖閣諸島の島内に保守施設というのか、防衛施設を造って、人を配備すべきだということを、私は主張している。それは何もないときにはできないから、何かをきっかけとしてやる。この問題は今後もずっと尾を引きますよ。

それから、尖閣諸島の日米安保条約の適用の問題については我々も固執するけれども、しかし、尖閣諸島ごときで米軍に頼るなんて、そんな情けない自衛隊じゃないねという意識は、私にもあるいは自衛隊にもありましたね。尖閣諸島ぐらいは自衛隊単独で守りますよと。当時、中国などに絶対負けないと確信していた。だから、米軍が守るとか、守らないとか、日米安保条約の解釈の問題だから、譲れないところは譲れないけれども、何もアメリカにお世話にならなくても守りますよと。
　ただ現時点では、もしかしたらやられちゃうかもしれない。そのぐらい、向こうが強くなってきた。

服部　一九九六年の事案では、梶山静六官房長官の主導で、上陸者は逮捕も辞さないことになったというご記憶はおありですか。

秋山　ありましたね、当時、逮捕する、逮捕しないって、見逃すとか、見逃さないとかね。

真田　逮捕したと思います。

秋山　私たちとしては、もう当然、逮捕すべきだと、何やっているんだということは言っていましたけどね。

真田　この時点で、防衛庁といいますか、秋山先生の認識では、民間人が先に来て、その後に例えば民間人を守るためという口実で公船が出てくる、あるいは、中国海軍が出てくるということまでは想定されていなかったですか。

秋山　当時は、跳ね上がりがやっているという感じで、そこまでは想定していなかった。中国のほうも、泳がしているという感じが強くて、昔、南シナ海であったように、まず漁船が来て群がって、その後、公船が来て乗っ取るというようなことまでは考えていなかったですね。
　ただ、いずれは、中国は南シナ海でやっているように、尖閣諸島も取りに来るだろうということは意識としてはありました。

韓国での江陵浸透事件

真田　一九九六年九月、北朝鮮の潜水艦が韓国内に侵入し、それに乗船していた工作員を韓国軍が制圧するという事件（江陵浸透事件）が起こりました。この事件について、防衛庁・自衛隊はどのように捉えていましたか。

秋山　北朝鮮ってひどいことやるなと。潜り込んだ工作員が結構強かったんだ。撃ち合いをやって、韓国兵もかなり死んでいる。死傷者からいったら、韓国のほうが多かったんじゃないかな。最終的に北の工作員は制圧されたけれども、制圧するまでに韓国軍は相当やられている。

日本の安全保障にどう関わるかという話じゃなくて、北朝鮮というのはとんでもない国だなという意識のほうが強かった。しかも、ひどい潜水艦なんだ。一人か、二人ぐらいしか乗れないような鉄の箱みたいもので入ってくる。私は韓国に行って、韓国が確保したこの一人しか乗れないような潜水艦を見たけれども、ひどい国だなという意識で、あまり日本の安全保障との関係で考えていなかった。

真田　私の認識では、日本の中で北朝鮮の特殊部隊ですとか、ゲリラですとか、そういうことに注目が集まるきっかけがこの事件だったと思ったんですけど。

秋山　それはそうかもしれない。潜入隊、特殊部隊だよね。すごい部隊がいるなということ、これがきっかけだったかどうかは知らないけれども、そういう議論につながっていった可能性はある。

ペルー大使公邸人質事件

真田　一九九六年一二月にペルー大使公邸人質事件が発生し、同事件は翌年四月にペルー軍の突入によって解決しました。この事件での防衛庁・自衛隊の対応などについて、教えていただけますか。

秋山　このときにはまだ、自衛隊による邦人救出の議論というのはなかったと思います。この後、出てくるわけだけれども、このときには別になかった。

むしろこのとき、自衛隊との関係で言えば、たまたま自衛官が一人、ペルー大使館に勤務していたんだ。警備担当で大使館に出向していた。多くの大使館に防衛駐在官という武官がいるがそれとは別に、大使館には警備担当者が警察か防衛庁から派遣されている。たまたまこのペルー大使館には、防衛庁から警備担当が行っていた。彼がなかなかしっかりしていて、情報提供も含めてよく働いていた、という記憶があります。

真田　例えば、防衛庁の外、自民党やメディアにおいて防衛庁・自衛隊が出動しろという声はありましたか。

秋山　あんまり記憶していない。邦人救出という議論が、その後、出てきていたので、これが一つのきっかけだったとは思いますね。一番大きなきっかけはアルジェリアであったテロでしょう、石油プラント工場が襲撃されて日本人が一〇人殺害された。

真田　二〇一三年ですか。

秋山　それが、邦人救出（の議論）の直接の契機です。ペルーでは、突撃命令を出したアルベルト・フジモリが有名になった。

服部　橋本内閣としては、池田行彦外相を派遣していますね。

秋山　そう。現地まで派遣したかどうかは忘れたけれども。米国で待機したのかな。これは結構長かった。「日本としても、できることをします」とは言ったけれども、自衛隊を派遣するという議論はなかったと思う。

防衛庁情報本部の新設

真田　一九九七年一月、防衛庁に情報本部が新設されました。この設置経緯について、防衛庁内局・各幕僚監部での議論、警察庁・外務省・米国との関係を中心に、教えていただけますか。

秋山　もう私の前からずっと、きっかけは畠山さんが防衛局長のときに、アメリカの国防総省の情報本部、DIA（国防情報局）から、日本にも防衛庁に情報本部を作るべきだと、作り方は全部教えるという話があって、アメリカの国防総省の情報本部と同じものを防衛庁に作るという流れがあった。

私も、アメリカに出張したときに、やっぱりその話を意識して、DIAへ行ったりした。たまたま、私が防衛局長のときに具体化の時期になっていた。

服部　防衛局長になった時点で、情報本部を作ることは決まっていたということですか。

秋山　そういう方向だったが、決まっていたかどうかは分からない。方針は決まっていたと思うんですけど、どういう形で作るかということは決まっていなかった。

防衛庁に情報本部を作るということについて結構抵抗があったのは、警察というか、後藤田正晴さんなんだ。後藤田さんが、軍隊が情報を握るといいことはないと。みんな自分で情報を操作したり、他に出さなかったりして、それで勝手なことをやる、戦前を見ろとか、いろいろ言って、防衛庁に情報本部を作ることに一番反対したのが後藤田さんだった。そのほか、警察OBの先生方。

当時、警察出身の大森義夫さんが内閣情報調査室長をやっていて、彼と相当折衝をして、彼は理解してくれたんだけど、「いやー、後藤田さんが」と言う。うちの調査課長は警察から来た三谷秀史さんだったから、警察がちゃんと管理する情報本部を作ろうとしていた。それはそれでしょうがないんだけれども、とにかく三谷君と私で情報本部を作ろうと言って、実際に作ったんですね。

私はもう基本的に、防衛庁に情報インテリジェンスは絶対に必要だし、そんなものがないというほうがおかしいと思っていました。各幕僚監部に調査部があるんです。みんな、タクティカル・インフォメーション、タクティカル・インテリジェンス（戦術情報）の類で、要するに、ストラテジックなインテリジェンス（戦略情報）じゃないんです。それを作らなくちゃいけないと。

問題になったのは、組織上の位置付けだった。今は防衛大臣の下だけれども、当時はいろいろ理由があって、統合幕僚会議に設置した。これが、組織論として内部で議論になって、制服は歓迎、背広は大反対で「防衛局長は何を考えてるんだ」っていう批判があり、これはなかなか大変だった。

新しい組織を作るということは簡単じゃなかったし、統合幕僚会議に「附置する」という、行政組織法上の面白い言葉なんだけれども、統合幕僚会議の下に作るわけじゃなくて、統合幕僚会議の軒先を借りて作る、制服トップの管轄下というわけではないという話なんだ。統合幕僚会議に附置する情報本部ということで、何とかみんなを説得した。だから、これは統合幕僚会議の議長のコントロールの下にあるということとは違う。たまたま、ちょっと軒先を貸してもらっただけで、管理されているわけじゃないということでスタートできたわけです。

今度は誰がその本部長になるかというので、これもまたもめて、もう直感的に組織の大きさからいって陸自でいいだろうということで、実際に収まった。最初の本部長が国見昌宏（陸将）さんといって素晴らしい本部長だったので良かったんだけども。

いろいろ抵抗はあったが、何とかそれで後藤田さんの了解も取って。後藤田さんが了解をした一つの理由は、警察が一番注目していたのが電波情報なんです。これはどこの軍でもやっているわけだけれども、特に日本の電波情報能力が高くて、アメリカも非常に評価している。電波情報能力を本当に防衛庁のコントロールの下に置いていいかということに、後藤田さんは猛烈に抵抗を感じたんですね。

結局、電波部は、もちろん組織としては情報本部の下なんだけれども、何となくやや独立したような扱いで、しかも電波部長というのは警察から来る人がやることになった。そのポストを警察で押さえるということで妥協したと。その後、どうなったか知らないけどもね。そんな経緯だった。

インテリジェンスの種類はＳＩＧＩＮＴ《シギント》、ＥＬＩＮＴ《エリント》、ＨＵＭＩＮＴ《ヒューミント》。ＳＩＧＩＮＴは、会話の傍受。ＥＬＩＮＴは、飛行機やミサイルから出るシグナルのキャッチで、いずれも電波情報。ＨＵＭＩＮＴというのは、要するに人間が得る情報。日本は、ＨＵＭＩＮＴが弱い。アメリカは、電波情報、プラス、スパイもどきのＨＵＭＩＮＴがすごい。日本はスパイ活動はできない。

だけれども、地政学上の観点から見た場合、日本の防衛庁の情報本部にとって、HUMINTは最大の武器になるのじゃないかということで、とにかくHUMINTの人材を量的にも、質的にも高める。つまり、人を集めなくちゃいけない、それから、レベルを上げなくちゃいけないというのが最大の課題ということで、スタートした直後から中途採用も含めてとにかく定員の確保、HUMINTというのに力を入れようと。最近、まあまあだいぶ拡充はされてきているように聞いていますけどね。

服部　規模は当初、二、三〇〇〇人ぐらいですか。

秋山　二〇〇〇人弱だったと思いますよ。

そのうち、一五〇〇人位が電波情報関係です。会話などを聞いている人です。要するに、本当の通信キャッチの専門家、「露華鮮」と言ったら今の人は分からないかもしれないが、ロシア語と中国語と朝鮮語のことで、これらの語学専門家がずっと聞いている。「象の檻《おり》」っていう、電波をキャッチする施設がある。あれでずっと聞いている。それが情報本部の大半なんだ。

HUMINTは本当にわずかしかいなくて、そこを強化しなくちゃいけないということでやりましたけどね。

大韓航空の飛行機が墜落したことがあった。あれは、日本のSIGINTというか、ELINTかな、大韓航空から出ている情報と、当時、ソ連が戦闘機を飛ばした、その戦闘機から出る情報をほぼ完全に集めた。

服部　それは中曽根内閣のことですか（一九八三年の大韓航空機撃墜事件）。

秋山　そう。あれは日本のSIGINT、ELINTが全部、情報を把握していて、ソ連が撃墜したというのが完全に分かっていた。最大の問題は、三沢基地で得た情報を、直接アメリカに流してしまった。それで、あれはソ連の戦闘機が撃墜したということをアメリカが発表しちゃった。それは日本が得た情報でということは、後藤田さんは知らなかったから、大変な騒ぎになった。

そういうこともあるんだよ、後藤田さんが、軍が情報を独占すると危険だと言い張った背景には。日本の最高指揮官に情報を上げる前にアメリカに流したことが、許しがたいと。

真田　この情報本部を新設することに対して、外務省の反応というのはいかがでしたか。

秋山　外務省は非常に警戒的でしたね。外務省に国際情報局があったけれども、そこの情報は大使館から得ている情報だから、安全保障に関しては手薄だ。機密情報なんてないし、相手の政府、それも外務省からもらう情報だから、インテリジェンスとはいえない。

それから、大使館に防衛駐在官がいるわけです。彼らが直接、防衛庁に情報を流しちゃいけないというルールが実はあった。必ず、外交電信で流さなくちゃいけない。防衛庁に情報本部ができたら、みんな、武官がそっちに直接流すんじゃないかという、非常に不信感、懸念は持っていた。どこの国でもやっているわけだから反対はできないわけだけど、警戒的でした。

真田　先ほどお話にありましたが、ＤＩＡと日本の情報本部はカウンターパートになるということですか。

秋山　ＤＩＡはＤＩＡで、ＣＩＡ（中央情報局）と競っているわけですよ。どこの国でも情報組織というのは、消極的、積極的権限争いをやっているわけ。ＤＩＡは、ＣＩＡはスパイ集団だと思っているし、本当の軍事情報は我々が取っていると、だから日本も作れと、一緒にやろうと、そういうことだった。

日本のCIAといえば、どちらかというと公安とか警察とか、そっちのほうじゃないですか。そこはCIAとやっている。やっぱりDIAとしては、防衛庁の情報本部とやりたい。防衛庁にも情報組織があったからやってはいましたけれども、本部を作れと。

服部　情報本部設置の際、内局プロパー生え抜きと制服組の両方から、非常に強い抵抗があったと言われています。

秋山　内局からは抵抗がありました。情報本部を制服の下に置くとは何事だということ。

真田　陸上幕僚監部には、独自に調別（調査部第二課別室）という電波をとる組織があります。それらの組織が吸い上げられてしまうことに対する自衛隊側の反対論はありましたか。

秋山　それは本当の意味での抵抗じゃなくて、自分たちの権限が奪われるということに対する抵抗ですよ。結局、各幕僚監部に調査機能を残した。本当にタクティカルな情報、現場情報については各幕僚監部に残したらということで残したんだけれども、やっぱりかなり情報本部に吸い上げられるということで抵抗したというのは、それはそうですね。情報本部ができるまでは、各幕僚監部に調査部長というポストがあったが、それがなくなった。

それから、電波傍受部門を除いた情報本部はあり得ない。警察は電波部門を独立させて、警察の管理下に置きたいと、もう非常に強く言っていたが、これは受けなかった。

防衛庁での組織改編

真田　一九九七年七月、防衛庁にて大規模な組織改編があり、運用局が設置された一方、「地方防衛局」構想は見送りとなりました。その経緯と狙い、防衛庁内局・各幕僚監部での議論について、教えていただけますか。

秋山　私が防衛局長として、自分の意志としてやった仕事の一つは、この運用局創設です。

「地方防衛局」の話は、私はあんまり関与してなかったけれども、これは地方にある防衛施設局の名前を防衛局にしたいというもの。防衛庁で防衛局と言ったら、ある意味で軍事の中枢じゃないですか。地方であっても、防衛局と称したら、やっぱり一般の感覚からはなかなか受け入れられなかった。防衛施設局というのは基地の話だから、全然違う。

この件はあんまりゴリゴリやった記憶はなくて、私は当初は、防衛局運用部を作りたいと思ったんですよ。だけれども、私の発想はちょっとよこしまだった。

まず、防衛局って権限が集中し過ぎていると。防衛庁防衛局防衛課ってすごい名前でしょう。本当にほとんど権限は防衛課に集まっているわけです。これはあまりにも権限が集まり過ぎているし、それに、当時、防衛庁プロパーの幹部候補生がだんだん育ってきたわけです。私が防衛局長をやっている頃には、プロパーの局長クラスの人はそうは多くいなかった。

今は、もう局長クラスでプロパーの候補者がたくさんいる。だから、課長クラスになると、もっといたわけです。というのは、今の幹部が採用された一九九〇年代以降あるいは一九八〇年代でも、もう一〇人から一五人ぐらい毎年いい人をちゃんと採っている。彼らが課長クラスになったときに、今の防衛庁の組織じゃとてもやりがいのある仕事がないなと、勝手に私が思っちゃったんです。

防衛課はもう圧倒的に権限を持っているから、もうちょっと権限の分散を図って、多くの幹部候補生が将来幹部になるとして、みんなが分担して仕事ができるようにしないと、組織がつぶれちゃうんじゃないかという、本質論じゃない意識があって、それで防衛局から運用部を作るなり分局するべきじゃないかと思ったわけです。最終的に運用局になった。だから、実は私の発想は、あんまり本質論じゃなかったんです。

内局のプロパー、それに特に制服からは猛烈に抵抗があった。運用というのは本来、制服に任されるべきだと。防衛局に運用課があるぐらいだったら許せるけれども、運用部とか運用局とは何事だと。これは猛烈に反対された。プロパーからは、防衛局から運用を外したら、防衛局は単に抽象的な議論をしているだけじゃないかと、オペレーションのないような防衛局というのは意味がないと言って、抵抗がありました。ありましたけれども、いろいろ説明をして、最終的には通ってしまいましたけどね。

通ったけれども、その後やっぱり揺り戻しがあって、現在、運用関係は統合幕僚監部に移った。それで、防衛局に運用関係の室とかが残っているぐらいだ。今の形でもいいと思うんですけれども。

それから、私がもう一つ考えていたのは、もうちょっとUC（ユニフォームとシビリアン）混合をやって、内局にユニフォーム（制服）を入れる、ユニフォームの世界にシビル（文官）の幹部をしかるべきポストに付けるという、そういうことをやるべきだと主張した。アメリカがそうじゃないかと。当時から議論されていたシビリアン・コントロールというのが、CがUをコントロールするなんて、そんな議論はおかしいということで、UC混合ということを考えていたんですよ。それも実現した。
結局今、運用は統幕に移り、情報本部は防衛庁長官直轄になった。オペレーションは統幕と、うまくいったが、その代わり、シビルも統合幕僚監部というユニフォームの世界にナンバー2かナンバー3で入ることになった（統合幕僚監部総括官）。
だから、結果論としてはいい形に収まったと思いますけれども、当時は多少、強引に運用局を作って、これはあんまり評判が良くなかった。

服部　局は純増というわけにいかないので、他の局を統廃合するなどして、全体の局数は増やさないようにするわけですか。教育訓練局を廃止し、そのうち訓練部門を運用局に引き継ぎ、教育部門を人事局に加えて人事教育局を作ったのはそういうことですね。

秋山　そうでしたね。

真田　シビリアン・コントロールの話ですが、文官が制服を統制する、あるいは、コントロールするという考えを持った方というのは、当時も内局にいらっしゃったということですか。

秋山　いましたよ。プロパーの幹部は、そういう訓練を受けてきたと思いますしね。

真田　そういうのはプロパーの方のほうが意識が強いのでしょうか。

秋山　今はないと思いますね。当時はあったと思います。私の周りでは大森敬治さんなんかがUC混合を批判していたと思いますね。施設庁長官から安全保障・危機管理担当の内閣官房副長官補をやった人です。すごく優秀な人でした。

真田　プロパーの方と、大蔵省からいらっしゃった方の意識の違いはありますか。

秋山　ありますね。私が防衛局長のとき、防衛政策課に陸海空自衛隊の一佐を全部呼び込んだ。これも批判の対象だったけどね。

些細なことのように見えるかもしれないけれども、私が防衛事務次官のときに女性自衛官を秘書にするとか、そんなこともやった。「何だ、あれは」って言われて私が辞めた後、一回つぶれたけれども。もう今は定着している。

私は奇をてらったわけじゃなくて、アメリカを見てみろと、もう全くUC混合で、秘書に制服の女性がいるのもいいではないかと。

中国・ロシアとの安全保障対話

小林　一九九七年三月に、第四回の局長級「日中安全保障対話」がありまして、これは東京でやっています。さらに、その三カ月後に、秋山局長が訪中して、傅全有《ふぜんゆう》総参謀長と会談しているんですね。この背景と経緯について教えてください。

秋山　日中間の防衛交流もだんだんと軌道に乗ってきて、その一環として私が訪中をして、傅全有総参謀長に会った。訪中するとカウンターパートは熊光楷とか外事局長だったが、中国人民解放軍のトップに会いたいということで総参謀長となった。当方としては防衛局長が総参謀長に会うということが重要で、何かを話すことが目的ではなかったと思う。だから、何を話したかは覚えていない。また、傅全有は、公式見解しか述べない他の幹部と異なり、相手の話もよく聞くし、自分の意見をきちんと話すという評判だったので、ぜひ会いたかった。会ってみた印象は、そのとおりだった。彼に期待をしたい気持ちが強くなったことを覚えています。

服部　何を話したかは覚えていないとのお答えだったのは、一九九七年六月の訪中のことですか。新聞報道によりますと、そのときに秋山先生は古沢忠彦統幕事務局長と訪中し、日米ガイドラインの説明をされたようです（『朝日新聞』一九九七年六月二〇日）。

秋山　そう、ガイドラインの見直しについて説明したんですかね。まあしかし、傅全有に説明したって仕方がない。

話は変わりますが、私が訪中で印象に残っているのは、いつだったかは忘れちゃったけども、局長レベルの2プラス2ですが、防衛局長と外務省のアジア局長と、それから、総合外交政策局長が訪中し政策対話を行った。ところが、行く直前に大事件が発生した。日本の駐在武官が拘束されちゃった。航空自衛隊の武官が誤って、中国人民解放軍の基地の中に入って写真を撮って、公安に捕まった。

小林　アメリカの武官と行ったんですよね。

秋山　そう。アメリカの武官にくっついて行った。大体、中国は、分かんないんだよ、どこから基地だなんていうのはね。それで知らずに写真撮って拘束されちゃって、それが局長レベルの2プラス2をやる直前に分かって、どうしようかということになった。現地で交渉しようと、行くだけ行こうと言って、みんなで北京に行った。

小林　現地交渉ですか。

秋山　現地交渉。後で中国大使になった阿南惟茂《あなみこれしげ》君が当時、公使をやっていて、彼は私の親友でもあったので早速連絡を取って、阿南と外務省の二人の局長と防衛局長で鳩首協議をして現場対応をした。アメリカの武官も捕まっちゃったわけで、アメリカのほうは「もう断交だ」なんていう過激なことになって、アメリカの中国大使館で館員を追放するとか何とかで、もう大事になっていた。日本のほうはどうしようかということになって。

アメリカとも連絡を取り、東京とも連絡を取り、外交部とも連絡を取りながら、結論としては、日本の武官は拘束解除してもらって直ちに退去させると言って、自主退去させた。アメリカの場合には、確か、かなりやり合った後、中国は米駐在武官を追放したのかな。だから、アメリカも中国大使館館員を追放して、結構、大きな事件になったんですね。日本の場合には、ただ、本人が拘束から外れれば退去させると、自主退去させて、穏便におさめた。そういうことがありました。

そのときはもう、中国の外交部も必死で、「大変だ、大変だ」と言って、土曜、日曜、休日を返上して詰めて、ある意味では面白かったと言えば、面白かった。

結構、私は、防衛局長、防衛事務次官で海外へ行っているから、そのときに面白いことがありましたね。

前にも話したが、ロシアとの間で、外務省と防衛庁の幹部が出る日露安全保障対話を初めてやったときの印象が強く残っています。外務省から総合外交政策局長、防衛庁から防衛局長、先方からもカウンターパートが出て、四者が会談をするという局長レベルの2プラス2をロシアと初めてやった。

よく覚えていることは、終わった後、記者会見をしたら、日本人記者がたくさん質問をしたんだけども、両局長に対しての質問はほぼゼロで、全て、制服から参加した大越兼行陸将補に対してだった。大越さんは最終的には北部方面総監になった大変立派な陸上自衛隊の幹部で、体格も立派で、ドーンとして目立つんだ。

彼がもっぱら質問を受けたのは、陸上自衛隊の幹部、つまり、将補とはいえジェネラル（将官）が、ソ連時代を含めてロシアを訪問したのは初めてだったのでそれについて盛んに質問を受けて、しかも、彼は陸上自衛隊の北部方面隊でもっぱらサハリンを監視していた。要するに、諜報活動をやっていた。偉くなった人だけど、若い頃稚内の先のほうからサハリンをずっと「双眼鏡」で眺めていた人だった。

2プラス2の会議にロシア側から出てきたコサック兵みたいなアジア系の人がいて、最初から最後まで全く発言しない。終わった後のパーティーで、突然日本語で話をしてくる。それで、大越さんと、「おまえか」、「あなたか」と、両方とも言ったっていう、つまりあのとき相互に監視役をしていたという話があるのね。その話が漏れたのかどうかは知らないけれども、もっぱら、記者会見ではその質問だったね。

冷戦が終わると、こんなに変わったのかと、そういう印象深い会議だったですよ。大越さんも感無量と言っていました。

第4章

普天間基地移設・日米安保共同宣言・日米ガイドライン——防衛庁防衛局長（2）

沖縄三事案

真田　「沖縄三事案」（①那覇港湾施設の移設、②読谷補助飛行場の返還、③県道一〇四号線越えの実弾射撃訓練の本土移転）が始まる経緯について、教えていただけますか。

秋山　宝珠山（昇）さんが施設庁長官で、玉澤（徳一郎）防衛庁長官の下で、一九九五年というのは終戦五〇周年に当たっていたから、確か、何かやろうとしていた。終戦五〇周年の終戦というのは沖縄戦だからね。しかも、大田（昌秀）さんが、この数年前に沖縄県知事に再選されて、やっぱり相当沖縄の米軍基地について厳しいことを言っていたから、防衛施設庁がとにかく大田知事によくやったと言われるようなことをやろう、というので「沖縄三事案」というのをまとめあげた。

この沖縄の港湾施設って、行って見れば分かると思うけども、那覇空港に着いて那覇市内に行く途中の左側は全部、米軍那覇港湾区域で米軍が占拠している。しかも、がらんと空いている。有事のための港湾施設だから平時はものが置いていない、ガラガラというとちょっとひどいんだけど、「何だこれは」って私らだって思った。

だから、あれを何とかアメリカを説得して返してもらおうと。アメリカに言わせれば、こういうのはベトナム戦争のときなんかの有事には重要な施設になる、軍事的感覚からすると不可欠な施設なんですね。しかし、沖縄の人は何であんないい所を取られているんだという気持ちが強かった。今はだいぶ返ってきたからいいけれど、米軍那覇港湾施設は象徴的な施設返還だった。

それから読谷補助飛行場、ここは米兵が空からパラシュート降下訓練をするところ。しかも、読谷飛行場は街の中にあって、これも何とかならないかという話が前からあった。実は当時、ここでの降下訓練はもうやめていたんだけれど、これを返せないかという話だった。

県道一〇四号線の件はひどい話で、国道ではないけれども立派な県道が走っている、その県道をまたいで火砲の演習をやっていた。場所がなくてね。あんまりだという話は前からあった。これをやめる。いずれも、非常に大きな改善策でした。特に県道一〇四号線越えの実弾射撃訓練というのは、その訓練自体を全部、本土に持ってきたと思う。だから、この一〇四号線越え訓練の解決は、沖縄でよく言う「本土でも負担すべき」という一つの典型だった。

ということで、玉澤さんも宝珠山さんも、かなり自信を持って大田さんに話をして、大田さんも多分これを評価していたと思う。しかし、一九九五年九月の少女暴行事件で全て吹き飛ばされてしまった。

真田　この「沖縄三事案」の中心になったのは、玉澤長官と宝珠山さんですか。

秋山　そうです。もちろん、防衛施設庁が中心だね。

一九九五年の沖縄少女暴行事件

真田　一九九五年九月四日に、沖縄少女暴行事件が起こりました。秋山先生と防衛庁・自衛隊は、この事件が日本社会と日米関係に与える影響について、どのように考えていましたか。また、外務省と米国側の対応に関しても教えていただけますか。

秋山　そのときは、本格的な2プラス2（日米両国の外務、防衛両大臣による四者協議）が初めて開かれるということで、私らはみんなアメリカへ行ってこの会談をワシントンでやった。そこでは、冷戦終了後の日米同盟の在り方、強化、再定義、そういうものについて高らかに謳おうというようなことを考えていた。しかし、この少女暴行事件で全部ふっ飛んでしまって、しかも成田空港に帰ってきたら、大田知事が県議会で米軍基地用地の借り上げ手続きに係る代理署名をしないということを宣言した、というニュースが飛び込んできた。

私は後で知ったんだけれども、大田さんは代理署名を拒否するということを、知事になってから常に考えていたらしいんですね。大田知事の回顧録にもそういうことが書いてある。副知事の吉元政矩《まさのり》さんはインタビューで、大田知事が「常に考えていた」と言っている。

そのとき私たちはもう、これは大変だと、大田さんの強い反応があったから。どういうふうにこの事態を考えていたかということだが、外務省を中心にして、アメリカもそうだったが、こういう事案については地位協定の見直し、あるいはその運用の見直しをして、何かを変える。ジョセフ・ナイ（米国防次官補）もこの範疇で思い切った改善をするということに焦点を当てていた。

防衛施設庁は常にアメリカ側と地元との間に挟まれて、そういう問題をずっと処理してきたから土地勘があるわけだけれども、今回は従来のようなやり方では無理、ただでは済まないという意識が強かった。特に、防衛庁プロパーのエース守屋武昌さんが当時防衛政策課長だったけど、彼は今回は地位協定の改善の問題じゃない、これはもう基地の問題だ、基地の整理・統合・縮小、基地の運用改善、それを何とかしないと、この問題は解決しないと言っていた。私もそういう気持ちだったので、このときの対応には、外務省と防衛庁の間に相当ギャップがあった。

それから、日米安全保障条約に関する日米関係というのは、従来であれば外務省と国務省が中心になってやるのだけれども、今回は防衛大綱の見直しだとかガイドラインの見直しとかいろいろあって、日米関係は、国防総省と防衛庁の間にかなり強いラインが出来上がっていた。防衛庁の考えを国防総省に伝えると、国防総省がすぐそれに反応する。

当時私のカウンターパートがジョセフ・ナイだったし、審議官クラスのカウンターパートがカート・キャンベルだった。特にジョセフ・ナイは、日本の専門家じゃないけれども、国防担当になってから日本を含めた東アジアの安全保障について強い関心を持つようになっていたから、こっちが言うと打てば響くような対応をする、そんな関係になっていた。

アメリカ国務省は、クリストファーが長官で、ジョセフ・ナイのカウンターパートナーは国務省の次官補のウィンストン・ロード大使。職業外交官だが非常にジョセフ・ナイを信用していて、日米安保の見直しなり、日米同盟の見直しなり何なりと、この問題については、アメリカでは国防総省のジョセフ・ナイに一任するという感じの態度だった。

国務省と外務省の事務方にはちょっとフラストレーションがありましたが、それは、事件の対応の感覚がちょっと違うということにも関係があった。

真田　当時、北米局長だった折田正樹さんは回想録（『外交証言録　湾岸戦争・普天間問題・イラク戦争』岩波書店、二〇一三年、一八六頁）で、この事件に関して、本当に弁解のしようがない事件だけれども、沖縄からの基地の全面撤去、安保条約廃棄という議論になったら困るし、アメリカ側もそれを恐れたと述べています。

秋山　そうですか。

真田　秋山先生も、日本国内で、いわゆる反米感情が盛り上がることを懸念されましたか。

秋山　いや、現実の問題として、その運動の中から基地の全面撤去、安保条約の廃棄が出てくるなんていうことは、私は全然感じていなかったですね。米軍基地というのは、日本には沖縄以外にもあるわけですよ。

だけど、沖縄に在日米軍の七五％が集中しているとか、やはりいろんな経緯からして、在沖縄米軍基地は非常に大きな問題なので、この際、大田知事の言うように、返還とか基地の縮小とか、基地だけじゃなくて、米軍の縮小とか、ある程度、米軍基地の整理・統合・縮小をしないと、これはもう対応できないなという感じでしたね。

船橋洋一さんが著書『同盟漂流』で書いた、「ナイ・イニシアチブが吹っ飛んでいくような恐怖感を覚えた」という点は、ナイが恐怖感を覚えたかどうかは知らないけれども、彼は相当残念がっていましたよね。

私が初めてナイさんに会ったのは、その年の五月だったと思うんだけど、防衛局長に就任して一週間か二週間位で訪米して、それで、事務レベルの外務防衛会議をワシントン郊外のエアリーハウスというところで缶詰めになってやった。そのときに、ナイさんは防衛大綱の見直しにももちろん非常に関心があったし、その年の秋にクリントン大統領が訪日して、日米の共同宣言を出そうといったようなことを考えていた。

ジョセフ・ナイのそのときのいろんな議論で非常に印象に残っているのは、とにかく五月にこの会議をやって、九月に2プラス2をやって、それから、一〇月か一一月に首脳会談をやって、そこで日米安全保障共同宣言というものを出す。冷戦終了後、何となくちょっと霧の中へ入っていたような日米同盟を高らかに対外発信するということを、ジョセフ・ナイは描いていたんだね。非常にはっきりしたパブリックリレーションズ（広報）を描いているのに、私自身感銘を受けたことを覚えている。

それが、この九月の2プラス2では、冒頭からクリントン大統領が謝るという環境で始まり、本当に情けない日米協議になってしまった。だから、ジョセフ・ナイは、こんなプロセスになってしまったことに非常にがっかりしたと思うんですね。しかも、彼は、その秋にハーバード大学にディーン（院長）で戻ったんじゃなかったかな。いずれにしても、ジョセフ・ナイは非常に残念がり、後ろ髪を引かれる思いで大学に戻っていった、それはもう、船橋さんが書いたとおりでしたよ。

服部　それにどこまで関連するか分かりませんけれども、中国が日中安保対話について開催をしぶり、日米関係の様子をうかがっていたという話はありますか。

秋山　覚えていないけれども、なかなか開催の返答がなかったなんて中国はいつもそうだよな。でも、このときは、そういうことを中国は考えたかもしれない。

大田沖縄県知事の代理署名拒否

真田　大田知事による代理署名拒否は、秋山先生や防衛庁にとって寝耳に水だったのでしょうか。

秋山　最近ですが、宮城大蔵さんから聞かされたり、大田さんの回顧録に書いてあるとかで、大田知事は前からこういうことを考えていたという話がありますが、当時、基地の問題について私はあんまり具体的に首を突っ込んでいなかったから、そういう代理署名拒否という一方的な行動の意味をあまり正確に認識できなかった。ただ、少なくとも、防衛施設庁長官の宝珠山さんは、こういう問題が起こり得ることはもちろん知っていたと思いますね。

これを政府部内の反応との関係で言えば、その後、この案件は内閣のほうでは古川貞二郎官房副長官の担当になるわけだけれども、法的な手続きを取ろうとすれば、防衛施設庁の最終的な長である内閣総理大臣が大田知事を訴えないと駄目なわけですね。代理署名をしないまま放っておけば、地主との貸借契約ができなくなる。だから、どこかで踏み切らないと、基地が適法に使用できなくなってしまうわけです。結局、訴えたけれども間に合わなかった。

だから、大田さんが代理署名をしないということであれば、これはもう法に訴えるしかないけれども、なかなか首相の村山さんがしなかった。訴えないで、何とか対処できないかというふうな話だった。最終的には訴えることになった。

その過程で、宝珠山さんがオフレコの記者会見で村山総理は何も分かっていない、頭が悪いからだとか何とか、言ってしまった。それはオフレコだったけれどもどこかのテレビ局だったかな、流しちゃった。それで大騒動になっちゃってね。当時、「オフレコだけれど」と言っていろいろ問題が起こっていたので、やっぱり注意しなくちゃいけなかったと思います。

例えば、米軍の太平洋軍司令官も、オフレコで言った話が原因で辞表を出した。内容は確か、「一五ドル出しゃあ、買えたじゃないか」って言ってしまった。

服部　このとき宝珠山さんは、大田知事と会見ができなかったんですね。
秋山　できなかった。
服部　会見を拒否されたんでしたね。
秋山　そう。
真田　この代理署名拒否問題での村山総理の対応と、宝珠山さんのオフレコ発言に対する防衛庁の反応について、教えていただけますか。
秋山　どっちにしろ、裁判に訴えざるを得なかったんだから、あんなことを言わなくてもよかったと思いますね。
服部　宝珠山さんは、村山総理が署名を代行すべきだとも発言してましたね。
秋山　そう。でも、余計なことを言ってしまった。自社さ政権だけど、実際には自民党が中心だったわけで、これはちょっと宝珠山さんに辞めてもらおうという話になって、（自民）党が動いた。
真田　それに対しては、衛藤（征士郎）防衛庁長官も辞任はしょうがないと。
秋山　そうだったろうね。

村山首相・社会党の役割

真田　安全保障問題において、村山富市首相、五十嵐広三・野坂浩賢《こうけん》両官房長官、社会党は、どのような役割を果たされたのでしょうか。

秋山　五十嵐さんというのは非常に優秀で、社会党の政治家としては事務能力もあるし中庸だし、自民党にいてもおかしくない人でしたよ。野坂さんは野人的で、結構情緒豊かな人でね、だけど社会党では左派でした。

私の印象では、五十嵐さんのほうが結果的には非常に社会党的で、いろいろなことを分かっているんだけれども、村山さんが社会党の党首だったから、その立場を守らなくちゃいけないとか社会党的なことを言っていた。野坂さんのほうは、もともと本当に社会党の野人みたいな人で、結構毒も平気で飲めるという感じがあってね。当時、五十嵐さんと野坂さんが沖縄問題でどういう立場に立っていたのか、私は今、正確には思い出せないが、我々は村山さんに直接、いろんな説明に行くわけじゃなくて、結局、五十嵐さんと野坂さんに説明に行くわけだよね。私の印象では、五十嵐さんは難しかった。なかなか了解しない。野坂さんは「ああ、分かった」と言って終わる、割とそういうイメージがありましたね。

だから、私の意識では、野坂さんのときに、村山さんは個人としては決断したくないことをみんなやらされている。この裁判の訴えとか、例のオウム真理教事件の処理とかね。

新しい防衛大綱（〇七大綱）も村山さんの色というのは災害派遣ぐらいで、あまり出ていない。野坂さんは、何となく全部受けてくれた。

真田　五十嵐さんや野坂さんのような社会党の議員の方と、防衛庁の官僚の方というのは、もともと面識があったりしたのでしょうか。

秋山　緊密な関係などはないですよ。大体、自衛隊違憲論でチェックされていたわけだからね。面白いことに、それまで国会で防衛庁・自衛隊を厳しく追及していた大出俊《おおいでしゅん》さんが、当時自社さ与党三党の防衛部会長でいわば国防族の長になった。

岩垂寿喜男《いわたれすきお》さんは、橋本内閣で環境庁長官になる前、村山内閣時代に社会党で安全保障を担当した。自民党が自衛隊の海外派遣だとか、ＰＫＯだとか進めようとすると岩垂さんが社会党を代表してチェックして、機関銃は一丁だけしか持っていってはいけないだとか言っていた。岩垂さんはもう本当に社会党のチャキチャキの人なんだけれども、野坂さんと同じように、村山さんのためならと言って、「トンちゃん（村山富市）のためなら、もうイデオロギーはこの際、ちょっと棚上げだ」なんて言っていたのをよく覚えています。そういう感じが野坂さんにもあった。岩垂さんなんかよくこぼしていました、なんでこんな役回りになったのだろうかと。

だから、防衛庁と自衛隊が、社会党とどう付き合っていたかというと、少なくとも、政権ができた後は岩垂さんとか大出さんとはべったり付き合った。あの人たちは、なかなか面白い人たちだった。結局、全部、受けてくれたんだけどね。最後の言いっぷりが、「もうトンちゃんのためならしょうがない」ということで。

社会党出身の首相として、何かレガシーを残すようにしなくちゃいかんというよりも、総理を守りたいと。もちろんレガシーは残しました。例の、戦争責任についての村山談話とか。

真田　沖縄県の社会党と、東京の社会党があんまりしっくりいっていなかったという話もあります。

秋山　社会党本部の事務局との関係というなら分かります。社会党で典型的な闘士だった岩垂さんも、大出さんも最後は大臣をやった。

大出さんはもう、常に自衛隊をたたいてきた人だ。ところが、新しい防衛大綱の担当が大出さんになった。自社さ与党の防衛部会長、座長といったかな、これが大出さんになった面白いいきさつがある。これは社会党の事務局の悪知恵で、若いがなかなかしっかりしている人が「秋山さん、大出さんを座長にしましょうよ」と言うんだ。自社さだから、さきがけは前原誠司さん、自民党が大野功統さんか、事実上は山崎（拓）さんと、そして社会党が大出さんだった。よく聞いてみたら、「座長になったら、最後まで徹底抗戦というのはできないだろう」と社会党の事務局が言うんですね。防衛大綱は、大出さんが最後に、「まあ、座長を俺にさせられちゃったから、反対できないよ」と言って終わっちゃった。事務局の読みのとおりになった。

というようなことがありましたので、大綱策定過程ですが、もっぱら付き合ったのは大出さんと岩垂さん、あと、前原誠司さんね。

服部　前原さんは、社会党とかなり違う立場じゃないですか。

秋山　前原さんは、社会党と自民党の間を取り持ちたいという、自分たちの役割は仲介役だと言って、もう徹底していた。前原さんは、そのときは当選したばっかりだから、別に安全保障の専門家じゃなかった。そのときに担当になって勉強して、安全保障にぐっと入り込んできた。

真田　当時の官房副長官だった、さきがけの園田博之さんに対する印象、エピソードは何かありますか。

秋山　園田さんも、当時は本当に自民党と社会党の間を取り持つという感じだった。もともと自民党だからね。非常に紳士でしたね。

SACO設置の経緯

真田　SACO（沖縄に関する特別行動委員会）設置の経緯について、防衛庁内局、防衛施設庁、外務省の反応も含めて、教えていただけますか。

秋山　SACOの設置の経緯ですが、九月に少女暴行事件があって、一〇月二〇日頃に沖縄で一〇万人抗議集会とか何かが企画されて、それで、アメリカのほうから盛んに地位協定の運用の思い切った改善策を示して、何とかその一〇万人抗議集会をやめさせたいという話があった。外務省も一生懸命大胆な改善策ということを詰めていた。

防衛庁の当時の感じでは、もう今や地位協定の問題じゃないと。沖縄にある米軍基地の返還、縮小、あるいは、米軍の運用の改善とか、「沖縄三事案」にある運用の話を拡大するようなことを本格的にやらないと、それは解決しないという意識が非常に強かった。

経緯的には、秋山が一〇月の中旬にジョセフ・ナイに電話をして、「基地の整理・統合・縮小のための日米の高級事務レベル会議でも立ち上げて、集中的にやらないと駄目だと思う、地位協定の見直し程度では収まらない」と話した。そのときは、基地だけの問題じゃなくて、例えば、米国が沖縄に投資をするとか、国際会議を開くとか、要するに米国のイニシアチブで沖縄に非常に光が当たっているようなことなんかも議論したいといったようなことを言ったら、ジョセフ・ナイいわく、「ちょうどこれからクリントン大統領に会うので、早速、大統領に相談をする」と、もうその日のうちに結論が出た。

直ちに外務省にも連絡をとって、その新しい高級事務レベル会議で、沖縄に限った米軍基地の整理・縮小とかを議論しようと。外務省は、基地問題をちょっと嫌がっていた。だから、何を話したらいいのかということについて、本来であれば二国間の高級事務レベル会議の立ち上げですから、それこそ外務省の話になるけれども外務省が動かない。だから、私のほうで、防衛庁の防衛審議官だった平沢勝栄さん、後で衆議院議員になった人だけど、彼を米国に派遣した。

米国に行って、会議の構成と議題などについて折衝してくるようにというので、確か、電話で話した二日後ぐらいに、平沢さんを派遣した。それで、一日か二日、向こうで集中的に討議をして、このSACOというのを立ち上げようということになり、一〇月末か一一月に、ゴア副大統領が来日したときに正式に決めた。もともとクリントン大統領が来日する予定だったが、米国議会で予算が通らなくて、政府庁舎の機能が止まり、電気が消えるとかひどいことになって、クリントン大統領が来られなくなって、ゴア副大統領が来たんだね。

それで、そのときに、ゴア・村山会談というのがあって、そこでSACOの立ち上げというのが決まった。あの会議は、APECが大阪であって、そこにゴア副大統領が来て、村山さんもそこに行ったんだ。それはサミット会議だから、もともと予定されていたクリントン大統領の代理ということなので、外務省が全部仕切っていた。外務省から二日ぐらい前に、「秋山さん、大阪に来てくれ。これは例外だけれども」と。日米首脳会議に防衛局長も参加したのは、どうも初めてらしかった。それ以降は、結構、呼ばれて行ったけれどもね。

そのときに、SACOを立ち上げるということが決まった。

服部　日米地位協定についてですが、地位協定だとアメリカ兵を拘束するのが難しくて、起訴されて初めて、日本が拘束できるという条項になっていたかと思います。その運用を変えようということになって、日米合同委員会で合意文書を作りますね。

秋山　中身までは正確に覚えていないけれども。殺人・強盗・強姦かな、凶悪な事件については、事実上拘束できるようにするという話があったように思います。地位協定そのものはいじっていない。

服部　それで運用について合意文書を作るわけですけれども、これは主に外務省がやるわけですか。

秋山　そう、外務省です。地位協定に関するいろいろな委員会がある。それは全部、外務省です。もちろん、防衛庁からは、防衛施設庁長官や防衛施設庁の事務方が参加するが、基本的にはそれまで防衛庁の内局は関与していなかった。

真田　ゴア・村山会談に、秋山先生が防衛局長として参加されたという話ですが、来てくれとの連絡は外務省からですか。

秋山　折田さんから電話があってね。もっとも、平沢さんを派遣して、向こうで折衝をしているときには、もちろん外務省からも確か、（日米安保条約）課長の梅本和義さんが行ったと思います。外務省からも人が行って、それで立ち上げようという話になってから、外務省もSACOの立ち上げについて動いてくれたと思いますよ。だけれど、SACO立ち上げのきっかけは、秋山・ナイ電話会談だったと思います。

真田　防衛庁、防衛施設庁の中に、SACO設置や基地問題に触れるということに関して、否定的な方、あるいは意見はありましたか。

秋山　なかったと思います。防衛施設庁は、基地問題をやっているわけだから、「ほい、また来たか」という感じだったろうね。今回は内局の防衛局が中心になってやるというところで、多少抵抗はあった。つまり基地問題は、防衛施設庁が我々の仕事だという意識があったからね。だから、SACOには、防衛施設庁長官を必ず入れていた。

サンタモニカでの日米首脳会談

服部　一九九六年一月に橋本首相が就任し、二月のサンタモニカ日米首脳会談に臨みます。秋山先生らは、普天間飛行場返還について切り出すのは時期尚早と考えていたのでしょうか。

秋山　そうですね。時期尚早じゃなくて、アメリカが絶対返さないであろう基地について、総理から話をして、結局駄目だったというのはいかにも政治的にまずい。しかも、シンボリックな要請だとすれば、いよいよまずいんじゃないかと思ったわけ。だから、きれいな言い方をすれば、総理に傷をつけたくないということでした。言っても、そもそも無理ですよと、別に普天間が返ってこなくても、ほかにたくさん返ってきますからと説明しました。

この時点で、もうかなり返還のめどは立っていた。北部演習場が入っていたか、入っていないかはちょっと覚えていないけれども、中部以南でかなりのものをアメリカのほうが返すというような話があって、新聞でも、ここが返ってくるとかあれが返ってくるとかって頻繁に報道されていた。だから、それで今回は十分答えが出せると思っていた。

将来的には、普天間の問題ってあると思うけれども、当分は無理なんじゃないかという、そういう意識だったので、あえて事前の勉強会のときに、もちろん外務省にも話をして、「総理には無理だよと言おうね」「じゃあ、言おう」と言って、折田さんも、私もそういうことを言ったと。

服部　それは、橋本総理訪米の直前の打ち合わせですね。

秋山　そうです。勉強会ですね。

服部　他方で、秩父小野田会長の諸井（虔）さんがその訪米直前に沖縄で、大田知事と会談されています。大田知事は、普天間が返還されないと県民感情を悪化させると説いたようです。諸井さんは地方分権推進委員長だったこともあり、大田知事の話を橋本総理に伝えたようです。この点は、何かご記憶でしょうか。

秋山　これは私も後で聞いた話なんだけども、そういうことがあったとすれば、クリントン大統領に対する橋本さんの普天間返還発言について影響したんでしょうね。私の得た情報では、大田知事が、あるいは、沖縄がそういうことを希望しているということについて紹介したと、つまり総理の意見として返してくれと言ったわけじゃないということでした。

服部　では、橋本さんは慎重な言葉遣いで、間接的に伝えたわけでしょうか。

秋山　話し方はそうだったと聞いています。だけど、一説によると、本当かなと思うんだけども、首脳会談が終わりそうになったときに、クリントン大統領が「橋本総理、何かまだあるんじゃないですか」と言って、促されたのを受けて、橋本さんが「いやあ、沖縄でこういうことを」と言ったと。そうしたら、クリントン大統領は別に驚かないで、「そうか。そういうこともあるんだな」という顔をしていたという情報もある。それは私は分かりません。

だけど、そういったような話があるぐらいだから、この諸井さんの話もあったのかなと思いますけれどね。諸井さんというのは非常に総理に近かったし、結構、防衛庁にも近くて、西廣（整輝）元防衛事務次官のパトロン的存在だったかな。今は、そんな人はなかなかいないけれども。横綱・西廣のタニマチ・諸井さんと、あと二、三人いて、しょっちゅう会っていたんだね（西廣会）。

服部　報道によると、この訪米の発案者である梶山（静六）官房長官が出発前に、「あなたが一番大切だと思うことを、大統領に伝えてほしい」と橋本首相に進言したようです（『朝日新聞』一九九六年六月一七日）。梶山さんについて、何かご記憶のことはありますか。

秋山　梶山さんは、総理と同じように、非常に沖縄に対してシンパシーのある人でね。だから、橋本さんがやろうとした沖縄対策というのは、ほぼ梶山さんがいろいろと考えてやっていたというふうに理解しています。

梶山さんのもう一つの私の印象は、結局代理署名の裁判で国が勝ったにもかかわらず、米軍のインテリジェンスの施設の基地で土地の貸借契約が一部期限が切れちゃうということで、強権法なんだけども、特別法を作ったんだよね。手続き終了前でも、現在借りていたものはそのまま借りられるという法律を作った。それは梶山さんがやった。

その法律が、野党も含めて、衆議院では九〇％以上の賛成、参議院でも九〇％ぐらいいったんじゃないかな、通過した。反対したのは共産党など二、三の小党。とにかく圧倒的多数でこの強権法を可決した。

そのときに、梶山さんはもちろん喜んだけれども、アメリカが非常に喜んでね。日本の民意の代表たる国会で、圧倒的多数で米軍基地を守る強権法を成立させたということに驚いたわけだ。だから、梶山さんは両方やったんです。猛烈に沖縄のためにやったけれども、日米同盟を支えるあの強権法を作ったのも梶山さんだ。これは非常に印象的でした。

服部　秋山先生からすると、普天間まで踏み込むのはリスクがあるので、避けたほうがいいと進言したにもかかわらず、実際にはクリントン大統領との会談で橋本さんが発言しますね。さらに記者会見でも「普天間」という言葉は出ていたかと思います。会談内容を第一報で聞いたときには、どのように感じましたか。

秋山　これは大変だと。総理がそう言った以上、SACOで答えを出さなくちゃいけないなと思った。会議をずっとやっていたのは審議官クラスで、キャンベル、守屋さんあるいは外務省北米局審議官の田中均さんとかがやっていたわけです。直ちにじゃなくても将来的に返還するとか、普天間についても返還の協議に入るとか、何かとにかく普天間返還という言葉をSACOの中間報告なり、最終レポートに入れなくちゃいけないということを、相当強く指示したことは記憶しています。

そのときのキャンベルは、いや返せないと、むしろそれ以前の態度より硬くなったという印象を、その二月から三月の初めにかけて私は持っていたんです。これはやっかいなことになっちゃったなと、へそを曲げたなと思ってね。そしたら、四月には突然、返ってくるという話になってびっくりしました。

前にも話したかもしれないけれども、それの一つの影響は台湾海峡緊張事件だと思いますね。キャンベルがNHKのインタビューで言ったことが正しいとすれば、あの台湾海峡緊張事件があったので、沖縄問題なんかで日米同盟が揺らいだら大変だと。この際、もう決定的な方法でこの問題を解決しなくちゃいけないということで、では沖縄が希望している普天間を返そうかというふうになったと、キャンベルはそう言っている。これは私も非常に分かるんだね。

あの緊張事件があるまでのアメリカ側のＳＡＣＯにおける発言はとっても厳しかったからね。それは多分、守屋君とか、あるいは、その下にいた高見澤將林君とか、田中さんとかに聞いてみれば、分かると思いますけれども。田中さんは、最終的には返還という情報をいち早くもらったうちの一人だろうと思う。

服部　ちょうど、この頃に台湾で李登輝さんの総統選があったわけですね。

秋山　李登輝はもともと総統だったんだけれども、選挙で総統になるというのが、そのときの選挙だった。そして、中国は訓練の一環として台湾近海にミサイルを撃ち込みだした。それに対して、李登輝は、「ミサイルの訓練なんかでへこたれるか、台湾はつぶれない、何かあったら、米国の力も借りて国を守る、守れる」という演説をした。それで、アメリカが空母戦闘群を二つ、一つは中東から、一つは横須賀から台湾に回した。

結局、当時の中国は、米国の動きを見て、警戒してミサイル訓練を予定どおりには実行しなかった。私の記憶では、ミサイルの発射数もかなり減らした。

四月、クリントン大統領とペリー国防長官が来日する前だけど、橋本総理に呼ばれて、「普天間が返還されることになった、しかし、発表になるまで絶対口外してはいけない」と言われた。でも、防衛庁のオフィスに戻ってきて、高見澤君と守屋君を呼んで、「総理から、こういう話があったけれども、総

SACO 中間レポート打ち上げ会（1996年4月）

理にきちんと言っとかなくちゃいけない話がいろいろあると思うが、どうだろう」ということで、三人だけで相談をして、いくつか重要なこと（条件）を考えた。

そのうちの一つが、普天間返還はオールジャパンで対応しなくちゃいけないと。つまり、防衛庁、外務省だけで対応できる話じゃない。普天間が返ってくると、その跡地利用もあるからね。官邸主導のタスクフォースを立ち上げる必要がある。それから、もう一つは、やっぱり大田知事の了解を取らなくちゃいけない、県の協力がないと返還もうまくいかない、ということ。翌日、僕は総理の所に行って、進言しましたよ。そしたら、総理が「そんなことは分かっているよ」というような顔をしていたけどね。

実際、これらは実行された。ただ、総理からの直接の電話で、大田知事は感謝を表明したが、知事からの完全な了解は取れなかったように思う。それが、後々ずーっと尾を引くことになる。

普天間移設決定までの経緯

真田　普天間移設が決定する過程に関しまして、嘉手納基地統合案や海上ヘリポート案が形成された経緯も含めて、教えていただけますか。

秋山　いろんな案を検討していたけれども、日本側としては嘉手納基地に統合して、米空軍と米海兵隊で共有するというのが最も合理的な案じゃないかという結論で進めたわけです。もちろん、アメリカの空軍は反対でした。それから、海兵隊も自前の航空基地が欲しいというのがあって、決して賛成じゃなかった。

大田さんが基地を返せだとか縮小とかいうことを言っていた状況下であっても、当時沖縄ですら嘉手納は最後まで残るだろうなという感じだったんだね。大田知事がそういうことを口にしたことはないと思うけれども、副知事とか現地の関係者たちは、嘉手納は最後まで返ってこないという感じがあったので、それならば嘉手納に普天間を持っていくのは、一つの合理性があると映ったわけだよね。

副知事とも調整をし、これは主として動いたのは守屋さんですけどもね。嘉手納の市長ともすり合わせをしたと思います。それで、ほぼいけると。

他方で、空軍と海兵隊の共有ということについて、F－15戦闘機とヘリコプターと一緒じゃもう危険極まりないなんていう話があったけれども、アメリカ本国にたくさん同じように運用している基地があるじゃないかと詰め寄って、こういうふうに運用したらできるんじゃないのと説得した。

最終的に、いいかなという方向で八月の末、アメリカの西海岸で日米から小人数参加して協議をした。アメリカの代表はそのときはキャンベルだった。キャンベルも分かったと。「じゃあ、ハワイにある太平洋軍に説明に行ってくれ、あそこがキーパースンだ」と言われ、西海岸から直ちに二、三人飛ばして説明させ、一応了解を取ったということだったと思うけれどもね。

九月に入って、総理の所に説明に行って、これで大体アメリカも了解しましたと報告した直後ですよね。シー・ベイスト・ファシリティー、つまり海上基地施設という案がアメリカから突然提示された。だから、アメリカは、審議官クラスとかのSACOの事務局で議論している話とは別に、シー・ベイスト・ファシリティーというのを結構内々で検討していて、それで橋本首相だとか特別な人たちに情報提供をしたんじゃないですかね。キャンベルが来日し、外務省に呼ばれて提示された。その直前に守屋さんが情報をキャッチして教えてくれた。私は、キャンベルに、「これは米国の提案ですね」と確認した。「そうだ」と言う。また、「こんな夢のような話が出た以上、今後沖縄の陸上に移転する（再上陸する）といった話は絶対にできませんからね」と念押しをした。

真田　この案を聞かれたときの秋山先生は、本当にこれができるのか、あるいは、それよりもやはり嘉手納統合案のほうがいいというお気持ちだったのか。

秋山　いや、私は割合とそこは淡白で、そうかと、総理がそういう話を聞いていて腹を決めたのだったら、これは切り替えなくちゃいけないというので、もうどういうふうに新しく対応したらいいんだろうということしか考えていなかったね。不満いっぱいとかいうことはなかった。問題はあると思ったけれども。

船橋さんの『同盟漂流』には、もう防衛庁は不満いっぱいと書いてある。確かにショックを最も受けたのは守屋さんだよ。守屋さんは、自分の人脈で副知事とも一緒になって、それでほぼ地元の了解も取って、嘉手納統合案で大体まとめ切ったという、そういう自信を持っていたからね。

「いや、とんでもない話ですよ」と、彼が僕の所にすっ飛んできたのが、そのシー・ベイスト・ファシリティーの話で、明日来日するキャンベルが言ってくるという。「いやあ、すごいな、守屋君の地獄耳は」と思った。

私は、一九七八年か一九七九年頃に大蔵省主計局で運輸担当の主査をやっていて、かなり大きな造船不況の中で、大阪湾の埋め立て空港構想に替わって、まさに海上施設というかこういうシー・ベイスト・ファシリティーで造りたいという話があって、造船業界がこぞって推進していた。そのときにちょっと勉強したことがあるものだから、その古い知識でいろいろ技術的な難点が頭にあって、こんなものはできないだろうという意識が非常に強かった。

やらなければならないということになった途端に思ったのは、これはちゃんと技術評価をしなくちゃいけないねということで、直ちに二つの技術委員会（学者グループと各省庁の技官グループの二つ）を立ち上げて、九、一〇、一一月のもう二カ月ちょっとの短い期間で技術評価した。そして、こういうものだったらできるということを、一応結論を出した。

総理が関心の高かったのはＱＩＰという工法だった。米国ラガーディア空港の川に出っ張った個所と同じで、柱をたくさん立てて、モジュールでカバーするというもの。それと、あとはポンツーン工法と言って、鉄の箱を浮かべて滑走路を作るというようなもの。これは、日本財団が横須賀で実験したもので、あれは成功した。それから、もう一つは半潜水型、セミ・サブマーシブルという、沖縄国際海洋博覧会で使ったものです。そのほかにも、いくつかの案が持ち込まれた。それらを評価した上で、この三つをOKと評価をしたのを覚えています。

服部　秋山先生がある対談で、次のようにおっしゃっています。「SACOの最終レポートをまとめる三か月ぐらい前ですけれども、九月に三つのオプションを明らかにしました。嘉手納飛行場に統合する案、キャンプ・シュワブに移設する案、それから、海上施設を造る案です。この三つを三か月議論した結果、地域住民の生活あるいは自然環境に着目すると、海上施設が最善ではないかということになりました。ここでは『撤去可能な』というのが一つの重要なポイントで、沖縄県あるいは沖縄県民の意向として、基地の固定化につながるような代替施設は反対だということでした」（及川耕造／秋山昌廣／牧隆壽「沖縄の現状と未来を考える」『時の動き』第四一巻第三号、一九九七年、一九頁）。

やはり、「撤去可能」がポイントだったのですか。

秋山　橋本さんが盛んに、「撤去可能、撤去可能」ということを言っていました。「要らなくなったら畳むんだから、沖縄も懸念が半分解消するでしょう」と。そういうつもりで、「撤去可能」ということを言っていましたよ。だから、シー・ベイスト・ファシリティーにするに当たっても、これが一つのポイントかなということは思っていました。

QIPも、ポンツーンも、セミ・サブマーシブルのいずれも、モジュール方式というのかな、どこかで造ったものをえい航してきて、みんなつなぐという造り方。逆に言えば、それを外して持って帰るとか、移れるとか、発想としてはこれは「撤去可能」なんだね。撤去するときに破壊するんじゃない。

真田　橋本総理が言われるまで、日本側は防衛庁も、外務省も、沖縄県も、官邸も、基本的にもう嘉手納統合案でいくという考えで固まっていたと理解してよろしいでしょうか。

秋山　官邸はそうじゃないけれども、外務省も含めて、「まあ、嘉手納統合案だね」という方向で、向こう（アメリカ）と詰めていた。沖縄とも詰めていて、沖縄のほうも「嘉手納はまあ、なかなか返ってこないから、しょうがないかな」という感じだったと思いますね。

真田　官邸はそうでもなかったというのは、橋本総理がそうでもなかったのですか。

秋山　そうでもなかったんだろうね。古川さんにしても、内閣外政審議室の平林博さんにしても、シー・ベイスト・ファシリティーという話が動いているということは知らなかったと思いますね。

服部　アメリカ側も嘉手納案に賛成してくれるだろうという読みだったわけでしょうか。

秋山　一応西海岸での議論では、キャンベルは「分かった。じゃあ、太平洋軍にちゃんと説明してくれ」と。「あそこがネックだから」とは言わなかったと思うけれども、そんな感じで「そこをちゃんとやってくれ」と言うので、我々行ったわけだから、了解したのかなと思っていましたけどね。

もともとペリー長官は技術屋さんですから、そういうシー・ベイスト・ファシリティーというものに非常に関心が強かった人なのでね。こういう問題が起こる前ですが、ワシントンにあるＮＤＵ（National Defense University）という国防大学に正門から入っていくと、ドーンとすごいシー・ベイスト・ファシリティーの海の中に造る空港みたいな模型が置いてあった。ああ、これかと思って、後であんなのがあったなって話したことがある。

そういうことについて、海軍かな、空軍かな、ペリーがいたからか知らないけれども、そんなことが議論されていたという形跡はあって、ペリーが非常にシー・ベイスト・ファシリティーに関心があったということは事実だと思います。また、多分そういう新しいものに何となく関心のあるキャンベルが「よし、これでやってみるか」という話になったんじゃないかと思いますが、経緯はよく分からない。ペリーが当時、何を考えていたのか私も知りたい。

当時、普天間返還を橋本さんに発表されちゃって悔しかったこともあっただろうし、そもそも、シー・ベイスト・ファシリティーを本当にペリーのイニシアチブでやったのか、どういう経緯でこういうことになったのかね。彼は一番知っている人ですよ。

シー・ベイスト・ファシリティーという話が、アメリカから日本側にあったというのは事実だと思うんですよ。だって、普天間返還が発表された直後から、結構、アメリカのマリコンみたいな企業なりコンサルが日本に来て売り込んでいたからね。

橋本さんは、最初からQＩＰに強い関心があったように思います。防衛庁の技術評価委員会の学者グループのほうは、確か、このQＩＰの専門家を座長に迎えていた。最初からQＩＰという答えが出ているようなもので、結構、学者の中では反発がありました。

移設反対の大田知事と移設賛成の比嘉名護市長

真田　沖縄県名護市の話です。名護市は移設に賛成した一方、大田知事は変わらず反対の立場でした。

この現地での情勢について、秋山先生あるいは防衛庁・防衛施設庁はどのようにご覧になっていましたか。

秋山　名護市長の比嘉鉄也さんは、（普天間基地移設）賛成の立場にいたわけです。その理由は幾つかあったと思うが、最大の理由はアンチ那覇政権なんです。沖縄では名護市も含めて、本島の中部から北部は発展から取り残された。しかも、北部の森や山岳地帯は米軍基地だ。それで、基地というのは、我々が一番負担しているじゃないかと。那覇市を中心にした那覇政権は、いろいろな意味でたくさん国からお金をもらって発展していったけれども、我々は取り残されたと。同じ沖縄だけれども、じゃあ一つ引き受けて、その代わり、北部発展のために国から金を引き出すというのが、比嘉さんの基本だったと思います。日米同盟が大事だから引き受けるとか、そんな発想ではなかったと思いますね。

那覇政権のほうは、基地問題と沖縄の開発がリンクすることに非常に抵抗してるけれども、結果的にはそうやって発達してきた。中部以北は何も恩恵を受けていないというのが基本にあったと思いますね。アンチ那覇だった。歴史的に見てもそうなんですね。名護辺りは、琉球王国に征服されたんだと思います。

比嘉さんというのは地元出身のたたき上げで市長になった人だから、昔の自民党の言葉で言えば党人派だ。助役の岸本建男さんというのはインテリで、早稲田大学の政経学部を出た人でした。その岸本さんも、割合と理解してくれて、代替施設を受け入れるという方向でした。

しかし住民投票をやって、負けてしまった。「住民投票はやらないほうが良い」と、私らは言ったんだけどね。比嘉さんは勝てると思ったんでしょうね。それが、若干の差で負けた。だけれども、比嘉さんの信念は変わらず、住民投票は住民投票ということで、上京し橋本総理大臣に面会して、普天間の代替施設を「受け入れます」と言って退任しちゃった。橋本さんが涙して感謝した、ドラマチックな話だった。

岸本さんがその後を継いで市長になった。市長になるときに、何かチラッと曖昧なことは言っていたけれども、一応、条件付きでその後も受け入れの方向で対応はしてくれた。しかし、県のほうが絶対反対と言うものだから、動けなくなった。

それから、もう一つは、辺野古地区の住民は受け入れるという方向になっていた。これは、今でもそうだと思います。私も現役時代、辺野古地区に行って、直接住民に説明した記憶がある。

真田　沖縄県の世論というのは、なかなか難しいところがあると思います。

秋山　それはそうだ。今でもよくいわれているけれども、辺野古の新しい基地建設反対という運動があるが、結構、県外者の人が多いとかいうふうなことが言われている。住民投票のときも、県外者が投票できるわけじゃないけれども反対運動にかなり県外から人が入ってきたと、地元の人が言っていた。しかし、住民投票で反対が賛成を若干だが上回った。

真田　秋山先生と防衛庁は、そういう住民投票はしないほうが良いとおっしゃったということですが、それは、住民投票にかけるような案件ではないということですか。

秋山　「やって、負けたらどうするの」ということを、当時言っていたと思います。

服部　名護市でヘリポートについて住民投票がありました。一二月二一日の住民投票では、反対が上回ったわけです。

これに関連して、『朝日新聞』一九九七年一二月二二日に秋山先生のお名前が出ています。それによりますと、「投票に先立ち十九日昼、首相官邸に防衛庁の秋山昌広事務次官、外務省の高野紀元北米局長らが集まり、最後の情勢分析をした。投票後の政府の対応も話し合われ、賛成が過半数を占めた場合、賛否がきっ抗した場合、反対が過半数の場合、などについて、それぞれのシナリオが報告された。首相は言葉少なで、『正攻法で行くしかないな』と渋い表情だったという」とのことです。

このときの首相官邸でどのような話し合いが行われたか、ご記憶でしょうか。

秋山　さっきも言ったけれども、私らはこの住民投票の実施には反対だった。負けたらどうするんだと。実際、負けちゃったわけだ。事前の予想でも、負けることがあり得ると。つまり、絶対勝てるということじゃなかった。むしろ危ないということ、もし、負けたらどうしようかという議論にいったんだと思うけども。正攻法しかないというのは、なんか変なことをするわけにもいかないから、見守るしかないという意味だったと思いますね。

服部　反対派の勝利を受けて、橋本総理はどう反応されましたでしょうか。

秋山　いや、覚えていない。

服部　あるいは、久間防衛庁長官ですとか、鈴木宗男沖縄開発庁長官などについてでも構わないんですけれども、何かご記憶のことはありますか。

秋山　名護市長の比嘉さんに対しては、みんな、非常に信頼は置いていた。皆さん、やっぱり負けちゃったかと、しょうがないなというだけだったと、これは想像です。とにかく、何か急に対応を考えた、議論したというわけではなかった。

米軍基地の整理と橋本首相の決断

真田　秋山先生は、このように沖縄における基地の整理・統合・縮小が進んだ要因について、どうお考えですか。また、橋本首相が普天間基地返還を決断したことに関して、どのように評価されていますか。

秋山　大田知事が二期目に入って、在沖米軍基地についての縮小、返還ということを強く言っていたし、それから、例の少女暴行事件があった後、橋本首相をトップとして、本土の政府がとにかく本格的に取り組もうということになったことが非常に大きかった。

アメリカのほうも、台湾海峡緊張問題なんかもあって、日米同盟が在沖米軍基地の問題でガタガタしていたら大変だと。日本にある米軍基地というのは、日米同盟のある意味で一つの重要なファクターで、そこが安定的に使えないと大変だということで、アメリカ側もこの解決にはどうしたらいいのかということで本格的に取り組んだ。それがやっぱり、あれだけ大きな整理・統合につながったんじゃないかと思いますね。

ただしアメリカ側は、在沖米軍基地を整理・統合・縮小しても、在日米軍の機能は低下させない範囲内でやるという方針を、かなり早い段階に出している。結果として、あれだけ整理・統合・縮小しても、別に（在日米軍の機能は）低下しなかった。あれ以上やったら低下するのかという検証は難しいけれども、とにかく、機能を低下させない範囲内で、どこまで整理・統合・縮小できるかということでやったら、結構できたということですよね。それは、ジョセフ・ナイにしろ、カート・キャンベルにしろ、説得力のある、力の強いシビリアンがリーダーシップを発揮したということだと思いますね。
真田　岡本行夫さんは、外務省は普天間基地返還をもう少し詰めて発表すべきであったと、若干、否定的な感想を後年漏らしています（岡本行夫「情と理の政治家、龍サマ」『六一人が書き残す政治家橋本龍太郎』文芸春秋企画出版部、二〇一二年、二五五〜二五六頁）。
秋山　それはプロセス論として、こういう議論はあると思いますね。そういう問題は、もちろん、いろんなところにあると思うけれども。しかし、これだけのことができたという背景として、一つ付け加えなくちゃいけないのは、橋本首相の沖縄問題に対する大変な熱意、その他の政治指導者の意思だね。橋本さんは、村山さんから引き継いだ一月に総理談話を発表している。その中に、沖縄問題の解決というのがかなり色濃く出ていた。非常にはっきりと、沖縄の問題を自分はやるんだと宣言した。橋本さん自身、昔から沖縄問題に深く関わっている。戦時中、学童を運んでいた船、対馬丸が米国の潜水艦の攻撃を受けて、児童の大半が死亡した対馬丸の問題なんかも、彼は非常に身を入れてやっていた。だから、大田さんも、橋本さんには本当に一目置くというか、いろんな意味で感謝するというか、橋本さんとは結構ツーカーで話ができたと思います。
　でも、最終的に大田さんは決断をしなかったものだから、橋本さんにしても、政府のほうとしては、大田さんに裏切られたという意識が強いと思いますね。
服部　2プラス2は一九九六年九月一九日にワシントンで開かれ、池田（行彦）外相、臼井（日出男）防衛庁長官、クリストファー国務長官、ペリー国防長官が会談しています。ここで海上ヘリポート案が前向きに検討されました。

ペリー国防長官と筆者（1996年9月）

秋山　その2プラス2のときに実は三つの案が提示されるんだけれど、そのうちの一つにシー・ベイスト・ファシリティーを入れ、これを高らかに発表することになっていた。だけれども、その一日か二日前に、橋本さんに発表されちゃった。それが宜野湾演説かな。

それで、そのときにアメリカに来たのが外務省からは折田さんで、田中均さんはお留守番、というか総理に付いて沖縄に行った、あるいは東京でそのことを発表したのかな。事前に発表されちゃって、ひどい目に遭いました。同行記者のキャップをやっていた毎日新聞の本谷夏樹《ほんやなつき》さんが血相変えて部屋に飛び込んできた。「どうなっているんですか、これは」と。しかし、「まあ、橋龍じゃ、しょうがないな」って、皆あきらめてくれた。

真田　沖縄問題や日米関係に、岡本行夫さんなどの現役ではない方が関与されるということがあったと思います。そのことについて、秋山先生はどのようにお考えになっていましたか。

秋山　私は、そういうことに反感を持つとかはあんまりない。外交って、政府以外の人が総理の特使みたいな格好で動くことが多いじゃないですか。だから、そんなに違和感はなかった。

岡本さんね。皆さんはお分かりだと思うけれども、岡本さんはそれ以降、どんな人が首相になっても、首相補佐官になるという特異な人だよね。でも、彼にはやっぱりそれだけのものがあるんだね。岡本さんとの関係は、別に悪いということも何もなかったです、もちろん何だかんだあったけども。

それから、独特の動きをする田中均さんとの関係も、別に悪いということはなかった。どこかで一回、対立したことはあるけれどもね。局長と審議官が争うなんて様にならないけれども、彼は局長以上に力があった。

梶山さんから田中均さんが「何でもいいから、とにかく沖縄の海兵隊の人数を減らせ。数字は問わないから減らせ。それをアメリカと交渉しろ」と言われたらしくて、田中さんが勝手に交渉して、海兵隊のトップ、最終的には、統合参謀本部議長までいったピーター・ペースだけれども、そのとき在日米軍のこのナンバー2と一万五〇〇〇人とか、二万人とか、それぐらい海兵隊の兵員を減らすという話をつけて、その報告に「アメリカと決着をつけましたから」と言って私の所に来た。

そのときは、私は田中さんに怒ってね。基地の整理・統合・縮小、運用の改善とかをする、しかし、機能は落とさない、勢力は減らさないということだし、しかも、アメリカ海兵隊の勢力を減らすということ自体、中国、北朝鮮に誤ったメッセージを与えることになるからこれは絶対反対だ、と言って私がそのナンバー2の所へ行って、あれは駄目だ、これは認めないと言ってつぶしたということがあった。

それで、別に梶山さんには怒られなかったけれども。
そのときの我々防衛庁の考え方は、日本にいるアメリカの兵力は空軍と海軍が中心なんですが、陸軍はどこかに事務所があるぐらいで、実際にはほとんどいない。従って陸上の実働部隊は海兵隊なんですよ。海兵隊というのは、先兵というか、切り込み部隊だけれども。
私は、戦争は最後は地上兵力で決するという意識を結構持っていた。そのアメリカの陸上部隊を勝手に減らすということは認められない。ちょっと大げさな言い方をすれば、梶山さんが何て言ったか知らないけれども、日本政府の意思として、在日海兵隊の陸上兵力削減ということは困ると、それは望まないと言ってつぶした。米軍はもともと減らすことは望んでいなかった。もっとも、この兵員削減の話は、定員なのか実員なのか、実際に人間が減るのかといった技術的な問題があったので、以上のように単純な話ではなかったが、しかし兵力を減らすことを謳おうという話だったので、反対したわけだ。

真田　実際の戦闘では最後、勝負を決するのは地上兵力だという考えを持っていたとのことですが、それは、当時の秋山先生のお考えですか。それとも、今もそのようにお考えでしょうか。

秋山　私は、今でも結構、陸上部隊というのを重視している。戦争の最初は制空権、制海権を確保するというのが基本だけれども、戦争の最後は地上兵力だと思っている。湾岸戦争もそうだった。

一九九六年四月の日米安全保障共同宣言

真田　日米安全保障共同宣言が策定された経緯と意義について、教えていただけますか。

秋山　日米安保共同宣言のイニシアチブは外務省がとりました。もちろん、防衛庁の関心も高かった、内容の半分以上は防衛庁絡みでしたから。けれども、防衛庁には防衛大綱の見直しがすでにあったわけです。多少、デマケ（業務分担）のようなものがあって、日米安全保障共同宣言というものを日米の首脳で出すということ、アメリカもそういうことを考えているということになると、日本側でいえばやっぱり外務省がいろいろ対応する。

それから、日米安全保障共同宣言は、そもそもクリントン大統領が一九九五年の九月か一〇月に来日するときに出す予定だったわけです。そのときは、防衛大綱で冷戦後の日米同盟を論ずる前に共同宣言でその重要性を謳い、日米同盟をベースに地域および世界の平和と安定に日本も貢献することを打ち出し、それを受けて防衛大綱で同じことを書こうという意図があった。

クリントン大統領が来なくなったんで、それをどうしようかという話になって、しかも日本では村山さんが辞めて、橋本さんが首相になった。だから、橋本さんにとってもクリントン大統領にとっても、クリントンが九六年四月に来るときの大きな目玉が、この日米安全保障共同宣言になったと思いますね。原案は外務省と国務省が詰めたと思いますが、国防総省のジョセフ・ナイが関与したでしょうね。アメリカのほうは、安全保障というと、Department of Defense（国防総省）と Department of State（国務省）の両方でやっているわけだけど、日本の場合は、特に共同宣言だとか、外交文書ということになると、外務省が中心です。だから、私らは外務省のほうで作成した案を見て、いろいろ意見をするという立場だった。

ただ、内容では日米同盟の重要性、特に地域の平和と安定にとっても同盟が重要だという点。アジア

日米首脳会談（1996年4月17日、赤坂離宮にて）

太平洋における米国のプレゼンスが不可欠だとか、沖縄の米軍基地の問題も書いてあります。印象に残るのは、この地域に米軍の前方展開兵力を一〇万人維持すると数字を示したこと、また、ガイドラインの見直しを開始することをここで明らかにしたことです。いずれも、方針は決まっていましたが、この共同宣言で打ち出そうということで合意ができた。

アメリカと最後までもめたのは中国の取り扱いだったた。これは、主として外務省の立場だったと思いますけれども、中国を敵視するような、そういう内容を共同宣言に入れることはできないと。アメリカのほうの最初の案は、むしろ中国脅威論的なことが入っていたと思います。それを、逆に中国を取り込むような、少なくとも敵視しないような形にしたのは、日本側、特に外務省のイニシアチブだったですね。この外務省の姿勢に、私らも異存はない。

それから、あの共同宣言を見てみると、別に日米安保のことだけじゃなくて、いろんなことが書いてあるわけだから、あれはあれで日米間の一つの包括的な安全保障共同宣言だと思いますよ。

服部　日米安全保障共同宣言では中国について、「両首脳は、この地域の安定と繁栄にとり、中国が肯定的かつ建設的な役割を果たすことが極めて重要であることを強調し、この関連で、両国は中国との協力を更に深めていくことに関心を有することを強調した」と書いてますので、むしろ好意的なニュアンスですね。

秋山　好意的というか、Responsible stakeholder（責任あるステークホルダー）でやってくれという感じが強かったと思いますがね。

真田　秋山先生も、防衛庁も、その点に関して異存はなかったのですか。

秋山　それは全然なかったと思う。

真田　あの共同宣言の原案、草案の段階で、秋山先生、防衛庁側は、これは入れてくれ、あるいはこれは外してくれということはなかったですか。

秋山　今話したように、もともとは、前年の秋にこの宣言を出して日米同盟の重要性を謳い、また、日本が地域のあるいは世界の平和と安定に寄与することの重要性を示して、それを受けて新しい防衛大綱を打ち出そうという構想だった。それが逆転して、防衛大綱が先に出て、その後でこの共同宣言が出た。そんなこともあり、防衛庁自体はそれほどこの共同宣言に関与しなかったと記憶します。すでに決まっていたガイドライン立ち上げのことを書くとか、一〇万人の兵力維持を明記するとか、両省で最初から合意していた内容だと思います。

その頃防衛庁は、沖縄の米軍基地の整理・統合・縮小に全エネルギーを使っていた。また、三月には台湾海峡緊張事件があったでしょう。それで、すぐではなかったけれども、その日米共同宣言にしても、これに基づいてできたガイドラインにしても、日米協力の展開に中国が懸念を持ち始めたのがその頃なんですね。

それで、最終的にガイドラインの見直しで周辺事態の問題が取り上げられた。これで、台湾が入る入らないの議論になってね。そのときはもっぱら、中国に対する説明ぶりは、周辺事態の問題は状況によるもの（situational）で地域的なことによるもの（geographical）ではない、従って台湾が入る入らないの議論ではない、と。防衛庁と国防総省のほうでいろいろすり合わせた。当時、外務省のほうではいろいろ発言があって、極東の範囲とか、結果として中国を刺激するとか。そんなことで、役人が更迭されたりした。

折田さんも沖縄問題の発言で、総理執務室出入り禁止になったりした。ついでだけれど、私も実は出入り禁止になったことがあった。二カ月で解かれたけれどね。防衛局長が出入り禁止だと、困っちゃうよな。

服部　それは、橋本さんの逆鱗に触れてしまったわけですか。

秋山　一九九六年一〇月から一二月にかけてだったかな。これは、概算要求に関連して、陸上自衛隊の幹部が使う連絡機LRという小型飛行機の選定のときに、総理の所に説明に行っていろいろ聞かれて、専門家じゃないからあんまり答えられなかった。総理は詳しくて「そんなことも知らないで防衛局長が務まるのか」って、それで、出入り禁止になっちゃってさ。

服部　橋本さんは、割と気の短い方でしたか。

秋山　いや、案件は飛行機の輸入だったんだよね。イタリア製だったかな。いずれにしても、その機種が総理のお気に召さなかったんだろうな。あれこれ言われて、うまく答えられなかったわけです。「こんな上昇能力の悪いのを何で買うんだ」とか言われて。

ところが、一二月の大蔵原案の内示のときに、大蔵省から、機種の選定でもめるのは良くないから一発内示すると来たわけ。もうびっくりして、これは総理に断らなくちゃいけないと思って、それで、大蔵省から出ていた坂篤郎秘書官に連絡を取って、何とか説明をするために首相執務室に入ることができた。これで出入り禁止は解除になった。

真田　田中均さんが、この共同宣言にガイドラインの項目が入ったのは橋本政権になったからだ、もし、村山政権で共同宣言を発表したら、ガイドラインの見直しの項目は入らなかっただろうということを回想されています（田中均「田中さん、良い仕事をさせてくれて有難う」前掲『六一人が書き残す政治家橋本龍太郎』二七一～二七二頁）。

秋山　そうね。一九九五年一〇月頃の共同宣言で、ガイドラインの議論はしていなかったかもしれない。だから、それは田中均さんが、一九九五年一〇月も一九九六年四月もみんなやっているから、彼の言うとおりだと思うよ。

なぜ四月に入ったかというと、やっぱり台湾海峡緊張事件が直前にあったからだと思うが、ガイドラインの見直しをやろうね、ということは、すでに日米で合意していた。前の年の防衛大綱に周辺事態対処が入っている。

服部　一九九六年四月一四日の橋本・ペリー会談で、ガイドライン見直しが最初に決まるんでしたね。

秋山　ペリーがそのとき、来ていますね。

服部　ええ。まず橋本・ペリー会談で合意して、先ほどの日米安全保障共同宣言に「総理大臣と大統領は、日本と米国との間に既に構築されている緊密な協力関係を増進するため、一九七八年の『日米防衛協力のための指針』の見直しを開始することで意見が一致した。両首脳は、日本周辺地域において発生しうる事態で日本の平和と安全に重要な影響を与える場合における日米間の協力に関する研究をはじめ、日米間の政策調整を促進する必要性につき意見が一致した」と盛り込まれます。

秋山　もともと何でガイドラインの議論を始めたかというと、そもそも基本は朝鮮半島問題でした。朝鮮半島問題で、一九九三年頃だったかな、クリントン大統領が平壌を攻撃するという話があった。半島で有事になったときに、日本は米軍にどういう支援ができるかという点について、制服組同士の話で結構あった。

アメリカから一六〇〇項目とか、九〇〇項目とかいろんな要請があって、いずれにしても、答えはほとんど何もできないということがあった。折田さんが北米局長のときに、私も一緒に自民党の国防部会か安全保障会議で説明をして、実は何もできませんと。だから、法律改正なり、何かをしなくちゃいけないという話があって、ガイドラインの見直しにつながっていったように記憶します。

ガイドラインの話が出たら、台湾の問題が中国から提起された。台湾を念頭に見直したのではないかと。朝鮮半島の有事の問題を念頭に置いて、ガイドラインの話をやって、周辺事態の問題をやったわけで、ガイドライン見直しのもともとのきっかけは台湾海峡緊張事件ではなかった。

もうこの頃は、アメリカ政府の中でも日本との関係が一つの非常においしい仕事になっていて、役人にとってもどうやって自分が日米関係に食い込むかという話になっていた。ガイドラインのキックオフを自分がやるといって、国防総省の次官がやってきた。このキックオフ会議というのは、六月頃に東京でやった。実際のガイドラインの議論というのは、九月以降に始まった。

だから、四月にペリーさんと橋本さんがガイドラインのキックオフをしたというのは、橋本さんの頭の中には台湾海峡緊張事件というのが絡んでいたのは間違いないが、ただ背景はずっと以前からあった。

橋本さんは、台湾海峡緊張事件があった頃、これはセミ有事だよね、台湾で中台が戦火を戦わす可能性、あるいは、中国が台湾領の島に上陸するとか、金門・馬祖紛争のようなことが起こったら、台湾在住の邦人をどうやって救出するかとか、そういう議論を三月に首相執務室で連日やっていた。その延長で、橋本さんは五月頃に、政府の中に危機管理プロジェクトみたいなものを四つ立ち上げた。四つ立ち上げたうちの一つが日米防衛協力のガイドライン見直しだった。これはもう防衛庁お任せで、防衛・外務事務方で従来からやろうとしていたことだった。

日米ガイドラインの見直し

真田　日米ガイドラインの見直しで、秋山先生が特に意識された部分はありますか。

秋山　結構、専門的なことなので、私自身が意識したというよりも、当時、防衛政策課長は守屋君から次の人、大古和雄《おおふる》さんに移っていたと思うが、彼は防衛庁プロパーで、まさに防衛のプロでしたね。もう制服組と同じ議論ができる人で、彼が太平洋軍あるいは在日米軍なんかの制服組とガンガン議論して、どんどん作り上げていったという感じだね。

二〇年前のガイドラインは、もっぱら日本の防衛というのが中心で、極東有事のときは便宜供与みたいなことをちょろっと書いてあるぐらいで、ほとんど何も書いてなかった。

新しいガイドラインもトップに出てくるのは日本の防衛だと思うけれども、朝鮮半島の問題を念頭に置いて、周辺事態のことがメインになった。いずれにしても、朝鮮半島有事、北朝鮮の核開発疑惑、それから南北の不安定という、朝鮮半島で有事の場合に、日本がどういうところまでコミットできるかということを、このガイドラインの見直しでやろうと最初から考えていた。

服部　ある対談で秋山先生が「日本の安全保障に影響を与えるような危機が起こったとき、現実的には日米が助け合いながら、あるいは、共同して対処するというケースが大半だと思うんです。〔中略〕そのときの前提が、現在の憲法の枠内、あるいは憲法解釈の問題かもしれませんが、集団的自衛権を行使しないという範囲内で頭を整理しておかなければならないということです。そして必要があれば法律改正もする、あるいは新たな立法もするということを一つ一つ積み重ねることができれば、大変大きなスタートになると思うんですね」と論じられています（秋山昌廣／川島裕／西原正／梅本和義「二一世紀の安全保障を語る」『外交フォーラム』一九九六年六月号、三三〜三四頁）。

集団的自衛権の行使の制約という憲法解釈については、どのようにお考えでしたか。

秋山　当時は集団的自衛権を行使できないという前提だったから、とにかくそういう前提でやるしかない。それはアメリカも全く分かっていたので、そういうことで進みました。

集団的自衛権を行使しないという範囲内であっても、法律改正が必要であればやると。だから、その法律改正は集団的自衛権を行使しないということでないと困る。だけれども、今の法体系では十分なロジスティクスサポート（後方支援）すらできないじゃないかと。必要があれば、法律改正しましょうと応対していた。

そんなに簡単に法律改正できると、その当時思っていなかったものだから、私自身は、必要とあらば法律改正しますと言いつつ、改正なしでできる手段をいろいろ考えていました。

服部　ご記憶か分かりませんけれども、『外交フォーラム』で西原正さんなどと対談されている中で、邦人救出について、秋山先生は「集団的自衛権に関わる問題なのかと言えば、私はその枠外の話だと思っています。ただ、そこは詰めて、いわゆる人道援助、有事における人道援助、なかなか難しいですが、自衛隊が動く場合には、人道援助と言っても自衛隊の装備を使用するわけですからね。そこは注意しながら、議論をしたい」（前掲「二一世紀の安全保障を語る」）と述べられています。

秋山　そうだと思いますね。私は、だから、結構弾力的に考えてはいたわけですよ。集団的自衛権行使というのは、憲法上政府の解釈で禁じられているわけだけれど、そこにもいろいろ解釈はあるでしょうということと、その集団的自衛権を行使しないという中でも、法律改正が必要かもしれないので、それは必要があればやりますよということは、確かに言っていたと思いますね。

当時、政府の外にいるOB、学者、専門家が、集団的自衛権を行使しなきゃどうしようもないじゃないかと議論していましたので、結構自由に私も話していました。

真田　防衛庁内局も、秋山先生と同じようなお考えでしたか。

秋山　そうだと思いますね。それでも、私の発言は当時としては乱暴なほうだったと思いますよ。国会の答弁でも、結構自由に答弁をしていたので、野党の先生にだいぶ叱られたんですよ。「そんなことを言ったら、数年前だったら、局長は首だぞ」と言われたりしました。

日米ガイドライン見直しに対する諸外国の反応

真田　日米安全保障共同宣言、ガイドライン見直しに対する諸外国の反応について教えていただけますか。

秋山　日米安全保障宣言についての海外の反応は、特に覚えていない。ガイドラインの見直しについては、中国が反発してきたわけだよね。周辺事態が入ってきたので。そこに台湾が入るのではないかと、ものすごい懸念を表明してきた。逆に、台湾は万歳とかいって、我々を守ってくれるとか、そんなことになっていた。これはいかんというので、台湾も含めるという話じゃなくて事態によるんだという説明をした。だから、台湾が入らないと言っているわけじゃないけれども、事態によるんだという公式答弁をベースに、中国の説得を始めたわけです。

それともう一つは、韓国がやっぱり、多少警戒気味。国防部はそうではないんだけれど、国防部ですら、韓国社会はやっぱり日本の自衛隊に来てもらったら困ると言う。だから、日本の自衛隊が行くなんて言っていないじゃないかと説明した。

だけれども、ガイドラインで後方支援とか言っているから、場合によったら、我々の領海に入ってくるかもしれないと。しかし、確か、領海に入る場合でも、韓国政府の了解を取らなくてはいけないということにしていたので心配は無用と説明し、最終的には韓国は理解して了解をしたと記憶します。

韓国の関係で面白い話があってね。韓国の国防部が分かりましたと。「でも、議会がうるさいし、世論がうるさいし、青瓦台があれこれ言うので、こういうことに対してはどういうふうに答えたらいいのか、いろいろ知りたい」と言うから、「分かった。じゃあ、我々の作った日米ガイドラインの想定問答をあげるよ」と言って、国会答弁用に作った想定問答を内々で韓国に渡したことがある。先方は全部訳して、後で聞いてみると「大変役に立ちました」と。議会なんかで説明するときに参考にしたらしいね。しかし、想定問答をくれと言われたときは驚いたよ。そういうことがありました。

だから、韓国もちょっとそういう意味じゃあ、ストレートに「分かった」ということじゃなくて、懸念は持っていましたね。中国は、非常に警戒的。ロシアは、あんまり関心がなかったのかな。

第二次クリントン政権

真田　一九九六年一二月にモンデール米国大使が離任し、駐日米国大使の職は一年弱、空席になります。一九九七年一月には第二次クリントン政権が誕生し、国防長官もペリー氏からコーエン氏に交代しました。一九九八年六月にクリントン大統領が訪中する一方、日本には立ち寄りませんでした。このような日米関係について、どのように捉えていましたか。

秋山　私個人としては、どうということも考えていなかった。なんで、そういうふうに思ったのかなと考えてみると、日米安保について安全保障の日米当局者間では完全に信頼関係があると思っていたからでしょうね。私は、別にクリントン大統領がジャパン・パッシングしたとも思わなかった。

でも、外交的に言えば確かにそのとおりで、外務省なんかは相当気にしたんだろうと思います。しかし、クリントンの訪中は、日本の安全保障政策や日米関係に何も影響を与えていないですよ。

真田　駐日米国大使が一年弱いなかったという点に関しても、特に困ったということもなかったですか。

秋山　それも、外務省だったら、非常に気にするだろうとは思うんだけれども。防衛庁としては、カウンターパートが国防総省、在日米軍、太平洋軍でしょう。駐日米国大使って、あんまり関係ない。昔は、2プラス2のときに、アメリカの代表が駐日米国大使だったけれども、それも変わっちゃったしね。だから、いないということで、非常に困ったこともなかった。

真田　国防長官がペリー氏からコーエン氏に変わりましたが、政策的に影響はありませんでしたか。

秋山　別に、あんまり関係ないな。コーエンって、確か、共和党じゃなかったっけ。それをちょっと気にした。そんなことってあるのかなと。コーエン国防長官時代の前に、いろいろ重要なことが議論されたから、彼にはあんまり存在感を感じなかった。

第5章

新防衛大綱と中期防衛力整備計画

——防衛庁防衛局長（3）

防衛大綱の見直し

真田　防衛大綱の見直し（〇七大綱策定）過程について、防衛局長だった秋山先生が特に意識された点も含めて、教えていただけますか。

秋山　冷戦が終わって、片方では「平和の配当」という話があり、片方では、冷戦下で作られた日米同盟の再確認というか、最終的には強化ということになったけれども、日米同盟を確認する作業が背景にあったわけです。

ほぼ二〇年ぶりに防衛大綱を書き換えようということになって、もう私が防衛局長になる前に、細川（護熙）総理のもとに樋口懇談会とか、あるいはその前に防衛庁の中で私的な諮問会議（防衛局長のもとの「新時代の防衛を語る会」）みたいなものができたりしていた。アメリカも非常に関心を持って、冷戦後の日米同盟の位置付けがどうなるのかということを気にしていた。

だから、日米同盟の位置付けをアメリカも納得する形できちんとやらなくちゃいけないということと、「平和の配当」の流れの中で、細川総理が「軍縮、軍縮」と、こう繰り返し言ったわけだから、これにどう対応するかが課題だった。すでに私が防衛局長になる前に防衛力そのものをスリム化するというか、減らすという方向が決まっていて、大体中身も確定していた。それを防衛大綱に、理念というか文章としてどう書くのかと。防衛力整備そのものが、別表（陸海空自衛隊の規模を示すもの）でご案内のようになったわけだけれども、その考え方というのをどう描くのかという、この二点に注意したんですね。

それから、特に意識した話ではないけれども、ちょうど村山政権で防衛大綱をやることになった。当時、山崎（拓）さんが政調会長だったか、あるいは、国防関係の自民党の責任者のトップみたいな立場にいて、彼が村山政権で防衛大綱なんかをやって大丈夫なのかということをえらく心配した。

私は、なぜそう思ったか分からないが、社会党の村山（富市）首相の下でも大綱は絶対にきちんとできるという自信があった。今じゃ無理かもしれませんね。政高官低だから。政治が非常に今は強くなっているでしょう。当時はまだ、官は結構強かった。だから、政治がどうなっていても大綱のようなものは絶対にやれると思ったので、そういうことを強く意識していました。

服部　そうしますと特に留意したのは、前半で二点とおっしゃっていた日米同盟の位置付けと軍縮ですか。

秋山　そう。軍縮はやるということで決まっていたがどうやって書くのかと、基盤的防衛力構想をどうするんだとか。要するに、とにかく縮小していくわけですから、その考え方は出さないとおかしいわけでしょう。だから、「限定小規模侵略独力対処」の辺りは相当議論をした。

真田　そうすると、もう具体的な防衛力の内容はできていますということですね。

秋山　そうね、大体、荒っぽく言って二割ほど削減するという内容はね。

若干、手続き的な話だけれども、新しい年度の予算を作るためには、新しい中期防衛力整備計画（中期防）がないとできない。新しい中期防衛力整備計画を作るためには、防衛大綱をちゃんと作らないとそれはできない、ということがあった。だから、村山政権でできる、できないじゃなくて、翌年度の予算をきちんと要求するためにも、防衛大綱を作らなくちゃいけないと考えた。スタートしたのは六月頃だったと思いますが、一二月には絶対に作らなくちゃいけないという意識が、私だけじゃなくて、防衛官僚はもう全然疑いもなく考えていた。

新防衛大綱策定過程での議論

真田　新防衛大綱の策定過程において、防衛庁内局・各幕僚監部との間で議論が紛糾した問題について、教えていただけますか。

秋山　「限定小規模侵略独力対処」とか、基盤的防衛力構想とかについては、別表の中身はもうほぼ決まっていたけれども、これらをどう書くのかというのは結構、やっぱり議論になっていましたよ。

例えば、防衛大綱で、これが各幕僚監部の代表的な意見だったかどうかはちょっと私も確認できないけれども、傾向として防衛大綱で別表そのものを作ることに反対というのが、海上自衛隊と航空自衛隊だった。ところが、陸上自衛隊は賛成だった、妙なことにね。エキスパンド条項（有事の際に防衛力を拡大・増強する規定）にからむけれども、要するに、別表で削減する内容が書かれると、それがもう天井になっちゃうと、そういうことでいいのかと、今後エキスパンドできないじゃないかということだよね。

しかも、武器そのものが明示的に減るのはやっぱり、飛行機だとか船だとか、そういう話だから、海上自衛隊と航空自衛隊が頭を押さえられるということで、約二割削減は了解したんだけれども、別表を書くことに非常に抵抗があった。

陸上自衛隊はどうして抵抗がないかというと、とにかく陸上自衛隊は、「カットしろ、カットしろ」と前々から言われている話で、大蔵省も非常に強く削減を求めた。陸上自衛隊のほうはむしろ、別表で定員一八万人が仮に一七万人あるいは一六万人になろうとも、それを確保したと思うわけね。陸上自衛隊は下限だと思うわけですよ。カットされるんだけれども、陸上自衛隊はあまり一六万人に抵抗がなかった。実員もそのくらいだったからね。

そこで、じゃあ、今度の新しいスリム化する防衛力整備というのはどういう考え方でやるのかということで、「限定小規模侵略独力対処」でいいのかとか、あるいは、これまでの大綱（一九七六年一〇月決定の五一大綱）が基盤的防衛力構想なのに、兵力を落としても基盤的防衛力構想なのかというような議論はありました。

結果的に、ほとんどみんな基盤的防衛力構想でいこう、「限定小規模侵略独力対処」はやめようとなった。いろんな議論があって、「限定小規模侵略独力対処」というのは、あるべき規模の問題と関係なく、こういう体制だからこういった限定的な小規模侵略には独力で対処できるだろうという議論はあっても、限定小規模の侵略に対して独力で対処することを防衛力整備の水準の目標にするというのは、やっぱりちょっとおかしいじゃないかということで落とした。

いずれにしても、この「限定小規模侵略独力対処」を落とす、落とさないが結構、議論になりましたよ。根っこには、ちょっと海上自衛隊・航空自衛隊と陸上自衛隊の意識の違いがあって、議論が単純ではなかったですけどもね。

真田　新しい防衛大綱を作るときに、F－15戦闘機を沖縄の那覇基地へ配備する構想があったものの、政府内から「中国を仮想敵視するのは良くない」との声があり、実現しなかったといわれています。秋山先生は、この点について、何かご記憶などはありますか。

秋山　よく覚えていないけれども、新聞に書いてあるから、あったんだろうね。あそこはファントムだったな。

真田　秋山先生は、この〇七大綱を作るときの脅威認識、つまり、ロシア・中国・北朝鮮の中で、どこが一番脅威だと考えていましたか。あるいはもう、漠然と脅威はないなとの認識でしたか。

秋山　いや、そんなことはない。〇七大綱だから、ソ連が崩壊した後だ。ソ連の崩壊した後、大混乱に陥っていたわけだからね。ロシアが脅威ということではなかったと思いますね。従って、当然のことながら中国を意識していたということだと思います。

また、この頃、すでに朝鮮半島、特に北朝鮮の核開発疑惑なんていうのがあったわけだから、小さい国ではあるけれども、割合とはっきりした脅威というのはやっぱり北朝鮮、あるいは朝鮮半島の混乱。朝鮮半島でまた何か起こったら大変だと、それは日本の安全保障に関係しますからね。

中国と台湾が戦争するかもしれないというのは、あんまり意識していなかった。朝鮮半島はあり得るだろうと。そういう意味では、北朝鮮が何かするかもしれないということは、一番具体的な日本の安全保障にとっての脅威だったと思いますね。ただ、その基本的なというか、もうちょっと本質的な脅威というのはやっぱり中国だったと思います。

私が新しい防衛大綱の説明に行ったときに、宮澤（喜一）元総理が聞いてきたのが、やっぱり中国の脅威だったんですね。前にも話したと思うが、「この防衛大綱というのはどのぐらいの寿命ですか」と聞かれたので、「最低一〇年、できれば一五年」と私は言ったわけです。それは中期防衛力整備計画が少なくとも二つぐらいはと思っています、できれば三つと、従って、一〇年、一五年と話したわけですね。当時は一九九五年だから、二〇一〇年。だから、二〇一〇年頃までもたせたいという話をしたら、宮澤さんが「ふうん」なんて言ってうなずいて、「そうですか。まあ、大丈夫ですね」と、こういう言い方をしたのでその意味を聞いてみた。すると宮澤さんは、中国のことを非常に心配していたんですよ。その頃までだったら、まだ中国にやられることはないというか、パリティーというか、軍事力に関しては大丈夫でしょうね、と宮澤さんはそう判断した。

服部　秋山先生が一九九五年に説明された段階で、宮澤さんはすでに中国の台頭に警戒的だったわけですか。

秋山　警戒的だった。だから、それはちょっとハト派宮澤に対して、私も非常に驚きました。なぞかけみたいな言い方だったから聞いてみたら、そういうことだったという話で、私もよく覚えています。ああ、宮澤さんというのはやっぱり、安全保障とか、そういったことについてはきちんと考えているんだなと思いましたね。

亡くなった西廣（整輝）さんも基本的には、いずれ中国が脅威になる、軍事大国になるということははっきり言っていました。

服部　それで、中国脅威論というものが少しずつ頭をもたげてきたにもかかわらず、実際の新防衛大綱では、それが削除されたような経緯があるともいわれたようです（『読売新聞』一九九五年一一月二五日）。

秋山　中国が脅威の対象であっても、大綱に中国脅威論というのは書くべきではないという考えを我々は持っていたので、大綱の事務方案に脅威論があったとは思えない。とにかく後で出た日米安保共同宣言と同じようなスタンスで、中国脅威論というのは書かないという議論をした記憶があります。

服部　先ほどの記事には、「間接的に中国の軍事力の脅威を記述した部分が盛り込まれていたことで、社会党を中心に反対論が噴出、結局、このくだりが削除されるという一幕があった」とあります。そのような記憶はありますか。

秋山　自民党のほうで中国脅威論を入れるべきだとの議論があったので、それが何かのペーパーにあって、結果つぶれたということかもしれない。

服部　社会党の反対論について、特に記憶はないですか。

秋山　社会党が反対する場面はあまり思い出せない。防衛大綱の事務局案で、村山さんが「ここを直してよ」と言ったのが、二つぐらいしかなかった。一つがもしかしたらこれかもしれないが、私が記憶しているのは、例の災害救援、要するに三つの事項のうち、「大規模災害等各種の事態への対応」というタイトルでこれを明示したことです。「我が国の防衛」が（一）。（二）が「大規模災害等各種の事態への対応」、（三）が「より安定した安全保障環境の構築への貢献」。

原案がどうだったかは忘れたけれども、「大規模災害」というのを前面に出すようにと、大規模災害に対する自衛隊の役割というのは極めて重要なので、それを明示するようにという指示があって、最終的にこういうことになった。

もう一つが中国の記述だったかもしれないが、社会党に言われてということは、どうも記憶にない。

真田　「Ⅱ　国際情勢」には、「朝鮮半島」という言葉はありますが、「中国」という言葉はありません。

服部　原案の段階で「我が国周辺地域」など、ぼかした表現だったかどうかですね。

秋山　この「依然として核戦力を含む大規模な軍事力が存在する」というのは、もう当然、中国を意識しているわけだよね。確かに、中国と明示しなかった。

服部　この件で、官房長官の野坂（浩賢）さんとやりとりした記憶はありますか。

秋山　いや、ないな。

服部　官房長官談話が当日に出されていると思うんですけれども、特にやりとりはなかったですか。

秋山　「自衛隊を改組して、国土防衛隊にしては」と社会党は以前から言っていたわけだから、それが基本にあるから、野坂さんからは村山首相の言ったことをちゃんとやってよと念を押されたことは記憶していますよ、その「大規模災害」についてね。それで、書き換えてタイトルも出して、これでいいというようなことを了解してもらった記憶はあります。

服部　大蔵省から陸上自衛隊の九州部隊の削減を求められたのに対し、防衛庁を挙げて反対したという話がありますが、いかがですか（防衛省防衛研究所戦史部編『西元徹也オーラル・ヒストリー：元統合幕僚会議議長』下巻、防衛省防衛研究所、二〇一〇年、二一〇～二一一頁）。

秋山　それは、大蔵省からと言うけれども、もとは西廣さんなんだよ。西廣さんが非常に極端なことを言っていて、陸上自衛隊は一〇万人でいいと公言していました。定員一八万人を一〇万人というと、相当思い切って減らさないと駄目ですよね。それに大蔵省が乗っかったんだ、「陸上自衛隊を切れ、切れ」と言ってね。それが、九州の部隊だったかどうかは記憶していない。

服部　新防衛大綱では意外と削減が進まなかったと思います。その背景は、中国や北朝鮮の情勢が流動的だったことでしょうか。

秋山　そうですね、そのとき、今のようにはっきりと西方重視とはなっていなかったが、実際、陸海空全部が西のほうを見ていた。当時、そこまでやる決定はしていなかったけれども、少なくとも冷戦が終わってソ連の脅威がある意味で極めて低下したときに、北海道をどうするんだということですね。北海道で集中的に削減しようとするんだけれども、しかし、北海道で削減したら、地域経済に与える影響が非常に大きいものだから、なかなかできない。そのときに、他の所で結構集中しているのが九州でしたから、九州という話はあったと思いますが、実際には航空自衛隊の新田原基地でやっただけですね。

将来的には九州・西方は、これから中国の問題があるから留意しなくちゃいけないという意識はあったので、九州の陸上自衛隊を、じゃあ、思い切って減らそうという話があったとしても、そのようなことは防衛庁全体としては受け入れられなかったですね。だから、陸上自衛隊、統合幕僚会議が反対するだけじゃなくて、防衛庁自体としても、それはＮＯ。西廣さんが言っていたのは極端だし、できないと。

服部　一九九五年の段階で、西方重視という概念がもうありましたか。

秋山　ここでは、西方重視とは言っていないと思いますね。

○七大綱策定と米国

真田　○七大綱策定過程において、米国との間で議論が紛糾した問題はありますか。

秋山　紛糾したということはないけれども、米国は防衛大綱の当初の構想なり、「樋口レポート」にものすごく懸念を持ったということがある。「樋口レポート」の書き手は、前半は渡邉昭夫先生ともいわれているが、本人は「いや、そうじゃない」と言う。

私は渡邉昭夫さんが書いたと思うが、そこには日米同盟よりも多国間安保を重視するようなことが書いてある。確か、西廣さんもそういう考え方だったと記憶しています。これでは、どうも日米同盟は要らないと見えてしまう、と米国が懸念した。

服部　国連やASEAN地域フォーラムを念頭に、多角的安全保障協力を謳っていたかと思います。

秋山　そう。多角的安全保障構想といったようなものが、「樋口レポート」にあって、防衛大綱にそれを引き継ぐという雰囲気が何となくあった。そこを米国が心配した。そういう背景があって、一九九五年の防衛大綱では、「日米安全保障体制」の所の冒頭に、「米国との安全保障体制は、必要不可欠」と書いてある。そして、我が国の安全に必要、次は周辺地域の平和と安定、そして、「より安定した安全保障環境を構築する」という国際的協力体制に言及したのです。

私の記憶では、これが「樋口レポート」では逆の感じだった。まず、多角的安全保障協力があって、それから日米安保、そしてわが国の防衛というような、そんな書き方になっていたと思います。

そこは非常にアメリカが懸念して、「樋口レポート」が出たのが九四年八月で、翌年の二月に、「ナイ・レポート」が出てきたわけです。「ナイ・レポート」は「樋口レポート」を牽制しようとした面があった。

冷戦が終わった後の日本の防衛大綱においても、日米安保、日米同盟は極めて重要な核心的なものであると書くべきであるということを、アメリカは強く意識していた。防衛大綱ができたときに、大綱の中に「日米同盟」という言葉がたくさん入っていると分かって、米国が大変喜んだみたいな話もあった。だから、紛糾はしていないけれども、そこはアメリカが非常に気にしていたところですね。実際に防衛大綱ができたのが一一月でしょう。九月か一〇月には、もうアメリカに素案を見せているはずですよ。当時、アメリカの国防大学にジャパン・デスクというのを一つ作って、防衛庁から人を出していた。そこを通じて米側に相談した。「防衛大綱素案をアメリカに事前に見せて、協議をするとは何事だ」と、自民党か国会で怒られたことがある。しかし、実際にそれを見せて意見を聞いて、それでアメリカの意見も吸収した上で最終的にまとめたわけです。従って米国との間で、紛糾したということはない。

真田 防衛大綱に関する問題などをアメリカ側と協議するときに使ったルートは、大使館や防衛駐在官ではなく、もっぱらそのジャパン・デスクですか。

秋山 そうですね。防衛大綱のことなので、外交とは異なり、外務省も特別に意見しなかったと思います。

策定に対する消極的な意見

真田 〇七大綱や中期防衛力整備計画の策定自体に消極的な意見があったと、秋山先生は以前述べています。それは、どこからどのような理由で出た意見なのでしょうか。

秋山 防衛大綱を村山政権下でやって大丈夫かという懸念は、山崎（拓）さんが非常に強く言いましたね。しかし、自衛隊の防衛力を削減する構想については、私の前任の村田（直昭）さんのときに覚悟が固まっていた。
内閣の安全保障会議で審議が開始されて、そして、部内の検討もずっと進めていったが、確かに、新しい防衛大綱を作らなくてもいいではないか、中期防衛力整備計画がなくてもいいではないかという意見は幕僚監部にあったんです。別に防衛力整備計画がなくたって昔は予算を組んでいた。それに、予想される防衛大綱および中期防衛力整備計画では、少なくとも海上自衛隊と航空自衛隊の側からすれば、削減ありきという内容だったから、それは嫌だ、フリーでいきたいと。山崎さんの意見に近いわけだね。
真田　それは、少数意見ですか。
秋山　そうね。少数意見じゃないかもしれないけれども、結局、大きな声にはならなかった。

基盤的防衛力構想

真田　秋山先生は以前、基盤的防衛力構想を結果説明だと述べています。これは秋山先生のみならず、防衛庁内局・各幕僚監部の共通認識なのでしょうか。
秋山　基盤的防衛力構想は、日本の防衛力整備の基本だし、変えようがない。脅威を見積もって防衛力を整備するという考え方は取らなかったので、これ以外にはなかった。ただ、「限定小規模侵略独力対処」が結果説明というのは、私の言い方だね。みんながそう言っていたかどうかは知らない。結果説明だと言ったとき、それは自分の考えとしてそう言ったという記憶がありますよ。そして、結果説明ってどういう意味かというと、これは最初の防衛大綱を作ったときの話にも共通する。

あのときの防衛庁長官は坂田（道太）さん。坂田さんって全然、国防族じゃない。文教族なんだよね。でも、立派な防衛庁長官だったと思う。

昭和三〇年代、四〇年代に日本の防衛関係費というのは今の中国みたいに、あるいは、中国以上に伸びていたのね。私は正確に覚えていないけれども、前年比で二〇％台とか、一五％を切ったら大変だというぐらい、異常な勢いで、当時伸びていた。

坂田さんは、ずっとこんな格好で伸びるのかと、また、これが国民に受け入れられるのかということを心配して、それできちんとした考え方と防衛力整備の目標を出して、国民的な合意を得るべきだと考えた。

出来上がった最初の防衛大綱の別表は、当時の過去五年間、一〇年間、どんどん増やしてきたが、伸ばし方はそろそろ天井という雰囲気だったことがベースになっている。つまり、基盤的防衛力構想も、今の趨勢を数年先まで伸ばすとどのくらいになるか、それを目標にして整備する、別表に明示する、大体このくらいでいいじゃないかと。これが基盤的防衛力という構想のベースでした。

何かの脅威に対抗するための防衛力ではなくて、独立国としてこのぐらい持っていればいいという説明は分かりやすい。別表は、そのときの趨勢の天井だから結果説明なんだと私は考えた。当時、実際に五一大綱に関わった人とか防衛庁プロパーの人たちは、もっと本格的な議論をし、理論構築をしたと思いますが、当時のいろんな話を聞いて私自身は、今述べたように結果説明だなと思った。

真田　その基盤的防衛力構想については、周辺国の特定の脅威に連動しない「脱脅威論」、もしくは「限定小規模侵略独力対処」に注目した「脅威対抗論」という、相反する解釈があります。秋山先生と防衛庁内局・各幕僚監部は、この点をどのように理解していましたか。

秋山　まず、基盤的防衛力構想って皆さんもよく分かると思う。例えば、ソ連とか、あるいは北朝鮮とか、中国の何かの脅威に対してどのぐらい日本は防衛力を持ったらいいのかと。アメリカと同盟関係を結んでいたとしても、アメリカが持っている軍事力を勘案して、日本はどのぐらい持ったらいいのかと、普通はそういう計算になるわけです。脅威対抗ということであれば。

ところが、こういう形で防衛大綱を作り、別表が大体、もう前提になっているときに、それを表すものとして、「脅威対抗論」は採り得なかったと考えます。結果的に、基盤的防衛力構想でいこうということになったんです。

そして、基盤的防衛力構想の実力はどうなんだと。よくよく考えてみたら、この「限定小規模侵略には独力で対処」というレベルだった。限定小規模ってどのぐらいかとか、これも一応見積もりはある。だから、このときの議論からすると、尖閣諸島の問題では全くアメリカの支援など考える必要はないわけです。尖閣諸島に中国がもし来るというんだったら、もう間違いなくそれは限定の限定の「限定小規模侵略」だ。そんなものに今の防衛力で対応できないと言ったら、説明がつかない。

「限定小規模侵略独力対処」を削った理由は、結果論だからもう外したというのはあるんだけど、もう一つは、どんな限定的な小規模な侵略であっても、それが中国とか北朝鮮とかであれば、今の日米同盟体制の下では、最初からアメリカと一緒に対応するんじゃないかと思う。そうすると、「限定小規模侵略独力対処」というオペレーションがあるというのはおかしいという議論もあったんだね。今、もし尖閣諸島に侵攻があったら、アメリカが黙っていないと言うぐらいだから、それも日本が言わせているというか、担保を取ろうとしているわけだね。実際のオペレーションは独力対処ではない。

私が防衛局長ないし防衛事務次官のときは、尖閣諸島の防衛なんかでアメリカのお世話になりませんと言っていました。当時は、独力対処で大丈夫ですと、そのぐらい守れますと言っていた。しかし、そのとき「限定小規模侵略独力対処」をもう外そうと考え直したのは、それが一つは結果説明であったのと、もう一つは実態から、そういうオペレーションがないんじゃないかということでした。

服部　それに関連して、新防衛大綱Ⅲ四（一）イで、「直接侵略事態が発生した場合には、これに即応して行動しつつ、米国との適切な協力の下、防衛力の総合的・有機的な運用を図ることによって、極力早期にこれを排除することとする」とあります。これが恐らく、旧防衛大綱の「限定小規模侵略独力対処」に代わるフレーズだと思います。

秋山　そうですね。

服部　新防衛大綱では「即応して行動」ということと、「米国との適切な協力」ということが並行するというか、ほぼ同時に近いような形で行われるイメージでしょうか。

秋山　曖昧な書き方ではありますけれども、実際のオペレーションはどうなるのかなというのを、この時点ではっきりとは書けない。現実問題としてね。実際、少なくとも当時、私は尖閣諸島の問題にアメリカの援助は要らないと言っていたわけだから、もしそういうことがあれば、日本だけで対応したと思います。

だけれども、当然、アメリカとも緊密な情報交換をやり、いざという場合には米軍も参加するという態勢になったと思います。だから、いろいろなバリエーションがあるので、こんな書き方になっている。

米国が全く関与しませんということではないし、しかし必ず一緒にそのオペレーションをやるということでもない。いろいろバリエーションはある。ただ、少なくとも純粋「独力対処」ではない。

防衛力の規模

真田　その「限定小規模侵略独力対処」が削除された結果、新防衛大綱の別表の根拠はどこに求めればいいのでしょうか。

秋山　冷戦が終わって、「平和の配当」などが言われている環境の下における日本の基盤的防衛力の水準、これが根拠であるとしか言えないと思います。

少し解説すれば、〇七大綱に書いてあるように、前の防衛大綱と国際情勢が大きく変わった、つまり、冷戦が終わったとはいえ、国際関係の安定化のための努力が行われていたこと及び日米安全保障体制が引き続き重要であることは全く変わっていない。だから、引き続き基盤的防衛力構想をベースにしようということになった。従ってこれが基本だが、冷戦が終了したので防衛力の規模は合理化・効率化・コンパクト化する、また大規模災害等各種事態への対応とか国際協力を推進する、つまり新たに自衛隊に期待される事項を含めた考え方を根拠にして別表を作る、ということになった。

服部　編成や装備については、具体的には別表で定めていますね。

秋山　大綱では、Ⅳの「我が国が保有すべき防衛力の内容」の最後に、「主要な編成、装備等の具体的規模は、別表のとおりとする」と書いて、別表に行く。この「我が国が保有すべき防衛力の内容」では、

「Ⅲで述べた我が国の防衛力の役割を果たすための基幹として」、陸海空自衛隊の体制あるいは態勢がこうなりますよと書いてある。その「Ⅲ」には、今述べた根拠、つまり基盤的防衛力構想とか、コンパクト化とか大規模災害等各種事態への対応などが書いてある、という構造になっている。

この「コンパクト化」という言葉には、制服組からちょっと抵抗がありました。小さくするということだからね。「合理化・効率化」でいいじゃないかという議論もありました。しかし、社会党とか自民党の一部からも小さくするということはやっぱり書くべきだと意見が出て、適当な単語がなかったのでカタカナの「コンパクト化」と入れた経緯がある。コンパクトって、別に小さくする意味ではないと、制服には話しました。また、その代わり、いざとなったら実質的にエキスパンドするということも書きましょうと、「弾力性の確保」を書いた。実際、航空自衛隊の新田原基地などの飛行隊もそうですね。

飛行隊が一つ削減したという話があったでしょう。削減したっていうけれど、実際に航空機は減っていない。まるまる練習のための飛行隊として残しているから。ただし要撃戦闘機部隊ではないから、戦闘オペレーションのための要員や予算は付いていない。海上自衛隊では、対潜哨戒機P－3Cが一〇〇機から八〇機体制になったというけれども、二〇機全部訓練用に温存した。教育用になっている。いざとなったら、それを戻しますということだった、当時から。そういう意味での「弾力性」だけども、形式的には「コンパクト化」ということで、飛行隊が減る、対潜哨戒の任務をもったP－3Cは一〇〇機が八〇機になる。

だから、別表の根拠は「Ⅲ　我が国の安全保障と防衛力の役割」の所に書いてあります。これが根拠です。

真田　そうしますと、例えば、陸上自衛隊の定員一六万人という説明はどこから出てくるのかという議論はなかったのですか。

秋山　そもそも陸上自衛隊は一八万人というところから始まるわけですね。一九五〇年代当時、確か、アメリカは二五万人とか、三〇万人必要だとか言っていた。それに対して、吉田茂首相が中心だけれども、もっとスリム化して、軽武装の自衛隊ということで一八万人になった。その一八万人の根拠はちゃんとあります。島国日本の陸上部隊の師団の規模はこの程度で足りる、師団の数はいくつって一応根拠はある。

それを「コンパクト化」するということで工夫をして、一六万人とした。冷戦が終わったことも考慮し、師団の数を一二から八に減らす、その分旅団を増やしますがね。それから、即応予備自衛官制度を導入する。実は、環境の変化の中に、科学技術の進歩や若年人口の減少という要因を示していて、これが陸自の定員に影響した。

基盤的防衛力構想の踏襲

真田　基盤的防衛力構想の踏襲について、防衛庁内部で異論などはありましたか。基盤的防衛力構想ではなく、別の防衛力構想を作ろうじゃないかという声はありましたか。

秋山　国防力の整備というか、防衛力の整備の基本は、やはり「脅威対抗論」じゃないのかという議論は、原則論として常にありましたよ。これは主として部隊のほうからね。

だけれども、彼らの説得力がちょっと弱いのは、ソ連が崩壊しちゃったわけだから、ソ連を脅威とするわけにはいかなくなった。北朝鮮、中国の脅威は、何となく漠然としてよく分からないけれども、それらを仮に新しい脅威として「脅威対抗論」を構成しようとしても、はっきり言って非常に難しい。中国がどうなるのかは分からないし、北朝鮮は核開発疑惑でなんか訳の分からないことをやっていたが、今のようにその脅威がはっきりしていたわけではない。それに、冷戦が終わった後に「脅威対抗論」というのはそもそも議論しにくい、これは無理だなと。

他にいいアイデアもない中で、基盤的防衛力構想というのは極めて便利だった。最近、いろいろ新しい構想に名前が変わっているけれども、基本は基盤的防衛力構想で、それに新しい要素をちょっと付け加えていって、名前を変えているように思います。

旧防衛大綱のエキスパンド条項と新防衛大綱の「弾力性」

真田　五一大綱でのエキスパンド条項は、なぜ削除されたのでしょうか。また、エキスパンド条項と〇七大綱の「弾力性」の差異について、教えていただけますか。

秋山　前の防衛大綱のエキスパンド条項というが、「防衛の態勢」のところで、文章として「情勢に重要な変化が生じ、新たな防衛力の態勢が必要とされるに至ったときには、円滑にこれに移行し得るよう配意された基盤的なものとする」と書いてあったものを指すのでしょう。

「円滑にこれに移行し得る」というのは、「情勢に重要な変化が生じ、新たな防衛力の態勢が必要とされるに至ったときは、その新たに必要となる防衛力整備に移行し得る」という意味だよね。

これに対して一九九五年の新防衛大綱では、当時は一応、コンパクト化とか、あるいは、「平和の配当」とか、「冷戦が終了した」というその時期の防衛大綱の見直しなので、情勢が変わってまた緊迫化したらこうするんだということを書くこと自体がちょっと適当じゃないということと、当たり前のことは書かないと、そんなものは当たり前じゃないかという議論だった。要するに、今の情勢の下で作った防衛大綱なので、情勢が変われば、それは見直すなんていうのは当たり前だということで、わざわざ書かなくていいじゃないかと。

エキスパンド条項をなぜやめたか。端的に言えば、とにかく、当時の状況は今の状況と全く違って、「平和の配当」、「軍縮」だからね。何とか工夫をして、「軍縮しました」って言わなくちゃいけなかった。ですから、「そんなこと言ったって、エキスパンド条項が書いてあるじゃないか」と言われるのが嫌でやめたんだと思います。

それに代わって、「弾力性」を確保するということで、いざとなったら、訓練機を戻すとか予備自衛官ではなくて即応予備自衛官を戦力として使うとか手当てをした。「そもそも情勢が変われば、防衛力も変わるのは当たり前じゃないか」と言って、エキスパンド条項を削ることに抵抗する人たちを説得した。

新防衛大綱での治安出動規定

真田　秋山先生は、以前、〇七大綱での治安出動規定に関して、後藤田正晴氏ら警察出身の政治家のみならず、防衛庁内でも慎重論があったと述べています。それは、現役の警察官僚（警察庁）や各幕僚監部も含めての慎重論と理解してよろしいですか。

秋山　あるとすれば、大規模災害等各種事態への対応の所に入れるか、入れないかの話だった。私は入れてもいいと思ったけれども、防衛庁の内局のプロパーの人たち、プラス自衛官はほとんどみんな反対だった。治安出動というのは警察活動で、国内の治安を維持する行動であり、場合によったら反政府活動を取り締まることもある。

そんなことに軍隊は使うもんじゃないと、我々はそんなことのために訓練しているわけじゃないと。国を守るためであり、侵略する敵をせん滅するのが目的で、政府を守るためではないと。割とそこははっきりしていたね。私はこのような彼らの反応は正常だと思いました。

一部に治安出動もしてという話はあったかと思いますけれども、全体としては「治安出動はやらない」と。だから、オウム真理教の問題が起こったときも、自衛隊の治安出動について、後藤田さんあるいは警察が反対したというよりも、そもそも防衛庁が極めてリラクタント（消極的）だった。健全な反応なんです。軍隊というのは治安に使われだしたら大変だというのがある。そもそも自衛隊法に、治安出動という規定はあるわけだから、必要とされればもちろん出ますよ。ただ大綱に書くのはどうかと。

実際問題としてオウム真理教の問題が起きたときは、陸上自衛隊は治安出動あり得べしということで、確か訓練もしましたよ。訓練はしたけれども、基本的には消極的でしたね。むしろ、逆に今度は警察のほうが非力、力が弱いということを認識して、対テロ特殊部隊みたいなものをその後に作り出した。そういうものを作ることについて、自衛隊は全然、反対とか、軍隊の領分に入ってきたとかいうことはなかった。最近のテロは、国境を越え、しかも暴力の水準が極めて高くなったので、軍隊が対応すべきという部分が出てきたとは思いますが。

警察自身は、警察の美学みたいなのがあって、オウム真理教のときには、上九一色村のオウムのサティアンにとにかく突撃する。かなり死傷者が出るかもしれないけれども、警察の美学でまず、突撃する。それで、やられてしまったら、自衛隊に対応をお願いしたいという話が、警察幹部から私のほうにあった。防衛庁では、治安出動は出さないで、災害対応で待機した。

服部　『外交フォーラム』一九九六年六月号の対談で、秋山先生は、新防衛大綱のポイントを何点か挙げています。「基盤的防衛力整備という考え方は基本的に踏襲する」ですとか、冷戦後の自衛隊の役割としては、サリン事件を含めた「大規模災害など各種の事態への対応」(三一頁)を論じられています。また、「安全保障対話・防衛交流の推進や軍備管理・軍縮分野における協力」(三二頁)も挙げられていますね。

秋山　冒頭に質問のあった、〇七大綱を作るときに意識したものについて、もう一つ付け加えるとすれば、個人的にはかなり、この防衛大綱に言うところの「より安定した安全保障環境の構築への貢献」、すなわち安保対話、防衛交流、信頼醸成措置というのかな、これです。もちろん、「より安定した安全保障環境の構築への貢献」というのはＰＫＯとか、「軍備管理・軍縮の活動」とか、国際機関を舞台にしたいろんな活動が入るわけです。

防衛局長になるまでの間に、防衛交流、防衛対話、安保対話、中国語で言えば、「国防外交」だな。日本には、「防衛外交」という言葉はないけれども、軍事組織が行う外交、それが防衛庁にはもうゼロだったわけだよね。防衛局長になる前から、それはかなり力を入れてやっていたから、この〇七大綱の中ではっきりと書こうということは意識としてあった。こういう具合に非常にうまい表現で、つまり、「より安定した安全保障環境の構築への貢献」という言葉を考えたのは高見澤（將林）君だと思うが。

それから、ついでに言えば、「大規模災害等各種の事態への対応」は、当初の案は、「各種緊急事態への対応」とか、「特別事態への対応」とかいうことで、どちらかというとテロが念頭にあったんだけれども、社会党あるいは村山首相の意向を踏まえて大規模災害を頭出しした。

服部　自然災害よりもテロ、ということですか。

秋山　そう。さっきの治安出動の説明とちょっと矛盾したようなことを言うかもしれないけど、軍の組織がテロにどうやって対応すべきかということは、当時すでに非常に大きな議論になっていたからね。

それから、ちょっと異質だけれども、ここに周辺事態への対応の説明も入れてしまった。これはやるということを意思表明したいためでした。

真田　「より安定した安全保障環境の構築への貢献」を（〇七大綱に）入れることに関して、外務省の反応はいかがでしたか。

秋山　特にない。そもそも、当時、外務省は、自衛隊を外交の手段として使いたかったんだよ。外務事務次官だった栗山尚一《たかかず》さんはちょっと別だけども、柳井俊二さんとか、それから田中（均）さんもそうだけど、全体としては、ODAのお金がどんどん減っていく中で、日本の外交の一つの武器として自衛隊を使いたいというのがものすごくあったのね。だから、多分、反対はなかったと思います。

その代わり、外務省のイニシアチブで自衛隊を使いたいということだったと思いますね。PKO活動ね。それから、災害救援とか、国際緊急援助活動とかね。外国はよくやっていたから。

「周辺事態対処」の挿入

真田　秋山先生は、一九九五年九月か一〇月に統幕事務局が周辺事態対処を新大綱に盛り込みたいと要請してきたと述べています。日米ガイドライン見直しの始まりはこの時点であり、また〇七大綱決定の二カ月ほど前の段階で「周辺事態対処」の文言が同大綱に挿入されたと理解してよろしいですか。

秋山　「周辺事態対処」というのは、統合幕僚会議事務局が割と中心になって、米側と話をしていた。当時の統合幕僚会議事務局の幹部は誰が担当だったかな。陸上自衛隊では山口（昇）さんかな。いずれにしても、統合幕僚会議事務局中心でアメリカといろんな議論をしている中で周辺事態対処というのをどうしても入れたいという話が出てきた。私はあんまり抵抗感がなくて、いいじゃないかという感じだった。

真田　〇七大綱決定の二カ月前というと、かなりもう原案が出来上がっている段階だと思いますが。

秋山　そうだね。だから、この「大規模災害」のタイトルの所に「各種の事態」って、やっぱり無理してここに書いたんだね。「我が国周辺地域において我が国の平和と安全に重要な影響を与えるような事態が発生した場合には、憲法及び関係法令に従い、必要に応じ国際連合の活動を適切に支持しつつ」、これは何を言っているのかよく分からないが、当時としてはあまり目立たないように書かざるを得なかったわけです。社会党が困らないように、非常に抽象的に書いたんだ。うまくどこかにはめようがなくてここに書いた。

「我が国周辺地域において我が国の平和と安全に重要な影響を与えるような事態が発生した場合には、（中略）必要に応じ国際連合の活動を適切に支持しつつ、日米安全保障体制の円滑かつ効果的な運用を図ること等により適切に対応する」と、周辺事態について日米ガイドラインの見直しをすることを、やっぱり防衛大綱に書いておこうということで、あまり刺激しないように入れた。

真田 防衛大綱で明言しようということは、統合幕僚会議事務局、制服側から言われたことですか。

秋山 持ち込まれたのは、そうだね。

新しい防衛大綱と中期防衛力整備計画

真田 新防衛大綱が決まったのは一九九五年一一月二八日、中期防衛力整備計画（〇八中期防）の安全保障会議での決定は同年一二月一四日（閣議決定は一二月一五日）になりました。これらが同時に決定されなかった理由について、何かご記憶はありますか。

秋山 まず、予算編成の関係からすると、一二月中頃までに中期防衛力整備計画は決めないと駄目だった。するとその前には、基本となる防衛大綱を決めなければならない、ということで一一月末ギリギリに大綱を決めたということだと思います。防衛大綱を受けて中期防衛力整備計画を作らなくちゃいけないから、防衛大綱を先に決めなくちゃいけないと、ギリギリ二週間は必要だろうということだったと思います。

服部　ある記事に「防衛庁は次期中期防について、『新大綱に盛られた防衛力のコンパクト化を念頭におき、必要最小限の内容にした』（幹部）と説明する」とあります（『朝日新聞』一九九五年一二月一五日）。つまり、新防衛大綱に盛り込まれた防衛力のコンパクト化を必要最低限の内容で具体化したのが、次期中期防衛力整備計画だというふうなことを、幹部の方がおっしゃっていたと報道されています。

秋山　それはそうだと思いますね。

服部　あとは、中期防衛力整備計画の目玉といわれる、次期支援戦闘機の話などが出ています。FSXですね。

秋山　FSXという具体的な開発機種は、大綱にはあまり関係ないですね。

服部　ええ。F－15部隊の沖縄移転は、一九九五年にそれまでの防衛大綱を見直した際にも提起されましたが、「中国を仮想敵視するのはよくない」という声が「政府内から出て、実現しなかった」とされるようです（朝日新聞「自衛隊五〇年」取材班『自衛隊　知られざる変容』朝日新聞社、二〇〇五年、一八六頁）。

秋山　これが政府内からというんだったら、外務省だと思いますよ。外務省は一貫して、中国を敵視するのに反対でした、当時はね。今はどうか知らないけど。

服部　外務省のアジア局辺りですか。

秋山　そうだと思いますね。

真田　防衛大綱を作るときに、原案もそうですけれども、恐らく、外務省側にも見せると思いますが、その際に見せる相手は北米局ですか。

秋山　いや、総合外交政策局の安全保障政策課だと思いますね。そこを通じて。

服部　総合外交政策局だと、一九九五年頃の局長は川島裕さんですね。川島さんと、そのような話をした記憶がおありですか。

秋山　私は外務省と直接やっていないね。審議官か課長クラスでやっていて、私自身が外務省と何かやり合うとかはほとんどなかった。防衛大綱について外務省は基本的に防衛庁任せでしたので、局長間で調整することはほとんどなかったように思います。

第6章

防衛庁改革と防衛交流

——防衛事務次官

防衛事務次官就任

真田　一九九七年七月三日、秋山先生は防衛事務次官に就任されました。前任者である村田直昭氏からは、何か申し送りなどはありましたか。また、就任に際し、秋山先生ご自身が特に意識されたこと、取り組もうとされたことなどはありましたか。

秋山　村田さんは結構シャイな人だから、あらたまって私に何か話したという感じはなかったですね。人事案件はありましたが。事務引き継ぎ資料に沿って、項目に触れた程度でして特にこの問題について、こういうふうにという話はなかったと思います。項目としては、ガイドラインの見直しとかですね。村田さんから防衛局長を引き継いだときは、前にも話したように、陸・海・空自衛隊の態勢の縮小についてほぼ合意ができているからという話があった。

服部　事務次官に就任された際に、新聞記者のインタビューに応じられた記事があります。ガイドラインの見直しが九月に予定されているわけで、その最終的な取りまとめを行うことについて述べられています。また、自衛隊機がタイに派遣されたことが記事になっています（『朝日新聞』一九九七年七月四、一五、一六日、八月一四日、九月九日）。

カンボジアの首都プノンペンで一九九七年七月に市街戦があり、米国やタイがそれぞれの国民を保護するために軍用機を派遣したようです。カンボジアの邦人救出について、自衛隊機を隣国のタイに派遣したことをめぐっては、社民党が反対していませんでしたか。

秋山　自衛隊機の派遣のことですね。そうかもしれないな。自衛隊の海外派遣ではないが、そういう観点で反対する人がいた。

服部　他方で、山崎（拓）政調会長は在カンボジア邦人救出の関連で自衛隊法改正を主張したりして、連立与党内で意見の相違が出ていたようですね。

事務次官に就任した頃（1997年7月。『月刊官界』1997年9月号より）

秋山　自社さ連立政権だったからね。その当時はいつもそうだった。

服部　結局、カンボジア情勢が安定したため、自衛隊機は撤収に向かうのですが、それに関連して秋山先生のお名前も何カ所か出ています。

秋山　私が次官になったときに、佐藤（謙）君が防衛局長になった。

佐藤君は、経理局長をやったり、大蔵省から来た幹部としてはある意味で王道を進んできましたけれども、防衛政策は初めてだったと思いますね。そこで、ガイドラインについて頼むよということと、その頃有事法制が中で議論もされていたので、その二つについて、後任の佐藤さんにお願いしますよという話をした記憶はありますね。

服部　次官就任時の報道でも、秋山先生は「必要な法整備を検討する考えを示した」とあります（『朝日新聞』一九九七年七月四日）。

秋山　ガイドラインではそうなんだ。ガイドラインの見直しが終わると、関係の法整備ということになるのでそう発言したと思います。この辺りは佐藤君が全部やった。

真田　それプラス有事法制も考えていたということですか。

秋山　有事法制について議論をしていた。

真田　その有事法制を検討されていたのは、秋山先生が防衛局長でいらっしゃったときですか。

秋山　まだ、そんなに本気でやっていなかった。結果としてできた法律とは全く違った議論を当時していて、第一ケース、第二ケースとか。

真田　三つの分類がありました（第一分類は防衛庁所管の法制、第二分類は防衛庁以外の他省庁所管の法制、第三分類はいずれの省庁にも属していないもの）。

秋山　そう、三分類のうち、せめて第一分類、第二分類ぐらいは何とかできないかという話をしていたぐらいで、詰めた議論ではなかったです。邦人救出の話も、この頃から結構出てきた。

真田　防衛局長は畠山蕃さん、村田さん、秋山先生、そして、佐藤さんが務められ、大蔵省出身の方が続いていますね。

秋山　そうですね。

真田　一方、官房長のほうはプロパーの方がずっと続いています。日吉章さんの後、村田さん、宝珠山昇さん、三井康有さん、江間清二さん、大越康弘さん。

防衛庁の省昇格問題

真田　防衛庁の省昇格に関して、一九九七年九月三日の中央省庁等改革に関する中間報告は両論併記をとなりました。しかし、同年一二月三日の最終報告では見送られました。このときの省昇格問題をめぐる秋山先生や防衛庁、官邸、自民党などの議論について、教えていただけますか。

秋山　確か、中央省庁の改編に絡んでだが、これは橋本内閣時代の話だった。

真田　そうです。一府一二省庁になったときですね。

秋山　橋本（龍太郎）さんは、行政改革とか体制替えが大好きなんだ。しかも、このときは大幅にスリム化するとか言ってね。数を減らすということね。他方で、環境庁は環境省にするとか、実現しなかったけれども科学技術庁は科学技術省にするとか、省に昇格させると同時に、どんどん合併して省を減らすということをおっしゃっていた。

　もちろんそのとき、防衛庁としては省に上げてくれという議論はしたと思いますが、もっぱら、これは自民党の国防族の動きが強かった。「この際、防衛庁を省昇格させるチャンスだ」とか、「お前たち何やっているんだ、ちゃんとやれ」とかいうことで、党主導で省昇格という話が上がってきた。

　ただ、守屋（武昌）さんも含め、大森（敬治）さんもそうかな。防衛庁プロパーのリーダーたちは省昇格ということはずっと思っていたらしくて、彼らが山崎さんだとかの国防族に話をした可能性はある。防衛庁が組織として省昇格のために議論をして、内閣に持ち込んだということではなかった。まだまだ、当時の社会は、防衛庁を国防省という感じで見てくれる雰囲気ではなかったから。

国防族はそういうことだったけれども、自民党全体は防衛庁に対して、実際はそんなに温かくなかった。ですから、なかなか難しいんじゃないかと私は思っていましたね。

服部 防衛庁長官は久間（章生）さんでしたね。

秋山 久間さんが先頭に立って、そういうことをやったということでもない。国防族が中心でした。最終的には防衛省になったけれども、結構ずっと後になってからでした（二〇〇七年一月九日に省に昇格）。

守屋さんが次官のときかな。だから、そう簡単に実現する話じゃなかった。私も省昇格についていろんな所に説明に行きましたよ。防衛組織が庁であると、こんな弊害がありますというような説明の仕方だった。その弊害の一つが、防衛庁の意思で予算要求できないことです。当時の総理府が要求するわけです。同じように、防衛庁の意思で閣議を請求できない。例えば、防衛庁が閣議請議の手続きを取って法律を出すことはできない。

防衛庁長官というのは、国務大臣防衛庁長官です。後でできた金融庁って専任の大臣がいることもあれば、いないこともある。防衛庁の場合、担当の専任国務大臣がいたから、何となく省みたいな感じで、庁でありながら局が存在した。しかし、例えば気象庁はそうはいかない。金融庁とか、あとは海上保安庁も局長はいないでしょう。だから、そういう違いはあったんだけれども、庁だったから総理府の配下なんだ。それはやっぱり情けないねと。総理府の了解を取らないと予算要求もできない、閣議請議もできない。それは何とかしてほしいと技術的な理由を多々挙げて、省昇格の説明に回った。

服部 それに対して、橋本総理はどういうお立場だったんですか。

秋山　例えば、総理大臣が安倍（晋三）さんだったら、やれと言ったと思うね。橋本さんは言わなかった。防衛庁の省昇格にそれほど好意的だったわけではない。

服部　当時は自社さ連立政権時代の最後ぐらいだと思います。社民党では土井たか子さんが党首に復帰していましたけれども、省昇格に反対したということはありませんか。

秋山　どうかな。あまり記憶はないが、賛成なんかしっこないよね。

服部　賛成はしていないと思うんですけど、反対されたという記憶はありますか。

秋山　そういう議論になっていなかった。

服部　そうですか。先ほど、国防族で山崎さんの名前が挙がっていたと思うんですけれども、他に熱心だった方は思い当たりますか。

秋山　中谷元さん、山崎さん。防衛庁長官をやった人で、玉澤（徳一郎）さんも熱心だったと思いますね。久間さんも言っていたかもしれない。私のやめた後では、何といっても石破茂さんでしょう。それから、宮城県から出ていた、防衛庁長官になって、「男子の本懐」と言った伊藤宗一郎さんだね。そういう人たちかな。

真田　それに関連して、ちょうどこの頃から、石破さん、浜田靖一さんですとか、そういう方がいわゆる新国防族として出てきた頃だと思いますが、先生のご記憶で何かありますか。

秋山　石破さんだとか、あるいは、浜田さんだとか、防衛省ができたとき、その人たちはかなり働いていたと思いますね。二〇〇七年に防衛省になったときは、防衛庁自体が省昇格ということを主張していたし、これは守屋次官に引っ張られてという感じだったと思います。彼の夢だったからね。総理大臣はどなたのときかしら。

服部　防衛省昇格は二〇〇七年一月だから、第一次安倍内閣ですね。

秋山　安倍さんですか。

服部　はい。「戦後レジームからの脱却」の一環という位置づけかと思います。

秋山　やっぱり安倍さんのときに省昇格になっているのね。

　橋本内閣時代の議論での私の記憶はもっぱら他の庁のこと、環境省は問題なかったんだけども、科学技術庁が省になりそこなった。当時核燃料加工施設で大きな事故があって、罰として省昇格が見送られたばかりか、文部省と合併することになった。橋本さんらしいなと思ったことを覚えています。茨城県の東海村で起こった事故だ。それが非常にひどい話で、ウラン溶液をバケツで汲んで中を掃除するとかね。

小林　一九九九年九月三〇日に起こった東海村ＪＣＯ臨界事故ですね。

秋山　こんなことをやっているのかと、科学技術庁は何をやっているんだというので、それがバツ点になって、文部省に吸収合併になっちゃった。

　それから、関係ない話かもしれないが、大蔵省の名前が財務省になったのは、これも橋本さんのとにかく執念だね。橋本さん以外はほとんど大蔵省でいいじゃないかと言っていた。名前の話ですよ。大蔵省というのは、明治元年直後にできた大蔵卿から来ている。橋本さんは、大蔵省なんていう名前でいばっているのは駄目だと、どこの国でも財務省だと、大蔵省なんてどこにもないといって、強引に変えちゃいましたね。

服部　橋本さんは、海部内閣で大蔵大臣をやっていますよね。

秋山　大蔵省は大変好きなんだけどね。

服部　ええ。

秋山　当時、大蔵省としては、名前は妥協した。最大の問題は国税庁を大蔵省から引きはがす話だった。歳入省あるいは歳入庁にするという構想があった。もう一つ、主計局を内閣府に持っていくと、その二つを橋本さんが主張していた。それはもう何とかつぶして、名前は財務省で譲ったというバトル、そんなことを記憶しているだけで、防衛省の話は橋本さんとの関係ではあんまりなかったですね。

真田　秋山先生からご覧になって、この省庁改編をどのように評価されますか。

秋山　当時は、そんな二つ、三つの省庁を合併して、何の意味があるのかって思いましたよ。特に国土交通省なんて、マンモス省になっちゃったわけだ。メリットとデメリットとを比較したら、どうなんですかね。メリットが大きいとは言えないように思います。総務省は何かいろいろ一緒になった、郵政省と自治省、総務庁ですか。どういう機能を持つ省なのでしょうかね。環境庁が環境省になったのは分かるが、文部科学省というのはどうか、教育と科学技術って同じじゃないですからね。

スリム化しようという議論は、私も分からんでもなかったけれども、数合わせの合併には非常に疑問を持っていましたね。

韓国による竹島の接岸施設建設

真田　一九九七年一一月、韓国が島根県竹島に接岸施設を設け、実効支配を強化しました。この行動に対する防衛庁・自衛隊の対応について、教えていただけますか。

秋山　最近、尖閣諸島とか竹島のことで、自衛隊の対応はどうするんだというのが結構議論になるけれども、当時はこういう領土問題について、直ちに防衛庁・自衛隊がどうのこうのという議論はあまりなかった。防衛白書にどう書くかとか、そういうことはあった。

特に竹島の場合には、侵略されるというわけでなくて、実効支配されているから、それを取り返すなんて現実的にはないですね。尖閣諸島のほうはいろいろあったが、取りあえずは海上保安庁の話だった。

服部　これは翌年、韓国に出張されたときの記事です（『朝日新聞』一九九八年七月四、七、一〇日）。それによりますと、秋山先生は一九九八年七月四日から一一日にシンガポール、インドネシア、韓国に出張されています。七月九日に秋山次官がソウルで安秉吉《アンビョンギル》国防次官らと会談したときに、北朝鮮の潜水艦侵入事件について探知に関する協力を求められたところ、日本側は朝鮮半島沿岸の話であり、対応できないと回答したようです。これらにつきまして、何かご記憶でしょうか。

秋山　侵入した潜水艦を見に行っているし、こういう議論をしたのは記憶している。こういう質問に対してそう答えたというのは当然で、P－3Cでは、北朝鮮のあんな小さな潜水艦を探知するのは難しい。仮に探知できたとしても、じゃあ協力しましょうと言うことは簡単ではない。自分たちの能力が皆分か

日韓次官級会議で安秉吉国防次官らと会談する（1998年7月9日、ソウルの韓国国防部にて）

っちゃうわけだしね。基本的にはロシアの潜水艦、最近こそ、中国の潜水艦なんかを探知しているけど、北朝鮮の潜水艦ってあんまり念頭になかった。北朝鮮の武装高速艇は対象にしているが。

服部　そのときの会談で、竹島については触れたのでしょうか。

秋山　触れたかもしれないけれども、公式見解、つまり外務省の公式発言をただ、私が言うと、向こうも公式見解を言う。そもそも、韓国軍と自衛隊との間で、竹島問題について議論することは当時ほとんどない。

真田　このように竹島問題が沸騰した場合に、防衛交流も含めて日韓関係に何か影響があったということはありますか。例えば、防衛交流をやめるとか。

秋山　なかったな。今でもそうだけれども、韓国というのは、社会情勢・政治情勢に関して、二国間関係と軍同士の関係というのは全然違う。韓国軍というのは、「こんな社会情勢ですけどもね」という感じで、我々と話をする。軍同士は本当に関係がいいんです。もちろん、しばしば政治に影響されることはありましたが。

竹島問題がこのとき、日韓の防衛交流に何か影響を与えたかというと、それはなかった。

真田　自衛隊と韓国軍の仲がいいというのは、秋山先生が現職のときから、もうすでにそういう関係だったということでしょうか。

秋山　韓国自体は米国と同盟関係だし、日本も米国と同盟関係だし、日韓の軍同士は関係が良かった。ただ韓国は日本と同盟関係に入るわけにはいかないし、自衛隊が韓国の領海・領土に来るということは絶対反対というのはあった。

ガイドラインの見直しができたときに、韓国では、自衛隊が韓国に来るんじゃないかとか、朝鮮半島有事のときに日本の自衛隊が米軍を支援するため、韓国の領海・領土に入るんじゃないかという懸念を示していた。で、私が説明に行った。ガイドラインの中間報告のときかな。

一九九七年にガイドラインができた。ガイドラインに対するものすごい懸念が中国から出た。それに続いて、韓国でもいろいろ議論が起こっているということなので、やっぱりこのときだな。それで、私が言いたいのは、この問題についても軍同士では別に対立していなかったということです。

服部　翌一九九八年になると、金大中大統領が一〇月に来日しますね。

秋山　大統領の訪日は、防衛庁の関係ではちょっと覚えていることはない。

対人地雷禁止条約への署名

真田　一九九七年一二月、日本は対人地雷禁止条約に署名します。同条約署名をめぐる防衛庁・自衛隊、外務省、橋本龍太郎首相、小渕恵三外相らの議論について、教えていただけますか。

秋山　これは、もう小渕さんの執念なんですよ。このオタワ条約。これはもともと、一九九二年ぐらいに北欧のNGOの活動から始まった。女性のジョディ・ウィリアムズさん率いる北欧のNGO「地雷禁止国際キャンペーン」がノーベル平和賞をとった。オタワプロセスといってものすごく頑張った活動だった。あのときは、NGOだとか、NPOだとか、カナダ、ノルウェー、ベルギー、南アフリカなどの有志国と国際NGO連合体のキャンペーンだったな。

小渕さんが、なぜかそのオタワプロセスをよく知っていて、彼が外務大臣になって、とにかく対人地雷禁止条約に入れという話が下りてきた。それで、私らは困惑してね。私の記憶では、アメリカは入らない、ロシアも入らない、中国も入らない、北朝鮮も入らない、韓国も入らない。日本の周りの国はどこも入っていないのに、日本は入れと。

それでは日本を守れませんという話を橋本さんに言ったら、「外務大臣によく話をしろ」と言われてね。私がもう一人専門家を連れて、防衛庁・自衛隊が担当する実際の国防計画の説明に外務大臣の所に行った。どうやって国を守るかという計画の説明ですが、その前提がロシア（元々はソ連）の北海道侵攻に対してどう国を守るかという、具体的な国防のオペレーションの話なんです。それを説明に行った。

とにかくまず、制空権、制海権のことを話し、それから水際で敵を阻止するというときの大きな武器が対人地雷だと。対戦車地雷というのもあるけれども、対人地雷がやっぱり上陸を防ぐ最大の武器だった。一時間説明聞いたら、小渕さんが「ところで、ロシアってそんなことをするかな」って言うので、ばったり倒れましたね。他国から侵略されたらどうやって阻止するかということが国防の基本であって、するかしないかの話じゃないんだ。「あんまり現実的じゃないな」って言われて、それ以上もう説明できなかった。そういう記憶があります。

それで、翌日か翌々日に、「話は聞いたけれども、オタワ条約に入れ」という話になって、それから、日本としては一応そういう国防計画があるわけだから、必要な武器が使えなくなっちゃうとすると、その代替武器を開発しなければならなくなった。小渕さんの執念でオタワ条約にすぐ入ることになったので、大車輪で新しい武器の開発に入ったわけ。

オタワ条約に入ると、対人地雷を破棄しなくちゃいけない。それで、どのぐらい日本は持っているのか。日本は正直だから、これだけ持っていますというのがすぐ分かっちゃう。それを何年計画で破棄するということで、破棄したら、国を守るのに空白ができてしまう。その間、どうするのかという話で、一応、何か理屈は考えたと思うけれども、とにかく早く代替武器を開発するということになったという経緯があります。

服部　その地雷を数年内に破棄しなければいけないというのも、相当大変な作業だと思います。日本は二〇〇三年までに、自衛隊が持っていた一〇〇万個の対人地雷を廃棄したようですね。

秋山　時期と数は正確に覚えていないですけれど、自衛隊は真面目に短期間で廃棄しましたよ。

開発された代替武器は地雷と違って、湾曲した壁のような発射板があり、そこから弾が出るようになっていて、散弾を遠隔操作で発射する。これは地雷じゃないんだね。何という名前だったかな。

小林　指向性散弾のＦＦＶ０１３ですね。

秋山　そう、それを開発してね。

小林　スウェーデンのものを輸入して、ライセンス生産したんですね。

秋山　そう、自己開発じゃなかったんだ。

小林　当初の正式名称は、「指向性散弾地雷」となっていたんですけど、批准したので、「地雷」が削除されて、「指向性散弾」になったと。

秋山　つまり、地雷じゃない。

小林　結局、導入できたのは二〇〇二年からのようですね。

秋山　そうですか。じゃあ、間に合っているんだ。

小林　ギリギリですかね、四年後です。

秋山　いずれにしても、後に総理大臣になる人に、「そんな侵略は、現実的ではないな」って言われ、あのときはもうがっくりきました。

真田　この条約に関して、橋本総理と外務省の内部はどのような反応でしたか。

秋山　外務省も、「いや、もう大臣がそう言っているから」と言うだけでした。

統合幕僚会議の権限強化

真田　統合幕僚会議について伺います。一九九八年四月、防衛庁設置法と自衛隊法が改正され、統合幕僚会議の権限が強化されました。この経緯と狙いについて、教えていただけますか。

秋山　統幕強化は制服の希望であって、内局は全員がそうでないにしても、結構、反対論があったという見方もあるようだが、私の意識は全くそうではなくて、内局に反対論はあったけれども、結局は内局が自衛隊を引っ張って統幕強化に持っていったという意識が私は強いですね。

自衛隊自体は一応、統幕の強化と言うんだけれども、本当にそう思っているのかということに私は疑いを持っていた。だから、こっちが言わないとできないなと。私としては、内局リードで統幕強化というふうに進んだという印象を持ちますね。もちろん、内局の一部に反対はありましたよ。

最近、航空自衛隊にある航空総隊みたいなものを陸上自衛隊に作ったじゃないですか。

真田　陸上総隊ですね。

秋山　あれなんか、今はどうか知らないけれども、当時もしそういう話が出れば、これは内局にはかなり反対論があったと思うな。私も反対ですよ。ちょっとそれは原理論的な話で、陸上の実力組織に関しては、陸上総隊のようなものができると、あまりにも権限がそこに集中しちゃって、政治的な動きをしたら収拾がつかなくなるというのが、昔からある議論です。

だけど、統幕の強化というのは、陸上総隊の話と違って、自衛隊の機能を強化するための一つの手段で、アメリカの例を見るまでもなく、各国とも陸海空別々じゃなくて統合して運用するんだというのは一つの流れになっていますよね。中国ですら、今はそういう方向になっている。だから、結構、内局がそういう方向で引っ張っていったというのが、私の記憶です。

真田　そこの問題意識には、やはり陸海空自衛隊のセクショナリズムがあったということですか。

秋山　そうね、セクショナリズム。もちろん、統合派もいた。統合幕僚会議というのは本当に名前だけの統合幕僚で、全く力がなかったんだね。それはおかしいねという議論はあった。

事務調整訓令の廃止

真田　一九九七年六月、「事務調整訓令」（保安庁訓令第九号「保安庁の長官官房及び各局と幕僚監部との事務調整に関する訓令」：政治家と自衛官の接触を禁止したもの）が廃止されました。防衛事務次官に就かれた秋山先生は、制服組の国会出席や内局起用に前向きな発言をしています。秋山先生は、防衛局長時代に防衛政策課に佐官クラスを配置し、事務次官就任時には秘書に自衛官を登用したが、反対があったと回想しています。

秋山　基本的に、シビリアン・コントロールというのは文官が制服を支配しマネージするもの、という考えはゆがんでいると思っていた。よく調べると、中曽根（康弘）さんなんかは、昔、こういうかたちを評価していたから、シビコンの一つの手段としてはあったんだろうと思う。私が防衛庁に入った頃の状況を見ると、内局が陸・海・空自衛隊を牛耳るというのがシビリアン・コントロールというふうに、多くの人たちが思っていた。しかし、それはおかしいねと。

それは制服から非常に批判があったわけです。くすぶっていた批判が結構、表に出てきた。表に出てきたきっかけは、やっぱり政治家にも理解され、石破さんなんかもそうだし、その前で言うと小沢（一郎）さんもそうかな。小沢さんは防衛庁長官をやっていないけれども、制服を大事にしなくちゃいけないということを理解していた人だと思う。制服組でも、この問題はおかしいということをはっきり口にした人がいた。海上幕僚長をやった古庄幸一さん。

アメリカなんかへ行って見ても、ＵＣ（ユニフォームとシビリアン）混合で、それがシビリアン・コントロールを壊しているということは全くない。

こういう通達があって、これを廃止をしたというのは一九九七年六月ですか。

真田　はい。防衛局長のときですね。

秋山　この問題は防衛局長の話じゃない。官房長の仕事だったと思う。

服部　第二次橋本内閣でしたら、改造後も含めて久間さんが防衛庁長官ですね。

秋山　この話は自衛官から政治家に話がいって、政治家から内局に落ちてくると、こういうパターンだったね。それに対して批判的だったのは村田さんかな。村田事務次官はずっと反対していたね。次官を辞めた後も、こういう事務調整訓令の廃止について批判していた。

一九九八年の日ロ防衛交流

服部　秋山先生は一九九八年一月一七日から一月三〇日まで、イギリス、ウクライナ、ロシアに出張されているようです。特にロシアとの防衛交流が進んだという印象です。

この年のある対談で秋山先生は、「ロシアとの関係は一昨年、歴史上初めて防衛庁長官が訪ロ、昨年はロシアの国防相が訪日しました。さらに秋にはクラスノヤルスクでのトップ会談で防衛交流を進めようということになり、私も訪ロしたのです」と述べられています（秋山昌廣／山本雄二郎「新展開みせる日米中露の軍事交流に尽力」『時評』第四〇巻第七号、一九九八年、五七頁）。

秋山　事務次官として、年に一回ぐらいは海外へ出る機会があるんですね。もう迷わず、ロシアに行こうと。ついでじゃないけれども、イギリスを選んだのは、情報交換で非常にイギリスの存在も大きいということでした。そこでは、欧州に駐在する防衛駐在官を集めて情報交換の会議も行った。

ウクライナは、そんなにはっきりした意図があったわけじゃなくて、今はウクライナ危機で大変だけれども、当時は、ソ連が崩壊して周辺国が独立して、それで東ヨーロッパはもともとヨーロッパだから、みんなヨーロッパに戻っていった。

ウクライナは特殊な地位にあったわけです。ベラルーシだとか、ウクライナとかは、ロシアとの関係では特殊で東ヨーロッパとはちょっと違うということで、かつ、ウクライナにはロシアの軍事基地がかなりあるし、軍需産業もある。ウクライナに工場があった輸送機メーカー、アントノフにも行きたかった。そういうこともあって、ウクライナにも行った。

しかし、狙いは、ロシアに行くということですね。ロシアは、冷戦が終わった後から急激に防衛交流が進むとか、関係が良くなるとか、そういうことだった。具体的に何か議論しに行ったというのはあん

セルゲーエフロシア国防大臣と対談（1998年1月26日）

まり記憶にない。

このときは、事務次官だけれどもロシアの国防大臣に会っている。ロシアは大国でしょう。防衛庁の次官がアメリカに行って、国防長官に会うかというと、会うこともあるけれども、バランス上必ずしもそうならない。このときロシアは国防大臣が会ってくれたんですね。結構、時間を取って話をしてくれたという印象が強い。あの人は何と言ったかな、少数民族の方でした。

形としてロシアの国防大臣と日本の防衛事務次官がバイ（二国間）の対談を行ったというのが一つの訪ロの売りだった。

防衛交流の究極の目的はやっぱりトップの交流が重要という意識があるわけね。だから、防衛庁長官あるいは国防大臣が相互交流を持つ、これがもう一番の防衛交流の目的だったわけ。それに続くものとして、次官とか、統幕議長とか、幕僚長とか、そういうレベルの交流。それ以外はもう部隊の交流とか、あるいは、艦艇の相互訪問というのは一番よくあるわけだ。だから、このときは、私としてはトップの国防大臣に会うというのが非常に重要な目的だった。それは、中国に行って、私が傅全有という参謀総長に会った。これも、何を話したんですかって、だいぶ聞かれたんだけども、傅全有に会うということ自体が非常に大きかったんだね。

小林　会うことが大事であるということですね。

秋山　そう。しかも、当時、傅全有というのは非常に評判のいい参謀総長だったわけね。それにどうしても会いたいというので、会った。このロシアも、とにかく国防大臣に会いたいということで会った。

ハバロフスクの極東軍管区訓練センターを訪問（1998年1月29日）

服部　一九九八年ですと、ロシアの国防大臣はセルゲーエフさんですね。

秋山　そう、セルゲーエフ。セルゲーエフさんは確か、いわゆる純粋ロシアではなかった。そういう人が国防大臣やっているというのでよく覚えている。体が大きな人で、温厚でした。空軍の将軍だった。

服部　そういうときは、会談録をきっちり作るものなのですか。

秋山　ありますよ。

小渕内閣の誕生

服部　一九九八年七月に参議院選挙で自民党が敗北して、小渕政権が成立しています。防衛庁長官が久間さんから額賀福志郎さんになって、官房長官が村岡兼造さんから野中広務さんに代わるなどしています。この政権交代というものが、防衛政策に与えた影響、変化などについて、何かありますか。

秋山　まず、橋本さんと小渕さんとを比較すると、国防とか、防衛に対する意識がだいぶ違いました。小渕さんは、防衛庁とか、防衛とかにそんなに関心がなかったですね。

しかも、あのときは調達実施本部の事件が大きかったし、私も辞めることになったので、小渕さんの関係で他のことをあんまり思い出せない。ただ、いずれにしても、前の政権と比べると、防衛庁・自衛隊、国防ということに関心が強い政権ではなかったですね。

一九九八年八月のテポドン・ミサイル発射

真田　一九九八年八月三一日、北朝鮮がテポドン・ミサイルを発射します。この事件の対応について、発射兆候の段階も含めて、教えていただけますか。

秋山　これは、結果論だけれども、日本がかなり正確にミサイルの航跡とか、軌跡を把握していたんだね。列島を越えて太平洋に落ちるところまで大体予測できるぐらいきちっと把握していて、むしろアメリカが日本の情報を参考にするというような状況だった。

私の記憶では、アメリカのキャンベルがその後やってきて、今度の件では事前に自分たちの情報を提供しなくて誠に申し訳なかったと、謝ってきたということがあったんです。それに対して、やるかもしれないという情報はあって、それで日本側で待機して情報をキャッチできていたものだから、私は「いや、そんなことは全然かまいません。自分たちでも結構情報を取ったし、共有しましょう」という話をした記憶がある。このとき、確かに事前にアメリカから詳細な情報の提供は受けていなかった。ただ、撃つかもしれないという情報はもちろんあって、それで、海上自衛隊は手際良く艦船を配置していた。正直言って、本当にうまく最初からキャッチできた。全て、いつもそういくとは思わないけれども、このときはうまく情報を把握できた。

事後処理で、アメリカがちょっと穏便に済ませようというところがあった。発表がどうもおかしかった。なにか知らないけれども、人工衛星のテストじゃないかと国務省が言うもんだから、「変なことを言うな」と思いました。国防総省はうちと全く同じだったんだけれども、国務省が妙なことを言っているもんだから、「そんなことではないでしょう」と言って、結構アメリカとどういうふうに分析し、認識するかということでもめましたよ。

そのときに、日本は正確に情報を握っていたので、やっぱり情報をちゃんと持っているというのは強いんだなということを認識しました。最終的にアメリカも、あれはやっぱり人工衛星じゃなくて、ミサイルのテストだというふうに切り替えた。そういう経緯があった。

それから、これは確か八月三一日の昼頃、一二時前後に打ち上げられた。第一報が入ってきたのが一二時半過ぎだったかな。結構早い段階で次官室に入ってきた。

それで、これはいかんと直ちに思って、官邸に連絡を入れたら、国会の委員会か政府与党連絡会議かなんかをやっていて、総理はそれに出ていてちょっと空きませんと言うから、「いや、緊急なんだ」と言った。官邸に申し入れたのが二時か三時かな。一応、情報を完全に把握してからと思ったからね。今では、遅いと言われるでしょうね。会議をやっていてなかなか出られませんとかいうことで、結局、総理に会ったのは四時か五時頃だった。

服部　新聞報道によると、八月三一日の正午過ぎに北朝鮮から弾道ミサイル一発が発射されたと、在日米軍司令部から防衛庁に連絡が入ったようですね。

秋山　それはもちろん、連絡は入った。

服部　それで、三陸沖の太平洋に着弾した。テポドン一号だったという話ですね。

秋山　それは事実だと思いますよ。

服部　ええ。『日本経済新聞』（一九九八年九月一日）の記事によると、外務省が事前に複数ルートで北朝鮮側に何度も警告していたとあります。この点は、いかがですか。

秋山　それは、私はよく覚えていないな。だから、やるかもしれないという情報は入っていたわけだからね。そうだとすれば、外務省がそういうことを言っている可能性はあるわね。

服部　外務省であれば北東アジア課などだと思うんですけど、そこと防衛庁が連携といいますか、協議するようなことはしていますか。

秋山　別に防衛庁がそういうことを言っちゃいかんとか、言えとかいう立場にはないから、全然調整はしてないと思いますよ。

服部　そうですか。それで、韓国の千容宅《チヨンヨンテク》国防相が九月一日に来日して、小渕首相、高村正彦外相、額賀防衛庁長官などと相次いで会談しています。このとき、テポドンや今後の対応なども当然、議論されたと思います。これについては、何かご記憶はありますか。

秋山　千国防相という名前は覚えているけど、どう接触したかは覚えていない。
服部　千さんと額賀さんの会談に、秋山先生は同席されませんでしたか。
秋山　それはしているだろうな。
服部　印象に残ることなどはありますか。
秋山　撃たれたミサイルの軌道を把握していたのは、日本とアメリカだけなんだね。だから、韓国はどちらかというと、情報を私らからもらうという立場になっていた。
　多分、中距離弾道ミサイルを撃ったのは、これが初めてぐらいだからね。今は年がら年中撃っているから、こっちも感覚がまひしているけれど、当時これはやっぱり大ニュースだった。しかも列島越え。それで、韓国からも大臣がすっ飛んできたということだと思う。私の記憶には、もうもっぱらアメリカとのやりとりが中心で、韓国というのはあんまり記憶にない。韓国に向けて撃ったミサイルではないし。
服部　韓国の金大中政権は太陽政策ということで、北朝鮮に融和的だったというイメージがあるかと思います。
秋山　それはそうです。
服部　韓国の国防部についてはどうですか。
秋山　国防部は違いますよ。国防部は相変わらず、(北朝鮮を)最大の脅威ということにしていた。金大中政権のときに、北の脅威の表現が少し変わったんじゃなかったかなあ。盧武鉉のときかな。
　いずれにしても、政権は太陽政策だったから、北に対して融和的だったと思いますよ。だけど、国防部はそうじゃなかった。

服部　ええ。

秋山　それで、夕方やっと、（小渕）総理に説明することができて、野中さんも一緒に話を聞いてくれてね。

服部　夕方というのは、（テポドンが発射された一九九八年）八月三一日の夕方でしょうか。

秋山　そう。今だったら、すぐ、国家安全保障会議が開催されるとか、地下鉄を止めるとか、全然状況が違っている。当時は、そのミサイル発射の意味とか、意義とか、脅威とか、どう対応するんだというような議論は全くなくて、総理から出た指示は「対外発表をどうするのか、外務省とよく詰めなさい」と、私の記憶に残っているのはそれだけなんだ。

いやあ、総理大臣ってすごいなと思ったけど、何となく拍子抜けでした。でも、これ図星だった。外務省との調整が大もめにもめて、それで、発表が深夜になった。今と全く違う状況だったということが分かると思うけれど。

まず、外務省にはほとんど情報が入っていなかった。防衛庁は外務省に情報を流さなかった。アメリカからの情報は防衛庁に入ったので、外務省はいわば蚊帳の外だった。調整は難航した。

服部　小渕総理の官邸に報告にいらしたとき、事務方は一人だったんですか。例えば、外務次官が同席するようなことはないんでしょうか。

秋山　このときは、全く私一人でした。

服部　額賀防衛庁長官は同席していましたか。

秋山　いや、私だけでした。

服部　秋山先生が一人で、小渕総理と野中官房長官だけに説明されたわけですね。
秋山　総理と野中さんだけだった。
服部　野中さんが同席しているのに、額賀さんは入らないものなんですか。
秋山　一種の軍事機密情報を総理にあげる場合、防衛庁事務方から総理大臣に直接話す、という慣行みたいなものがあった。しかも、緊急に入れるということだったんだね。だけど結構ぐずぐずして、四時か五時になっちゃった。今だったら、多分、一二時半頃に官邸に飛び込むと思いますね。

　また、今だったら、防衛大臣が飛び込むのかもしれない。当時はなぜか、そういう機微にわたる情報は、次官とか防衛局長が直接総理に上げると。もちろん、防衛庁長官にも上げた上ですけれども。軍事情報は、外務省には流れなかった。

　このとき、外務省に情報が行ったのは夕刻を回ってからだった。それで、やっと外務省と調整に入った。記者会見をやったのが一一時頃だったかな。それが日本側の公式の記者発表だね。情報はもう新聞には出ていたんだけど。そのときの発表は今でもよく覚えている。大げさに次官がやる必要もなければ、防衛局長もやる必要もないということで、審議官がやった。
真田　確か、そうだったと思います（防衛審議官の河尻融《とおる》氏）。
秋山　河尻審議官。それが後で問題になって、審議官がやるとは何事だと言って、官邸からも怒られた。
服部　外務省のカウンターパートは、次官でしたら柳井俊二さんで、外務審議官だったら、丹波實さん、原口幸市さんだったかと思います。
秋山　外務省との調整はもう防衛局長にやらせたから、私はやっていない。ただ、正直に言うと、柳井さんにはすぐ直接電話をした。それは、公式じゃなくて、防衛庁の次官が旧知の柳井外務次官に電話で話をしたというものでした。正式に防衛庁から調整に入ったのは夕刻過ぎになってからだった。

情報収集衛星導入の経緯

真田　私の理解では、このテポドン・ショックが情報収集衛星投入のきっかけになったのではないかと思っています。この情報収集衛星の導入の経緯について教えていただけますか。

秋山　情報収集衛星とミサイルの軌跡の情報収集とは違います。情報収集衛星は結局、北朝鮮のいろいろな動きについて把握しなくちゃいけないということで、この事件が、その導入のきっかけになりましたが、実はそれ以前からかなり議論はしていたんです。

テポドン・ミサイルの発射後、アメリカのキャンベルが謝りに来た。あれは何を謝りに来たかというと、アメリカとしては、どこどこの場所からいつ撃つという情報を大体持っていたんだね。アメリカは情報収集衛星を持っていたから。それを言わなかったという。やるかもしれないという話はあったから、うちも態勢を取っていてうまく対応はできたんだけれども。

で、アメリカだけに頼っているのではいけないということで、情報収集衛星というのは必要だなという議論に急速に変わっていった、それはそうだと思うね。

当時、こういうことがあったんですよ。情報本部ができたでしょう。情報本部の一つの有力な機能が画像衛星の部門なんだ。それは情報収集衛星からもらった画像を見て、分析して判断してというもの。

この画像なり情報は、率直に言って全てアメリカから入手している。しかし、完全に全部くれているのか分からないし、それから、いざというときに米国はシャットダウンすることができる。アメリカが情報収集衛星を持っていて、そこで得た情報を同盟国にもちろん配布するんだけれども、アメリカが国家の存亡に関わる場合は、その情報はシャットダウンしてしまう可能性があった。

それでは困るねということで、当時、ヨーロッパのほうで衛星から集めた情報を民間ベースで売っていたんだね。アメリカの情報の解像度が、今はもう一〇センチ（まで可視できる）とか二〇センチぐらいになっているんだが、当時では、一メートルを切ったといわれていて、一メートルを切ると、車両とか、人も分かるといわれていた。ところが、ヨーロッパのほうは一〇メートルだった。最終的には現在もう一メートルぐらいにはなっていると思うけれどもね。

解像度は悪いけれども、アメリカにスクリーンされないで自由に選べる画像を買おうというので、確か、それは情報本部ができたときに買い始めたはずです。だけども、自分たちで情報収集衛星を上げられるかもしれないと、急速にそういう方向へ行ってね。これには非常に理解のある政治リーダー、あるいは官僚のトップ古川（貞二郎）さんなどがいて、情報収集衛星に当然、防衛関係を入れろと、私らもびっくりするぐらい前に進んだ。

服部　先ほどの話の流れだと、小渕さんはちょっと違う感じでしょうかね。アジア太平洋担当のキャンベル国防次官補代理が謝りに来たというのはいつ頃の話ですか。

秋山　割合と直後ですよ、九月初め頃、来ましたよ。

服部　そのときでしたら、キャンベルさんは九月三日に来日して、鈴木宗男官房副長官、池田（行彦）

政調会長、自民党幹部などと会談していますね。
秋山　そう、そのとき。
真田　この情報収集衛星は、最初から防衛庁が管轄するという考えが大多数だったのでしょうか。
秋山　当時の衛星が、防衛関係の情報を専門に集める衛星になったのか、マルチのままだったかは確認していない。例えば、災害とか、環境問題とか、農作物とか、漁業とか、要するにマルチの情報を集める衛星の中に防衛も入ったのか、防衛が専門の衛星になったのか。私は、最終的には防衛が専門になった情報衛星になったんじゃなかったかと思うんだけれども、どうだったのかなあ。
真田　情報収集衛星は災害などにも活用されます。
秋山　いずれにしても、防衛が専門のところについては防衛庁所管だったし、あるいは内閣の情報収集センターも関与したかな。
真田　内閣衛星情報センターがあります。
秋山　あそこのトップは自衛官のOBだ。だから、国防に関する情報は多分、共有しているんじゃなくて、防衛庁が占有していたと思う。
真田　日本が衛星を持つことに関して、アメリカの反応はいかがでしたか。
秋山　あんまりウェルカムじゃなかったね。最初は、自分たちがちゃんと提供するんだから、いいじゃないかという感じだった。
服部　アメリカ側は、戦域ミサイル防衛、TMDを推進しようとしていた時期ですよね。
秋山　ミサイル防衛はだいぶ前、一九九六年、一九九七年頃から議論していますよ。分担して、技術開発もしていますから、これがきっかけでミサイル防衛をすることになったわけではないけれども、加速はされた。

防衛事務次官時代の日中防衛交流

小林　第3章でも、防衛局長時代に日中の防衛交流には触れられています。引き続き次官時代の一九九七年から一九九八年の頃、日中防衛交流が花開くように進展します。「新展開見せる日米中露の軍事交流に尽力」（前掲『時評』第四〇巻第七号）の五八頁と五九頁で、秋山先生が中国との交流について触れています。秋山先生は「日本の安全保障にとって極めて重要な国（中国）と、三年ほど前から防衛交流を本格的に進めています」と、このインタビューで、局長時代のお話を含めて中国との交流を振り返って、その進展に言及されています。

その背景と経緯については局長時代から、お伺いしているんですけれども、次官時代の背景と経緯について、あらためてご意見をお伺いできたらと思います。

秋山　確かに、一九九七年から一九九八年にかけて、日中の防衛交流は花が開いたという感じだった。前にも言ったように、中国と韓国とロシアとを比較すると、防衛交流で一番遅れたのは中国です。なかなか反応が良くなかった。それがやっと、冷戦終了後五年以上たって、一番大事な国、中国との防衛交流がかなり盛り上がったと。

これは多分、中国側の内政上の理由があったと思うんです。

流れとしては、まず、加藤紘一さんが、江沢民主席と遅浩田国防部長に会ったこと。そして、橋本さんが訪中したこと。そして、軍医の交流があって、それから、熊光楷が来て、第一回次官級対話が開かれた。

小林　はい、次官級は初めてですね。一九九七年一一月三〇日に熊副総参謀長が来日、秋山次官と熊副総参謀長による次官級の第一回日中防衛当局間協議が行われます。さらに熊副総参謀長は久間防衛庁長官と会談し、防衛首脳の相互訪問で合意します。

秋山　そして、第五回局長クラスの「日中安全保障対話」を一二月一八日に北京でやって、翌年明け二月三日に遅浩田が来て、そして、その直後の三月二五日に藤縄祐爾（統幕議長）さんが行った後、久間さんが、五月一日に訪中した。

小林　ほぼ一、二カ月おきに往来がありました。

秋山　その後、張万年《ちょうまんねん》中央軍事委員会副主席が訪米からの帰途、九月二三日に日本に寄った。とにかく、ほとんど一、二カ月に一回、要人が行ったり来たりしているわけね。

小林　防衛庁の防衛交流担当者はとても忙しかったでしょうね。

秋山　熊光楷さんは、日本に来るに当たって日本語の勉強をして、片言だけれども日本語をしゃべっていた。宴席で、日本の歌を二つ歌った。その演歌はなかなかだった。こっちは参っちゃってね。それは、私が中国に行ったときに、中国語で歌わなくちゃいけないなと思って、非常に苦痛に感じたことがありました。

つまらないことはよく覚えているんだけれども、熊光楷が日本の料亭に行きたいという話があって、

熊光楷副総参謀長が来日。次官級の第1回日中防衛当局間協議が実現した（1997年12月1日、防衛庁にて）

予算の制限があるからあちこち探して、白金の八芳園。皆さんはご存じかどうか知らないけれども、八芳園も、木造の古屋と鉄筋と両方ある。ふつうは鉄筋のほうでやるんだが、このときは、木造の古屋の一番大きい部屋を借りてやった。しかも、あそこは面白いことに、昔、孫文が潜んでいた部屋が残っている。それで、そこに連れていった。孫文が逃げた部屋とか、抜け道とかみんな見せてあげたら、本当に興味深そうに見ていましたよ。

当時、熊光楷はとにかく、日中交流、日中関係ってかなり言っていた。

一九九八年二月に遅浩田が来たが、これが中国の国防部長の一五年ぶりぐらいの訪日じゃないかな。一九八七年、栗原長官の訪中以降、ずっと大臣クラスの交流がなかったわけ。遅浩田は奥さんを連れて来たんじゃないかな。ホテルニューオータニの別館の「千羽鶴」で夕食会をしたが、遅浩田の中国語ってよく分からない。日本側で通訳を入れてましたが、防衛庁の職員の通訳だから、遅浩田の中国語が分からないんだと思った。あの人は山東省出身で、山東省の中国語方言は特に分からないですね。そしたら、遅浩田さんの奥さんが「主人の中国語は私にも分からない」と言っていたというんだね。そのぐらい野戦型の軍人で、国際会議とか、防衛交流とかにはあんまり向いている人ではなかった。いい人だったけど、公式見解しか言わない。

だけれど、この頃は全体としては非常にいい時期だった。

小林　秋山先生も、先ほどの記事で、防衛首脳会議の内容について、「まず、防衛交流、安保対話の進め方に割かれました。その中で日米防衛協力ガイドライン見直しは、触れましたが議論にはならなかった。中国側の警戒心が急速に収束していた」（前掲『時評』五九頁）ということをおっしゃっています。

確かに、中国側の警戒感が一気になくなっていた様子を、秋山先生は成果として公表されているようですね。

秋山　そう。私が事務次官を予定より早く辞めたときの一番の心残りは、日中関係だったな。やっとここまできたというときに、離れることになってね。その後、日中関係は少しずつ悪くなっていった。

小林　日中関係と日中防衛交流のいい流れは一旦止まりました。

服部　退職されるのは一九九八年一一月ですね。

秋山　はい。

服部　その直後、月末ぐらいに江沢民さんが来ることがもう決まっていたわけですよね。その直前に防衛次官をお辞めになったのだと思います。江沢民の来日は、一九九八年一一月末だと思います。

小林　二五日から三〇日の五日間来ています。

遅浩田中国国防部長が来日（1998年2月4日）。儀仗隊の栄誉礼を受ける遅浩田国防部長（写真上）。遅浩田からギフトの手渡し（写真下）

服部　秋山先生は一一月二〇日の退任ですね。
小林　直前ですね。江沢民の来日は評判が悪かったですね。
秋山　とにかく辞めるに当たって気がかりだったのは日中関係だった。日中関係に結構ずっと関わってきたから、もうちょっとその仕事をやりたかったという気持ちがあった。
服部　その翌年七月に、小渕さんが訪中しますね。
秋山　そうでしたね。
服部　割と小渕さんは中国に熱心だったような気がしますけれども、江沢民来日のイメージが悪過ぎて、そのダメージコントロールのような意味があったかもしれませんね。
秋山　あの江沢民訪日は本当に良いところがなかった。

防衛事務次官としての思い出

真田　これまでの質問以外で、防衛事務次官として、特に印象に残っている事件や事故、出張などはありますか。
秋山　ウクライナへ行ったときに非常に印象深かったのは、通訳をしてくれたのが防衛庁の職員だった。女性で井上みさきさんと言ったかな。ロシア語の専門家で、ご主人が航空自衛隊の自衛官だった。私が防衛局長のときに、井上さんをウクライナ大使館に出した。
前にも言ったように、防衛庁の国際関係を強化すべきだという、その一環として防衛駐在官を増やす

初の日本－ウクライナ次官級会議（1998年1月23日）。右端が通訳の井上みさきさん

ことを考えた。実は、当時、それはあんまり成功しなかった。外務省との関係で、なかなか了解が取れない。今なんかどんどん増やしているので隔世の感です。当時はもう、やっと一人増やすとか、そのぐらいだった。

どこを増やしたか忘れたけれども、先進国の防衛駐在官一人増やすときに、防衛庁から外務省に定員を三人ぐらい譲るんです。外務省の定員も確か、一四〇〇人ぐらいで厳しいんだよね。それで、駐在武官を増やすときに定員を差し出すというルールになっていた。これは、どこの省庁も同じだった。

定員を出すといっても、防衛庁だって苦しいから、じゃあ、出しましょうと出すけれども、その代わり、期限付きで五、六人、駐在武官じゃない在外公館のスタッフポストを欲しいと。あのときに五つぐらいもらったのかな。その中にウクライナとか、あるいはウズベキスタンとか、そういうレベルの国。生活面でめちゃくちゃに厳しい国じゃないけれども、先進国じゃない国で、大体三年間とか、六年間とかの有期の二等書記官のようなポストを取っていた。この頃、そういうポストがワッと増えた。
そのときに、ウクライナ要員でロシア語の専門家を探せと言って、井上みさきさんが出てきて、「行くか」と言ったら、「行きます」と。それで出した。そんなことがあったので、彼女に会ってみたいという気があって、それでウクライナに寄ったという面もあった。すごかったのは、二日間会議をやったんだけど、全部、往復の通訳を彼女が一人でやった。往復だよ。

小林　通常、先方も通訳を用意すると思いますが、向こう側は通訳がいなかったんですか。

秋山　向こうが「もうとにかく、井上さんをお願いします」って拝み倒して、彼女は二日間やって、本当に疲れたと言っていた。当時の外務省から来ていた大使が黒田義久さんで、大使が井上さんのことを本当に重宝していてね。とにかくパワーのある女性だったな。
いわゆる語学の専門官。尉官クラスの自衛官などをこういったポストを利用して、かなり多くの国に派遣したということがありましたね。

真田　特に印象に残っていることは。

秋山　事件関係ですが、防衛局長のときには沖縄事件ですね。事務次官のときには調本事件（防衛庁調達実施本部背任事件）でした。私の仕事の八割は、これらの事件に奪われたという感じでした。沖縄は私個人に関わる問題じゃないけれども、とにかくこの問題で多くの時間がとられた。調本事件のほうは私自身も検察の捜査対象になっていた。関係者をかばったと。かばった行為が証拠隠滅の疑いにつながったのかな。

服部　組織的な証拠隠滅工作が疑われたというようなことが記事になっていましたね。

小林　調本事件は、一九九三年から九五年にかけて防衛庁調達実施本部が、装備品調達価格水増し要求に対する過払い認定と各社の返納に関連して、返納額を恣意的に減額し、その見返りに職員の天下り先を確保させるなどの癒着が問題視され、一九九八年九月、一〇月に本部長、副本部長が東京地検特捜部に逮捕された事件ですね。

服部　当時の新聞にも出ております。九月中旬頃から、装備品調達をめぐる背任などから次官更迭とか、あるいは、額賀長官の責任追及を求める動きというのが出てきたようです。最後は一一月二〇日、額賀長官が引責辞任されて、秋山先生と藤島正之前官房長、それから、石附弘前調達実施本部副本部長の三人が依願退職という形でしたか。

秋山　そうです。退任に当たり、ああいう退任でしたから、通常行われる儀仗《ぎじょう》隊による歓送（栄誉礼）、職員による見送りは遠慮しまして、一人で庁舎を後にしました。そのとき、本庁舎の玄関に秘書課長ほか二、三名の職員に加えて浜田政務次官が見送りに来てくれました。調本問題に関しては、実は浜田さんがいろいろと相談に乗ってくれました。私の立場を完全に理解してくれた人でした。

防衛庁在職中を振り返って

真田　防衛庁在職時を振り返られての安全保障政策、日米関係など、今からの視点でよろしいですけれども、どのような時代だったと、秋山先生はお考えですか。

秋山　沖縄の問題、調本事件、いろんな問題があったけれども、少なくとも、冷戦が終わった後の日米関係について一応の区切りを付けて、前に進むというか、日米同盟を強化して、それをベースに日本の安全保障戦略なり、日本の外交なりを展開するという区切りを付けたという意識は非常にあって、私がやったというわけでもないんだけれども、たまたま、そういうときにそういう所にいたということです。自分が防衛庁に来て、防衛局長をやって、事務次官をやって、日米関係については一つの大きな区切りを付けたという気持ちは非常に強かったですね。

また、ロシアとの関係とか、特に中国との関係ですね。私は、その頃正直言って、北朝鮮の問題にはあんまり関心なくてね。やっぱりロシア、中国との関係をもっと本格的なものにしたいという気が強かった。それがちょっと中途半端に終わっちゃったというのが心残りでしたね。

それと、PKO活動、国際場裏での自衛隊の活動、救助も含めて、そういうものについて、法律が非常に複雑で、非常に制限的で、あれは何とかしたいと思っていました。その後、だんだんよくなってくるんだけれどもね。あと、有事法制。これを何とかしたいという気持ちは持っていながら、そこは十分なことができずに終わってしまったという感じですね。

それと、私がいるときに、別に私の力というわけじゃなくて、たまたま、そういうことだったんだけれども、安全保障について、防衛庁がかなり重要な役割を果たす役所になってきたという意識がありました。別に外務省に対抗するとかそういうことではなくて、防衛庁自体が有力な安全保障政策官庁として、もっとしっかりしなくてはいけないという気があった。

私が次官をやっている頃、佐藤君の頃もそうだけれども、だんだん、防衛庁のプロパーの幹部が局長とか、次官になるようになって、少なくとも、課長はもう本当にプロパーで優秀なのが育ってきて就いていた。私自身も、防衛庁が非常にいい役所になっていくんじゃないかという気があって、そういう期待を持っていました。

防衛庁というのは、以前は三軍の管理行政庁という面が強かったでしょう。そうじゃなくて、安全保障戦略なり、安全保障政策なり、それは外交にもつながるわけだけれど、そういうものに対してもっと責任を持って活動しなくてはいけないと。そういう方向に防衛庁を持っていきたいと思っていた。

かなり幹部も育ってきた。外務省以外でいえば、防衛庁ぐらいじゃないですかね、局長も、課長も、部員も、今はすでに英語で会議ができるようになったと思いますよ。防衛庁全体が、そういうことを考えていたということですね。だから、もっと外交とか、国際関係に、防衛庁は責任を持って発言をし、行動をするということが必要なんじゃないかと思います。

真田　あとは、国内政治についてです。自民党政権があり、細川政権、羽田政権になって、その後、自社さ政権というふうに変わっていく時代でした。秋山先生からご覧になって、この時代は政策の進め方にも変化があったと思いますが、いかがでしょうか。

秋山　それはあったと思いますけれども、ただ、比較できないから難しい。自民党政権下でずっと続いてきたときと比較できれば、そういう比較も可能だけれども、私はある意味で激動のときに防衛庁にいたわけで、激動じゃないときの防衛庁ってあんまり知らないから、比較できない。けれども、間違いなく、相当大きな変革の中で防衛庁自体も変わっていったと思いますよ。

少なくとも、国防とか、防衛とかいうことに関して、自民党の中でも、国防族だけじゃなくて、国防の重要さとかに非常に強く意識を持つ人たちが増えてきた。と同時に、昔のように、社会党とか社民党も、自衛隊とか防衛とか国防ということになると、はれ物に触るような、そういう時代から変わっていったんですよね。

防衛庁在職中で特に印象に残っている人物

真田　秋山先生が防衛庁在職中に直接関わった歴代の首相や防衛庁長官、防衛官僚の中で、特に印象に残っている方はいらっしゃいますか。

秋山　もうすでに話をしたけれども、海部（俊樹）さんに関しては、ＰＫＯ法案を説明しに行ったときの話ね。それから、これは話していないかな。海部さんが辞めるときに、ちょうど海上自衛隊の掃海艇が湾岸地域から横須賀に戻ってきた。それで、帰還の儀式が横須賀であって、海部さんが総理大臣として出た儀式はこれが最後だったですね。

当然、海上自衛隊だから、通常どおり、帝国海軍でやっていたあの音楽（軍艦マーチ）が演奏されるわけですよ。ところが海部さんから、「あの音楽だけはやるな」という指示が来て、困ってね。総理大臣、最高指揮官の命令だから、盾突くわけにはいかない。それで、どうしたかっていうと、総理大臣には式典にぎりぎりに来てもらうことにして、その直前に音楽やっちゃったという面白い話がある。海部さんは、基本的に軍隊に対して厳しい感覚をお持ちだったと思います。

宮澤（喜一）さんは例の防衛大綱、中期防衛力整備計画のときの話ね。意外にも、中国が脅威となることを心配していた。細川（護熙）さんはやっぱり「軍縮、軍縮」。観閲式で普通お召しになるモーニングではなくて背広姿で、しかもマイクを手にもって演説したという話ね。細川さんは、樋口懇談会を作って冷戦後の防衛の在り方を議論することにしたけれど、結局は報告が出る前に辞められた。あの樋口懇談会を作ったのは細川さんだし、細川さんと西廣（整輝）さんが結構、親密だった。樋口懇談会の議論は、あの防衛大綱の基盤になったから、影響は大きかったと思います。

村山（富市）さんは、社会党の党首だったけれども、やっぱり総理大臣の器でした。大変立派な人だった。自衛隊は合憲であると、もう個人で切り替えていたし、それから、防衛大綱もきちんと受けてくれた。ただ、村山さんは、私の認識からすると、悲劇の宰相ですね。オウムのサリン事件があり、阪神・淡路大震災があり、それと、防衛大綱はいいにしても、沖縄事件が起こり、訴訟が起こり、耐えられずにお辞めになったんじゃないかというのは私の推測だけどもね。

橋本（龍太郎）さんは、非常に思い出の多い人ですね。橋本さんのことは、いろいろ話をしたから繰り返さない。一つ付け加えると、私が防衛庁をやめて、米国のハーバード大学に客員研究員として行くときに、事務所に挨拶に行った。すでに首相を退いていたけれど、橋本さんが、いろいろ苦労を掛けたな、また最後はよく頑張ったよ（調本事件のこと）、と慰労の言葉をかけてくださった上に、結構なお餞別をいただいた。私は一介の役人だったのにね。大蔵省の主査時代からの付き合いだったから、感無量でした。橋本さんは、そういう人でした。

服部　小渕さんが、お辞めになるときの首相ですよね。何かやりとりはありましたか。一一月二〇日付で秋山先生が退官されたと思うんですけれども、その前後で……。

秋山　あのときは、官房長官は野中さんだったな。

服部　野中広務さん。

秋山　総理大臣小渕さんとはあんまり接触がなかった。とにかく、あの頃はあの事件の処理で手いっぱいだったからね。

服部　先ほど、村山さんは総理の器だったとおっしゃっていました。ほかに、特に傑出した総理というのはいましたか。

秋山　私は、宮澤総理のときには直接、あんまり仕えていない。人事局長だったから、総理案件はなかった。細川さんのときは確か、経理局長だった。防衛局長は村山さんからなんだよね。村山さんから橋本さん。次官のときは、橋本さんと小渕さん。

　やっぱり村山さんと橋本さんと一番付き合っている。もちろん、橋本さんとの付き合いのほうがいろんな意味で濃かった。しかし、村山さんは非常にいい総理大臣だったなという感じを私は持っていますね。話をすれば、ちゃんと聞いてくれる。偉そうなところはなかったが、総理としてきちっとしていた。

服部　ここにはお名前が挙がっていませんけれども、金丸信さんとの接点はありましたか。

秋山　金丸さんとは、私はないですね。小沢さんとは少しあった。

　防衛庁長官では、池田（行彦）さんも宮下（創平）さんも大蔵省出身で、防衛庁長官としてお仕えした。大蔵省時代は、主計局の主査で私が一年生、私は廊下トンビで良く指導を受けました。池田さんは、私が防衛庁に移ったときの長官だが、本人はたまたま防衛庁長官をやっているんだというような感じだった。その後、外務大臣をやっている。宮下さんは、前にも話したけれども、制服に勝手なふるまいをさせないという戦前の教訓から来る、割合と厳しい姿勢を持っていた人でした。

中山利生さんは大変な紳士だった。中西（啓介）さんはもったいなかったな、もう少しやってもらいたかった。これはもう、私だけじゃなくて、皆そう言っていた。

愛知（和男）さんは、長官を辞めるとき、とても残念がっていた。もう一人、衛藤征士郎さんは、辞めるとき、本当に涙目で悔しがっていた。衛藤さんに問題があったから交代したわけじゃなくて、村山第二次内閣ができたので長官になって、その後数カ月で代わったんだけどね。

真田　はい。一九九六年八月に大臣になって、翌年一月に交代になっていますね。

秋山　好きな政治家だったので本当に残念でした。愛知さんも数カ月だった。何でという感じを出していた。神田厚さんは、ご本人が何で自分が防衛庁長官なのかなという顔をしていたし、おとなしい人でした。玉澤さんは張り切っていたけれども、村山政権下だったから、おとなしく張り切っていたという感じ。玉澤節を抑え、そういう意味じゃあ、玉澤さんも、ご本人が思う存分活躍したという気持ちを持てなかったと思います。

臼井さんは、国防族じゃないけれども、防衛庁長官になったことを結構誇りに思ってくれた人でした。久間さんって、防衛庁長官以外に農水大臣をやっていたかな。あと、総務会長だとか、党のほうがメインだったように思う。でも、久間さんは防衛庁長官になって、防衛関係、国防関係に非常に興味を持って、国会議員をやめた今でも安全保障の仕事をやっている。

服部　久間さんは、初代の防衛大臣になりますね。

秋山　額賀さんが、最初に防衛庁長官やったときはあの事件だけだったから、ちょっと気の毒だった。

服部　額賀さんは、第三次小泉内閣の改造で、もう一度、防衛長官をやりますね。

秋山　もう一回、防衛庁長官をやって、そのときは大変いい仕事をやりました。沖縄問題で米国との調整という大きな仕事をこなした。守屋さんが次官のときでね。

真田　秋山先生が次官を退任されたときに、次官、施設庁長官、運用局長、経理局長、防衛研究所の所長もガラッと代わります。守屋さんが官房長になられたことについて、かなり異例の出世だという話があります。その背景について、何かご存じですか。

秋山　私は、後任の江間清二次官以外の人事については、あんまり自分の考えを出したという記憶がない。でも、辞めた途端にみんな代わっているから、相談は受けていると思いますけれども、私の意思で、例えば守屋君を官房長にすべきだとか、佐藤君は留任にするとか考えましたが、あとは順当な人事を行ったということでしょう。施設庁長官は誰になったかな。

真田　大森（敬治）さんになりました。萩次郎さんから大森さんへ。

秋山　萩さんも責任を取って辞めたんだね。

真田　調達本部は太田洋次さんが続けられています。官房長が守屋さんになりまして、防衛局長は佐藤さんのまま。運用局長は、大越さんから柳澤協二さんになりました。経理局長は大森さんから首藤新悟さんに代わります。

秋山　ある意味、順当な人事をやっているだけで、守屋さんが官房長になったのは異例かもしれないね。だけど、当時、守屋さんというのはもう圧倒的な実力者だったから、私も信用していたしね。江間さんを支えられる人というので持ってきた。

第7章

二一世紀の安全保障

——海洋政策研究財団会長・東京財団理事長

ハーバード大学研究員

小林　退官後のハーバード大学研究員、シップ・アンド・オーシャン財団、後の海洋政策研究財団会長、それから、笹川日中友好基金運営委員、東京財団理事長等の時代についてお伺いできればと思います。時系列では、次官退官後のお話ということになりますので、ハーバード大学研究員のところからお話をお伺いします。

秋山先生は一九九八年一一月に防衛事務次官を退官後、一九九九年四月から二〇〇一年六月までの二年三カ月にわたり、ハーバード大学研究員となられて、『国防と日米同盟』という報告書を執筆されました。それは『日米の戦略対話が始まった』の基になった報告書だと思います。また、同時期に、戦略国際問題研究所（CSIS）のサイバーセキュリティの報告書『サイバー犯罪　サイバーテロリズム　サイバー戦争』も翻訳されています。こうした在外研究、研究書出版は、次官経験者の退官後のルートとしては珍しいケースだと思います。その経緯とハーバード大学での研究内容、アメリカ滞在中の印象深い内容についてお聞かせください。

秋山　まず、退官後にハーバード大学のほうに行くことになった経緯は、ジョセフ・ナイとエズラ・ヴォーゲルから、防衛庁を辞めたらハーバード大学に来ないかという話が来たんです。私が防衛庁を辞めたときに、防衛庁でいろんな事件があって、通常の形ではない形で責任を取って辞めた、それも任期の途中という感じの一一月末にね。そんなこともあって、ジョセフ・ナイとかエズラ・ヴォーゲルから

「日本にいたって面白くないだろう。大学に来ないか」という話があって、言われてみてそれはそうだな、辞めた後日本にいても仕方がないなと思ってお受けした。経緯はそういうことですけどね。

行くことになった以上、一年、二年いるわけなので、何か自分で研究活動なり、ハーバード大学での活動の目的をセットしなくちゃいけないということで、自分としては二つを考えた。一つは、海洋の安全保障（Maritime Security）について少し研究したいと。それから、もう一つは日米同盟。たまたま自分が防衛庁時代に冷戦後の日米同盟の在り方について日米間で議論をし、いろいろな成果もあったので、そのことをもう一度振り返ってまとめておきたいというか勉強したいという、その二つを念頭に置いてアメリカに行ったんです。

ジョセフ・ナイと（1998年3月31日）

ハーバード大学に何かレポートを残したいと思って書いたのが、『国防と日米同盟』というものです。これを書き上げたときに、本になるかもしれないということで書き直したのが、『日米の戦略対話が始まった』という原稿で、実際本になった。『国防と日米同盟』というのは、一応レポートを作って、日本語のレポートをハーバード大学に置いてきました。そのとき、ヴォーゲルから、一回大学で発表してくれと言われました。私は当時、ケネディスクールとアジア・センターという、二つの組織に属しておりまして、ケネディスクールのほうは、当時、ディーン（院長）がジョセフ・ナイだった。アジア・センターのほうは、ディーンとは言わなかったけれども、トップがエズラ・ヴォーゲルだった。『国防と日米同盟』というのは、アジア・センターのほうで、ある程度大学院生を集めてくれたので、下手な英語で汗を流し流し、発表したのをよく記憶しています。

それから、アメリカに行く前から割合と、海洋の安全保障というものに私は関心を持っていました。特に、次官在任中、防衛研究所で、海洋の安全保障について講演をしたりした。当時、高井晋さんという国際法の学者が、防衛研究所で海洋の安全保障について、ＰＫＯではなくてＭＰＯだったかな、確かMaritime Peace Operationという面白い言葉を作りだして、それについて私が解説をするとかいうことをやっていた。海洋安全保障に関心があったんです。

印象に残ったことというと、私は留学したことがないので、外国の大学に籍を置いたのは初めてでした。留学ではないし、特別なはっきりした目的を持って行ったわけでもないけれど、大学で研究活動をすることにちょっと憧れていたものだから、非常にエンジョイしましたね。しかも、マイペースでね。もちろんハーバード大学の中にも、たくさんの若い学生や現役の研究者が日本からも来ていたので、そういう人たちと付き合うのも非常に楽しかったですね。

他方で、アメリカというものについて、いろいろ考えさせられました。アメリカという社会システムに、私はものすごく溶け込んで楽しんだ。自己責任、自由、合理的な社会システム、それらに非常に魅力を感じてエンジョイした。と同時に、アメリカの政策決定過程に対して少し疑念を持ったんですね。エズラ・ヴォーゲルあるいはジョセフ・ナイとも議論をしましたけれど、アメリカにおいてワシントンというのは別世界でしたね。非常に特異な、政策決定をする場所、システムですね。それをボストンのハーバード大学から見ていると、客観的に見ることができて大変面白かった。ワシントンにある大学よりもハーバード大学のほうが、客観的に政府を見ていたという気がしたし、自分自身はそういう経験ができたので良かったですね。

あと、面白かったというのは、安全保障の問題、日米安全保障条約について、私はアメリカで研究をし勉強をしたんだけれども、日本と違って、政府とか、国防省とか、大学や研究所という所がかなり自由に民間企業、国防産業と付き合っている。例えば、ハーバード大学で安全保障についての研究会なんかをやるときに、メンバーになぜかボーイングの幹部が入っている。それは、その研究プロジェクトの資金を出しているのかもしれないが、大体どんな研究プロジェクトでも、民間企業の幹部が入っていたのが印象に残っています。

ハーバード大学自身がそもそも、民間からものすごくお金を集める所として有名ですよね。ご案内のように、ハーバード大学はウサマ・ビン・ラディンの家族からも相当の資金をもらっていた。そういうアメリカの、ダイナミズムというときれいな言葉だけれども、資金集めはすごい。それから、ハーバード大学に行って気が付いたけれど、私も一応日本の政府高官のOBだ。ハーバード大学には、そういう人がたくさん世界から集まっている。それで、仲良くさせてもらいました。

台湾で陳水扁という革新系の総統が選ばれた。あのときに首相（行政院長）になったのは、唐飛《とうひ》さんという台湾の空軍のトップだった人です。それは、適任者がいないというのと、保守系をちゃんと引っ張り込まなくちゃいけないというのと、軍隊を掌握したいということで、陳水扁が選んだ。ところが、唐飛さんは確か、四カ月位で首相を辞めちゃった。辞めた理由はいろいろ政治的な問題があったんだけれども、実態は本人が体も悪くして、それで健康を理由にして退任した。その後アメリカに来て、ハーバード大学にいたんです。私は、ジョセフ・ナイに紹介されてね。いやあ、面白かったね。彼と二、三時間のインタビューミーティングをやって、一人米国の学生をアルバイトに雇って、彼に全部記録を起こしてもらって、それを日本に送ったことがあります。非常に印象的な面談でした。

とにかく、ハーバード大学にはそういう人がたくさんいる。ハーバード大学というのは、ちゃんとそういうことをいろいろと考えている、将来のこともあるんでしょうけどね。

服部　唐飛さんは、陳水扁政権で行政院長（首相）になる前、李登輝政権末期の一九九九年二月から二〇〇〇年五月までは国防部長でしたね。

秋山　私はそのときに一度会っている。

小林　唐飛さんは、二〇〇〇年五月から一〇月まで行政院長ですね。

服部　陳水扁政権の初期に四カ月ほど、行政院長を務めたわけですね。

秋山　もう一つ重要なことは、このハーバード大学にいるときに、私はエズラ・ヴォーゲルとジョセフ・ナイに誘われて、日米中三国対話というのに、アメリカの代表だか、日本の代表だか、やや曖昧なんだけれども、アメリカ側からいつも参加していた。

これは非常に勉強になったし、その一環としてハーバード大学が中国の軍の幹部を毎年、招聘して、何か一生懸命教えていることも知った。

小林　ジョセフ・ナイさんがしていた、三〇人ぐらいの研修ですね。

秋山　そう。私は、直接それには参加していないんだけども、日米中三国対話の中にそういう話が出てきていて、面白いなと思っててね。ハーバード大学というのは、先を見て、いろんなことをやっているんだなと。しかも、米中関係が非常に悪化しているときも、その招聘が続いていたという話があって、例の笹川平和財団の日中佐官級防衛交流のお手本になった。それを私は実際、現地で体験していました。

小林　二〇〇〇年一〇月に、橋本（龍太郎）元総理を団長とする安全保障交流訪中団を笹川平和財団が中国に派遣したとき、笹川陽平日本財団理事長、西元徹也元統合幕僚会議議長、福地健夫元海上幕僚長、村田良平元外務事務次官、的場順三元国土事務次官らとともに秋山先生も参加され、江沢民国家主席とお会いしていますが、そのときの話が『SPF Newsletter』（二〇〇〇年一二月、No.四六）に掲載されています。秋山先生も「中国の国民レベルの日本理解への道」という文章を寄稿され、そこでハーバード大学でも人民解放軍の幹部を招聘しているという話を紹介されています。その後、二〇〇一年から笹川平和財団で日中佐官級交流が始まります。

秋山　だから、私の意識としては、ハーバード大学の日米中三国対話が笹川平和財団の佐官級防衛交流につながっているんですよ。

小林　着想はそこにあったわけですか。

秋山　そう。それから私は、ハーバード大学に行かなければ、本は書かなかったですよ。たまたま、あいうレポートを書いたら、本の出版につながった。多分、生涯最初にして最後の単著だと思いますけれども。

在ユーゴ中国大使館誤爆事件

服部　秋山先生がアメリカに滞在されていた一九九九年五月、アメリカの爆撃機が在ユーゴ中国大使館を誤爆しました。誤爆について秋山先生は、国防総省や国務省と意見交換されているようです。このときのアメリカや中国の反応について、どのように考えていましたか。

また、この事件を一つの契機として、アジア・太平洋を含む安全保障のレジームについて、『正論』二〇〇〇年二月号に「アメリカの世界戦略と日本の自立――追従でなく、反米でもない道」を発表されています。ご論考は、「対米追従ではない『自立』の上により強固な、国益にかなった日米関係を構築していかねばならないと思う」と結ばれています。この論文で、特に念頭にあったのは、どのようなことでしょうか。

秋山　これはよく覚えていますよ。ハーバード大学にいるときに、二カ月に一回ぐらいはワシントンに出向いていまして、私はいつも、ダレス空港で車を借りて、ワシントンの中をレンタカーで走り回っていた。

当時、ワシントンにいる民間のシンクタンクの人たちなんかと話していると、「本当に中国はけしからん」と、「こんなこと大したことではないのに」と言っていた。「大したことではない」と言ったって、あれは間違えて、確か、ユーゴスラビアの中国大使館を精密誘導爆弾で攻撃しちゃった。ひどい話だと思うが、それに対して中国は当然すごい反発をした。在北京アメリカ大使館がデモ隊に襲われ、かなり危険な状況になった。それに対して、「過剰反応だ、けしからん」って、ワシントンの人はみんな言っていた。そのとき非常に違和感を持ちましたね。

アメリカは、「世界の警察官」として確かに世界の安全保障について責任を持っているような国だから、全ての問題について関心を持って対応しているというのもよく分かるけれども、自己中心的に考えてやっているという感じがしましたね。アメリカはアメリカ自身を非常に意識した対応で、相手のことをよく考えて対応するという感じではないんですね。

服部　その点は、国務省も同じでしたか。

秋山　国務省にはあんまり行かなかったが、国務省がという話ではない。アメリカの問題。

服部　そうしますと、意見交換されたのは主に国防総省ですか。

秋山　国防総省の安全保障グループね。それを一番痛切に感じたのは、コソボの空爆そのものでした。私にとっては、アメリカの社会はもう本当に魅力的だったけれど、ワシントンのあの政策決定過程はあまりにもひどいと思った。コソボの空爆に関しては、あれはモニカ・ルインスキーだったっけ。

服部　クリントンの不倫相手ですか。

秋山　そう。あの事件が絡んでいるわけです。空爆を始めたのは三月か四月でしょ。

服部　一九九九年三月ですね。

秋山　そうでしょう。例の不適切な行為があったのは、その前の年の秋口だ。それからずっと、クリントンは追及されていたわけです。年明けの一月頃からひどかった。そうしたらあるとき、海外で武力は使用しないと言っていたクリントンが、突然コソボを空爆すると言いだした。クリントンがなぜ空爆を選んだかというと、アメリカの兵隊に犠牲者は出したくないということだった。航空機から爆弾を落として地上では戦わないで、結局、それである意味では勝ったと言えば勝った。

共和党の保守派のマケインその他、ある意味で戦争を本当に知っている人たちは猛然と批判した。要するに、これはクリントンがモニカ・ルインスキー隠しのために戦争を仕掛けただけで、それもカジュアルティー（死傷者）を出したくないから空爆だけ。

アメリカにいて、私なんかも、本当にモニカ・ルインスキー隠しだと思いましたね。コソボに介入する、それも空爆に限定する、その決定がもう全くクリントンありき、アメリカありきと、そんな発想で出てきているのを感じたので、アメリカ、ワシントンの政策決定過程に対しての疑問を持った非常に大きな事件だったですね。

服部　ちょうど、モニカ・ルインスキーさんについて、暴露本のような本が出る頃でしたかね。

秋山　クリントンの立場はもうガタガタでしたね。爆撃したのはコソボの旧中国大使館だったかな、中国大使館の何かセンターだったが、とにかく大使館の一部だ。（空爆に）従事したパイロットの持っていた地図が三〇年前の地図だったので、中国の大使館となっていなかったとか、あの建物から怪しげな電波が出ていたとか釈明していたが、もういくら考えたっておかしいよね。それで爆撃しちゃうんだから。

服部　そういうアメリカに対する違和感のようなものが、先ほどのご論考での、「対米追従ではない『自立』の上により強固な、国益にかなった日米関係を構築していかねばならない」という結論につながるわけですか。

秋山　これだけではないけれど、アメリカに行って、ちょうどその頃にコソボ空爆があり、この事件があったので、余計そういうふうに思ったと思いますね。

真田　秋山先生がそのようにアメリカに対する違和感を持たれたのは、いつ頃からでしょうか。現職時代にそのような違和感を持つことはありましたか。

秋山　そんなに激しい反感を持っていたわけではなかったけれども、アメリカの言うのをそのまま信じるのはあんまり良くないという気持ちはずっと持っていましたよ。そういう気持ちを持っている人は、私に限らず、防衛庁にも、外務省にもいたと思いますね。逆に、もうアメリカありきという感じで無批判に対米追随をする人も実際にいました。それはやっぱりおかしいんじゃないかという気はありましたね。

台湾に関する「三つのNO政策」

服部　秋山先生は一九九九年六月二二日、ボストンでケネディスクール院長のジョセフ・ナイと対談されています。その中で、ナイの「三つのNO政策」、つまり、①米国が台湾の独立を認めず防衛もしないと明言する、②台湾も独立を目指さない方針を確認する、③中国は台湾の幅広い国際活動を認め、香港の「一国二制度」を台湾に拡大して「一国三制度」とする、についても議論されています。

秋山先生は個人的な見解として、台湾に関する「三つのNO政策」には賛成できず、日米両国は台湾について「曖昧な政策」を堅持していくべきだと思います、と述べられています（ジョセフ・ナイ／秋山昌廣「アメリカの東アジア戦略」『外交フォーラム』一九九九年九月号）。「三つのNO政策」について、懸念されたのはどの辺りでしょうか。

秋山　懐かしいな。ジョセフ・ナイは非常にある意味で聡明な、政策についてもはっきりとしたことを示す人でしたが、やはり学者です、というところがあった。非常にいいポイントを突いて物事を整理して、こういうふうにすべきだということをよく言われていた。これも、言っていることは非常にスカッとしている。

だけど、私がこれに対してはっきりと反対したのは、まず、米国が台湾の独立を認めないと。これは実際、認めないということはすでに言っていたと思うのでそれはいいと思うんだけども、防衛もしないというのはおかしいだろうというのが一つ。防衛というのは、台湾関係法がありますからね。台湾関係法というのは、武器の供与だけかもしれないけれども、実際には防衛をやる。だから、防衛もしないと言っちゃうのはおかしいというのと、台湾が独立を目指さないということを、他の国のアメリカのほうからなんで台湾に約束させせなくちゃいけないのかと思った。これは台湾の自由だと考えるべきだが、今よりも当時のほうが、もしかしたら台湾が独立の方向にいくかもしれないという雰囲気があったのかなあ。それを打ち消したかったのかもしれないが、台湾の独立について、他国が指示するのはどうしてもおかしい。

でも、私が一番反対したのは、中国は台湾の幅広い国際活動を抑えているのを緩和するという、この三番目に書いてある話に関連してなんだ。私は確認したいんだけれども、確か、ナイの話には中国は軍事力を使わないとか、台湾に侵攻しないとかいう条件が入っていたと思うんです。だけども、中国はいざとなったら、武力行使も辞さないと言っているわけなので、勝手にそんなことを決めたって、それは議論としては分かるけれども、提案にならないんじゃないかと。どうしても、これはもうアンビギュイティ・ポリシーしかないと、当時は戦略的曖昧政策とかいうようなことに非常に意義を感じていたものだから、そんなにクリアカットしたってこの問題は解決しませんよということで、これは珍しくジョセフ・ナイに反対した。

服部　中国の側が、台湾との統一に武力行使しないと宣言するとは考えにくいですよね。

秋山　最終的には武力行使はあり得るということは、中国も言っているわけだ。だから、これは無理だろうと思ったわけですね。

一九九九年六月末の中国訪問

服部　ちょうどその後ぐらいでしょうか。秋山先生は一九九九年六月末から一週間ほど中国を訪問し、国防部、外交部などとガイドラインやTMD、歴史問題について議論されたようです（エズラ・F・ヴォーゲル／秋山昌廣／船橋洋一「中国はどこまで『したたか』か」『中央公論』一九九九年一二月号）。このときは、どなたと訪中され、中国のカウンターパートはどのような方々でしたか。また、日中間では何が特に論点になりましたでしょうか。

秋山　これは、アメリカから参加したと思うので、誰かお供がいたということはなく、一人で訪中した。具体的に誰に会って、どういう話をしたのかというのは覚えていません。一番よく覚えているのは、当時、私が辞めた後の翌年だから、新しいガイドラインがもうできていた。

従って、ガイドラインができて、その前に日米安保共同宣言があってということだから、大体、冷戦が終わった後の日米安保の強化とか、冷戦が終わった後の日米防衛協力の具体的な強化とか深化とかいうのがはっきりと出てきた後で、台湾が日米防衛協力の対象に入るとか、入らないとかという議論を含め中国が、日米安保、日米同盟の強化に対して非常に警戒的になっていた時期なんです。

私はもう政府（防衛庁）を辞めていたものだから、結構自由に議論をした。その中で中国側の人が必ず言ったのが、冷戦が終わったのに、なんで同盟を強化する必要があるのか、冷戦が終わったんでしょう、「平和の配当」でしょうと、何でこのアジア・太平洋地域において同盟を強化する必要があるのかと。だから、彼らは、これは中国を狙っているんじゃないかと疑っていたわけですよ。それを非常によく聞かれましたね。

服部　それは国防部、外交部などを問わず、異口同音にという感じでしたか。

秋山　会ったのは国防部関係の人たち。研究者、あと、大学の学者と付き合っていた。もうほとんど異口同音にそれを聞かれましたね。だから、多分、それを聞けという指示も出てたんだろうと。ご案内かもしれないが、中国は、以前は日米同盟というのを評価していた。冷戦が終わった後も、最初はそんなに日米同盟のことを気にはしていなかった。けれども、例の北朝鮮の核疑惑なんかが出てきて、かなり日米関係が緊密化してくる過程で、それが自分たちのほうに向いてきているような気がしてきたんだろうね。

冷戦は終わったでしょ、何で同盟を強化するのかと、もう盛んに聞かれたんです。こっちも嫌になっちゃって、「冷戦が終わったのに、じゃあ、なんで中国は国防力を増強しているんですか。それを説明してください」と言うと、それは説明できない。小林さんは覚えているんじゃないかな。そういうやりとりが結構あったと思うけれど。

小林　ありましたね。

秋山　私が逆に質問すると、「国を守るために絶対的水準として中国の国防力は弱い、分かるでしょうこんなに広い国だから」と言う。彼らとしては、日米同盟について理由もなく批判できなくて、理由を考えた。その理由が、「冷戦が終わったのに、なぜ同盟強化なのか」と。

確かに日米安保について言えば、一九九〇年代の初め、日米間での議論は、冷戦が終わったのになんで日米安保が必要なのかというのをどうやって説明するか、まさに、中国がある意味で気にしていたようなことを日米で議論したんだね。ソ連も崩壊しちゃったし、中国が特に敵という意識は、少なくとも日本は持っていなかったから、同盟をどうやって説明するかというのが最初にあって、そのうち北朝鮮の問題が起こって、これはしっかりしなくちゃいけないというふうになって、最終的にはstrengthen（強化）になった。

最初は、一九九五年頃、私が経理局長になったり、防衛局長になったりしていた当時の議論は、「How to maintain the Japan and U.S. Alliance」、日米同盟をどうやって維持するかだった。それがそのうち、「How to strengthen」に、最終的には、ガイドラインの最終文章では、「Strengthen the alliance」（同盟を強化する）になっていたと思います。

民間の新聞だとか、メディアの報道は、redefinition、redefining、再定義とね。それはどういう意味かというと、strengthen をさらに超えて、二国間の安全保障だけじゃなくて、アジア・太平洋地域とか、世界の安全保障について、この日米同盟を使っていこうということになったので、これは redefinition だろうと。日本側でもこういう経緯があった。

そういう経緯があるので、中国は外から見ていてそういうことに非常に懸念を持って、そういうロジックで批判した。中国に行ったときに、いろんな議論をしたが、これが一番印象に残っていますね、いつもその議論だからね。

服部　ちょうど日本の国内法制として、周辺事態法が一九九九年五月にできていて、その直後ぐらいに訪中されたのでしょうか。

秋山　そうだろうな。周辺事態への対処を法制化した。

服部　その周辺が何を意味するのかですとか、そういう点を問われたわけでしょうか。

秋山　そう。周辺事態とは何かとか。法制化の前から聞かれていました。地理的概念ではないんだというこちら側の説明に、この頃は先方も追及をあきらめていましたね。

日本の情報収集能力

服部　秋山先生は二〇〇〇年初頭にハーバード大学客員研究員として、ジョージ・ワシントン大学教授のマイク・モチヅキさんと対談されています。その中で、情報は日米両国が個別に持っていたほうがよいという持論を展開されています（マイク・モチヅキ／秋山昌廣「孤立化しない米国と『普通の国』日本」『外交フォーラム』二〇〇〇年三月号)。この時期に限らず現役時代やその後を含めて、日本の情報収集にはどのような成果や課題があるとお考えだったのでしょうか。

秋山　マイク・モチヅキというのは、ある意味では私の最も親しい知人で、アメリカに渡った後、最初にワシントンに出向いたときに、彼を訪ねた。今でもよく覚えている。ブルッキングスの研究室に行ったら、机の前で『文藝春秋』か『中央公論』かなんかを読んでいた。「日本語、うまいですね」って日本語で言ったら、「自分の日本語はネイティブではない。一生懸命、勉強して覚えた日本語だから、こうやって常に何かを読んでいないと忘れちゃう」と言うんだ。確かに、マイク・モチヅキって日系米人だけども、そんなに日本語はうまくないのね。いや、普通の会話はいいんだけれども、会議で質疑応答に入ると通訳を使う。ものすごく真面目なので、日本語では正確に表現できないと思うらしい。確か、立教大学に一回、呼んだときそうだった。

服部　そうでしたか。

秋山　マイク・モチヅキとはいろいろと話し合ったんだけれども、情報関係については、たまたまそれがテーマになったのだと思います。

私自身は、情報について非常にはっきりした考えを持っていまして、防衛庁とか、あるいは国防省とか、国防関係機関の重要な役割の一つが、諜報じゃなく情報、インテリジェンス、情報収集と情報分析だよね。これだとずっと思っていたし、私が防衛局長のときに防衛庁に情報本部をちょっと無理して作ったのも、何とか日本の情報機能を強化したいという思いでした。

ただ、正直に言って、インテリジェンスに関しては日本はまだレベルが低いですよ。まず、人員が少ない。それから、内容が非常に偏っている。日本のインテリジェンスの中でアメリカなんかも評価するなり、注目するのがやっぱり、SIGINT（通信、電磁波、信号等の傍受を利用した諜報活動）だとか、ELINT（武器などの発射するレーダー波・ミサイル誘導電波などの電磁波を傍受・測定して得られる情報・知識）だった。電波収集によるELINT、SIGINTはかなりレベルが高く、そこで得られた情報なんかはアメリカが非常に重宝していた。これは、アメリカがちゃんと世界にネットワークを作って、ファイブ・アイズなら、イギリス、カナダ、オーストラリアとニュージーランドかな。

いずれにしても世界的にネットワークを作って、そのうちの一つに日本も組み込まれていて、この部分は非常にレベルが高いんですね。日本の情報活動で一番弱いのはHUMINTだな。つまり、人間が接触して得てくる情報が弱い。これを強化しなくちゃいけないが、なかなか思うように進まなかったですね。あとは、情報分析能力も課題ですが、最近はもう画像情報が当然に大きな比重を占めてきた。画像情報は、当時は弱かった。ただアメリカからいただいてくるだけだからね。今はだいぶ良くなったと思いますよ。

そういうことで、さっき言ったように、同盟国アメリカに追随じゃなくて、ある程度対等な立場で同盟関係を発展させるためには、少なくとも、この情報関係では日本はもっと独立した力を持たないといけないということは本当にそう思っていましたので、たまたま相手がマイク・モチヅキだったから、正直にそう言ったんだと思いますけどもね。

服部　モチヅキさんとの対談でも、HUMINTによる情報収集を強調されたくだりがありますね。

秋山　日本はHUMINTが弱い。逆に言うと、アメリカがHUMINTは強い。もちろんSIGIN

T、ELINTも強い。それから、もうとにかく規模が違う。日本の情報本部の定員は今、四〇〇〇人位にはなったのかな。

真田　いえ、まだ二四〇〇人から二五〇〇人ぐらいです。

秋山　そうか。そのうちの八割は、このSIGINT、ELINTではないですかね。日本は、HUMINTを強化するための条件は悪くない。中国をはじめ、アジアの人あるいはアジアの国から人対人で情報を得る絶好の立ち位置にある。地理的に、文化的に、民族的に、欧米人に比べて有利な立場にある。しかし、十分やっていない。もったいないことです。

日米ガイドラインと台湾

小林　以前、台湾の資金で留学していたことについて米国から帰国後に国会招致されたというお話を聞いたことがあります。ご事情についてお伺いできますか。

秋山　この事件は最初、日本の新聞には出ないで、台湾の新聞と香港の新聞だったかな、出たのは。

小林　香港の新聞には書いてありましたね。

秋山　さっきのガイドラインの中で周辺事態というのが入ったでしょう。周辺地域に台湾が入るか、入らないかという議論があって、それは台湾が入るか、入らないかという問題じゃない、起こった状況に対応して周辺事態の活動をするかどうかという話だ、と説明をしていた。

だけど、逆に言えば、台湾は入らないというわけではないので、「It depends on the situational

response」だと、こういう話だよね。ところが、周辺事態って、言葉からしたって地域じゃないですか。「The area surrounding Japan」だから、いくらsituationといったって、やっぱりarea（場所）じゃないのかと。台湾から見れば、「おお、入った」って、こうなったわけだ。

それで台湾では「ついに日本が台湾の防衛に協力する」という話になって、日米ガイドラインの見直しを高く評価し、これに従事した秋山に注目した、というバックグラウンドがあった。

私がアメリカに行くときに、ハーバード大学のほうで住居は提供します、研究費もある程度出しますよということだったので、行ったんです。ハーバード大学のほう（具体的にはエズラ・ヴォーゲルですが）で私の訪米に関して資金提供してくれた。そこに、まわりまわって台湾の資金が入ってきた。

小林 国民党の基金が入っていたと。

秋山 私も後で知りましたが、ハーバード大学にはハワイのCSIS Pacific Forumから資金が入り、Pacific Forumには台湾から資金が入ったようでした。直接ではないが、出所の一つがＫＭＴファンドだったようです。

小林 国民党のファンドですね。当時は資金も潤沢かと。

秋山 私は、住居費と研究費がもらえるようなフェローシップと思っていた。だから、アパートの住居費は払っていない。

その頃たまたま、ＫＭＴファンドから、世界の政治家、専門家、研究者に資金提供があることが暴露され、その対象に秋山もいたということでした。日本では橋本元首相とか大森（義夫）元内閣情報調査室長の名前も挙がっていたし、米国では有名な政治家、専門家の名前が軒並み挙がっていた。

それで、台湾や香港の新聞で、前日本防衛事務次官に資金提供という記事が、一面トップで出たりした。友人だった朝日新聞の中国専門記者から情報を得て、新聞を直ちに取り寄せ知人に日本語に訳してもらい、対応をいろいろ考えた。すぐ情報が得られて、対応を考えることができたのはとても大きかった。

私は、このことで国会に、参考人で呼ばれたのが衆参の安全保障委員会だった。なんか法律が通らないというので、秋山さんに出てもらえということで、あのときは久間（章生）さんと中谷（元）さんに頼まれた。これは何か賄賂に近いものがあるのではないかというような質問だったが、私には関係なくハーバード大学が集めたお金です、と全部説明しましたね。議事録に全部残っていますけれど、愉快な話ではなかった。

服部 衆議院の有事法制特別委員会で、民主党の山田敏雅議員が追及したんですね。

秋山 当時、私は海洋政策研究財団の会長だった。海洋政策研究財団に入ってから二年目ぐらいのときでした。

シップ・アンド・オーシャン財団会長への就任

小林 米国から帰国後、海洋政策研究財団の前身であるシップ・アンド・オーシャン財団の会長となられます。会長就任前に笹川陽平日本財団理事長より、「財団の海洋シンクタンク化をしてほしい」とお願いされたと、以前、秋山先生からお聞きしたことがあります。その就任の経緯についてあらためてお聞かせください。

秋山　笹川さんとの関係は、私が米国に行くときに、ある程度資金援助を得るべく自分でいろいろな研究所や企業を回ったりしましたけれども、ちょっと縁があって笹川さんの所にもお願いに行った。そうしたら、支援していただけることになった。

私が、二〇〇〇年にハワイで国際会議に参加しているときに、笹川さんのほうからある日突然電話がかかってきて、それで、シップ・アンド・オーシャン財団の会長を引き受けてくれないかという話があった。一日くらい考えましたが、「分かりました。お引き受けします」と返事をし、翌年の二〇〇一年四月から財団の会長になったという経緯です。

財団に入ったら、笹川さんから「研究所を作りたい。財団は全部、研究所にしてもいい」と。「研究所の作り方は全く秋山さんにお任せする。白地に絵を描いてください」という話で、私も研究活動には興味があったものだから、分かりましたというので、三カ月ぐらいで構想を練って、その年の一〇月か一一月にもう研究所構想をぶち上げた。

小林　二〇〇二年四月に研究所が設置されます。

秋山　予算の問題があるので、前の年の暮れには全部セットしたはずです。全く自由に作らせてもらったということですね。

当時のシップ・アンド・オーシャン財団は、企業に補助金も出していましたけれども、研究活動に近いような活動も少ししていたんです。

三つの柱を立てて、海洋の安全保障・海洋政策というのと、沿岸域管理（Maritime Coastal

Management）と、あとは、海洋技術開発（Maritime Technology）だな。この三つを柱にして、翌年の四月に海洋政策研究所を財団の中に立ち上げ、私が初代所長を兼務した。

小林　そうですね。

秋山　私はシップ・アンド・オーシャン財団会長兼海洋政策研究所長で、もっぱらこっち（海洋政策研究所）に熱を入れていた。また、若い研究員を新規にたくさん採用した。

小林　財団のマネジメントもしつつ、所長をしていたんですね。

秋山　そうしたら、その七月に日本財団から寺島紘士さんがうちに来るということになって、笹川さんから、「研究員でいいから」という話があったが、格が格だから研究所長でお迎えした。

小林　彼は、当時、日本財団常務だったんですね。今回、インタビューの前に、酒井英次さん（現笹川平和財団海洋政策研究所海洋事業企画部長）にもお話を聞いたんですけど、あの頃すごく楽しいことをいっぱいさせてもらったというふうなことをおっしゃっていましたね。

秋山　いや、あのときは本当に良かった。非常に楽しかったよ。財団を守る立場の今義男理事長には、いろいろ意見があったと思うが、本当によく理解し、サポートしてくれた。

小林　なるほど、分かりました。

秋山　寺島さんも非常に楽しんだと思うよ。海洋政策研究所というのは、それなりに海外でも名前が売れて、安全保障に限らず沿岸域管理の問題とか、サステナビリティとか、それから、技術開発なんかの問題でも注目された。最近、確か、国の総合海洋安全保障会議というのは、トップが東大元総長の工学博士、小宮山宏さんになったし。

エンジニアリングの先生方なんかが入って、技術開発の問題にも取り組んでいた。当時としては割合といいところを突いてやっていたと自負している。

服部　シップ・アンド・オーシャン財団は、もともと日本造船振興財団ですよね。

秋山　そうです。日本造船振興財団を、造船、造船って、もう造船の時代じゃないだろう、もうちょっと活動範囲を広げようということで、一九八〇年代か九〇年頃に、シップ・アンド・オーシャン財団になったと聞いています。でも、シップというのは残ったわけですよね。そこからさらに、研究所に脱皮しろという話があって、私のときに財団の中に研究所を立ち上げて、それを海洋政策研究所にしたんだけれども、ついでに財団の名前も変えようというので財団の名前をシップ・アンド・オーシャン財団から海洋政策研究財団、Ocean Policy Research Foundation（ＯＰＲＦ）にした。ただし、これは通称です。今は笹川平和財団と合併しちゃったけれども、最後までシップ・アンド・オーシャン財団が定款上の名前でした。だけれども、日本財団と同じように、通称、海洋政策研究財団という名前にして、Ocean Policy Research Foundation と Ocean Policy Research Institute を両方並立で活動させていた。そのうち、財団全体がシンクタンクだということにして研究所を廃し、海洋政策研究財団一本で統一した。

服部　造船だけの時代じゃないというのは、国連海洋法条約などの動きを踏まえてということでしょうか。

秋山　そうですね。それに、海洋安全保障。

海洋基本法の制定

小林　秋山先生が会長に就任後、二〇〇二年四月一日に海洋政策研究所設置、二〇〇四年二月には民間団体として『海洋白書』を発行。そして、二〇〇六年一二月には海洋基本法研究会にて「海洋政策大綱」「海洋基本法案の概要」を取りまとめ、二〇〇七年四月には海洋基本法が議員立法で制定されます。武見敬三先生が随分、尽力されたとも聞いております。この海洋基本法制定に向けた経緯とその後の総合海洋政策本部設置について、お話を伺いたいと思います。

秋山　海洋政策研究所を立ち上げて、私が思ったのは、研究所としてジャーナルを出すとか、何か活動を外に見せる必要があるので、その一つとして『海洋白書』というのを作ろうじゃないかということで始めた。だから、これは海洋政策研究所の立ち上げとかなり関連しているというのが、まず一つですね。これはある意味で成功したと思うんですよ。割と今、『海洋白書』って有名になって結構売れている。

小林　書店でも白書コーナーに並んでいますね。

秋山　それから、海洋基本法については、正確に言うと、もともと日本財団に研究会があって、栗林忠男（慶應義塾大学法学部教授、現名誉教授）さんなんかがやっていて、何かレポートを出した。その中に、海洋基本法のようなものを日本も制定すべきだというのが入っていた。

　それを、海洋政策研究財団が引き継いだ。海洋基本法を作るんだったらどうするのか、それは海洋政策研究財団でやりましょうと。寺島さんと私が中心になって、寺島さんは、海洋基本法の条文作りに従事した。私自身は、作ろうと言ったってそんなに簡単に作れるわけじゃないから、政治家を巻き込まなくちゃいけないと考えて、総合海洋政策戦略会議という、議員を含めた海洋基本法の制定推進会議を作った。

小林　超党派の会議でしたね。

秋山　超党派だった。中心になったのは、参議院議員の武見敬三さん。武見さんの所に相談に行ったら、分かったというので、武見さんが直ちに当時の民主党とか公明党とかの先生に電話して、それでこの会議ができたわけね。実は武見さんの前に、笹川さんが中川秀直政調会長の所に行って話をし、それを武見さんに落としてもらった。笹川さんが中川さんに話しに行ったというのが大変大きかった。

　この会議の先生方の中心は中川さんであり、武見さんであり、石破（茂）さん、さらには西村康稔さん、小野寺五典さん、浜田（靖一）さん。民主党では、前原（誠司）さん、高木義明さん、長島昭久さん、公明党では大口善徳さんと結構有力な人が集まった。

　そういうことで、これが推進母体になって、海洋基本法制定に走ることができた。はっきり言って、これは成功物語だね。民間団体で法律の制定を推進して、こういう形で政治家を巻き込んで、できたという。法律は議員立法だったから、衆議院か参議院の法制局で作ってもらった。もっとも、素案は全て財団で作って持ち込んだ。

服部　兼任ですけれど、海洋政策担当大臣が設けられるわけですね。

秋山　この法律の中で海洋政策を担当する、総合海洋政策担当大臣を置くということになって、専担じゃないけど大臣がいますよ。

小林　初期は国交大臣が兼任していましたね。

秋山　国交大臣の兼任が多かったね。大体、そうなっていた。

服部　初代としては、冬柴鐵三さんが国交相と兼任されていますね。

秋山　内容からしても、やはり国交大臣兼務が適当でした。

服部　二〇〇七年四月二一日の『読売新聞』によりますと、安倍首相自身も海洋基本法に強いこだわりがあって、四月一一日の温家宝首相来日前に日本の国家意思を示すべく、衆院で法案を通過させるよう与党に指示したとあります。それから、先ほどおっしゃっていた石破さんのインタビューも紙上に載っています（『朝日新聞』二〇〇七年六月二六日）。安倍さんによるイニシアチブといいますか、強い意志のようなものは感じられましたか。

秋山　むしろ、海洋基本法について総理に関心を持ってもらえなかったら困るなと思っていました。もともと安倍総理は関心を強く持っていたわけではなかったんですね。だから、総理に関心を結構持ってもらってほっとしたというのが真実です。

安倍さんが感じていたのは、海洋の安全保障なんです。東シナ海で中国が資源開発なんかでかなり出てきていたでしょう。そういうことにきちんと対処しなくちゃいけないと考えてくれた。そのためにも、海洋基本法をきちんと制定しなくちゃいけないと。実はこのことがこの海洋基本法成立の一つの背景になっているし、これは自慢するわけじゃないけれども、海洋基本法を議員立法で出すときに、私はもう全面的に安全保障を前面に出したんです。それには、内部でいろいろ議論があったし、政治家の先生方の間でも議論はあったんだけれども、東シナ海の中国の海洋資源開発が日本に対するある意味の脅威になっている、それを前面に出して海洋基本法を議論するほうがいいと判断してそうしたんですが、それが成功したと思いますね。

福田康夫さんも、実は関心を持ってくれた。福田さんはもともとはプロチャイナ（親中）でしょ。

小林　そうですね。

秋山　にもかかわらず、中国がかなり石油ガス開発を一方的にやっている東シナ海の問題で、ある意味で完全に海洋基本法派になってくれた。それは、彼が以前から海の資源開発の国益、つまり海洋権益を議論する党内の研究会の座長をやっていたので、結果、福田さんも非常にサポートしてくれたというのがあった。法律自体は議員立法で、数日で通っちゃった。

服部　ええ。超党派で、ほぼ全会一致。共産党も賛成しているんですね。

秋山　そう。

服部　四月二〇日の参議院本会議で可決されたとき、反対したのは社民党の四人だけでした（『官報』号外、二〇〇七年四月二〇日）。

海洋政策研究財団での事業

小林　海洋政策研究財団は、①海洋政策・海上交通、②沿岸管理・海洋環境、③海洋技術研究を三本の柱とした事業や、世界海事大学支援業務、シーパワーダイアログなどの大掛かりな事業もされていました。さらに、組織人事強化の一環として契約研究員制度も導入されたと伺っています。これらの海洋政策研究財団の事業内容について、印象に残っておられることについてお聞かせください。また、日米シーパワーダイアログのような国際交流型の事業についても、お伺いできればと思います。

秋山　私は、基本的には安全保障の専門家だったので、どうしても力が海洋安全保障、海洋政策に比重が移っていたのは否めないですね。海洋問題に関連して日米同盟問題とか、普通の安全保障の問題もやった。つまり、安全保障を議論するときに、海洋の安全保障が当然入るじゃないか、と言って。だから、海洋の安全保障が入る安全保障のプロジェクトはやろうということでやって、日米シーパワーダイアログなんていうのは、もうかなり大きな国際会議でした。

小林　メディアでもすごくたくさん取り上げられていました。

秋山　かなり大きな会議で、このときは確か、笹川さんにも一緒に行ってもらったと思います。

小林　そうですね。あとは安倍元首相とか、麻生太郎元首相も参加していたようです。

秋山　小宮山さんにも出ていただいた。海洋の安全保障絡みでいろんな国際会議をやったり、出かけて行ったりしたというのは、私が安全保障に非常に関心があったからですね。

それから、海洋基本法の関係で言えば、海洋基本法というのは国際法の中の話なので、私は海洋政策研究財団で国際法の勉強をしました。栗林先生もいたし、それから山本草二先生にも顧問になっていただいた。

あとは、海洋政策研究財団ではやっぱり、北極航路問題だな。私はNorthern Sea Routeに関しても、安全保障に関心を持っていた。これは、私が来る前にシップ・アンド・オーシャン財団がレポートも出して、大変大きな成果を出していた。シップ・アンド・オーシャン財団はこれで世界で有名になった。

海洋政策研究財団で二、三回、フォローアッププロジェクトをやって、結構世界にも発信した。今でも時々、やっているけどね。

小林　今も継続して、二〇一七年二月にも二〇〇人ぐらい招待して東京でやっていますね。

秋山　その関係で一回、私はノルウェー領の昔の名前で言えばスピッツバーゲン諸島、現在のスバーバル諸島という北極圏にある島でやった国際会議に出たことがある。いやあ、面白かったな。北緯一〇度ぐらいの所だからね、もう北極だ。それで、実際に目の前で、大陸（島だけれど）から崩れ落ちてくるという氷河を、ボートに乗って見に行った。温暖化の影響でしょう、そういう氷河が崩れている所に、結構プランクトンとか魚が多くて、これは相当、海洋の状況が変わるなというのを実感しましたね。

小林　二〇〇九年成立の海賊処罰対処法についても、随分とご尽力されたと伺っています。

秋山　海洋基本法の法律の関係で言えば、海賊処罰対処法、これも実際に海洋政策研究財団という民間のシンクタンクが仕掛けてできたと言っても過言じゃないと思うね。当時、麻生さんが総理大臣で、それで、長島さんが民主党の有力な議員で、長島さんに話を持ち込んで、長島さんが国会で麻生さんに質問をして、「おお、考えようか」という答えを引き出した。そして私らが作った答申を、中谷さんと一緒に実際に麻生さんの所に持っていって、説明し、了解を取ってそれで海賊処罰対処法の法文化作業に入った。防衛省はちょっと抵抗していたね。

小林　超党派で議員連盟が持ち込んだという話がありますね。

秋山　海洋政策研究財団の立法への貢献というのはこのときがピークだね。海洋基本法と海賊処罰対処法とね。

服部　防衛省が抵抗したというのは、どの点ですか。

秋山　やや技術的になるけれども、当時、私らが考えていた海賊対処法というのは、海洋基本法に基づいた非常にきれいな形の法律だったんですよ。それでいくと、海賊に対処すべき自衛隊は集団的自衛権の行使の問題でこれができないとか、あるいは、武力一体化問題が起こるだとか、いろいろ懸念した。だから、海洋基本法のきれいな形の海賊対処法だと、そういう制約に引っ掛かってできないことが出てくる。だから、特別法にしてくれという議論があったんですね。特別法だってできないことはできない。しかし、特別法でそういうところをいろいろ工夫して書いてしまえば、できることもたくさんあるというので、防衛省は特別法に猛烈にこだわった。一理あるんだけどね。

それで、私は「万国共通の犯罪、海賊に対して時限立法の特別法でやるなんてとんでもない」と言って、押し切っちゃった。党にいた中谷さんが理解してくれた。それで、結果としては良かったです。その後どんどん、どんどん、解釈も緩んできたから制約もなくなってきた。

それから、あとは沿岸域管理とか海洋環境の問題。これは、財団で私は勉強しましたね。本当に面白かった。海洋にはこういう問題があるんだということで、沿岸域管理というのが日本では縦割りで、うまく管理できない。それにプラス、日本の場合には独特の漁業権があるから、どうにもならない。しかし、世界各国もやっぱり同じような課題を持っていて、それをある意味でこの海洋政策研究財団で取り上げて、研究し議論したと。これは結構、国際的にも評価された。どちらかというと、これは寺島さんが専担でやっていたが、沿岸域管理の問題では海洋政策研究財団が国際的に注目を浴びていた。

それから、海洋技術研究というのはテクノロジーなんだけれども、私も嫌いじゃないものだからね。

造船関係とか、プロペラとか、抵抗の少ない船をどうやって造るか、太陽光を使って走る船とか、なんかいろいろ面白かったね。

小林　バラスト船研究とかもありましたね。

秋山　そう。バラスト水の放出の仕方とか、その使い方とかね。だから、ロンドンにあるＩＭＯ（国際海事機関）、あそこにも結構行ったしね。この辺りは、もう新しい分野だから、勉強させてもらったという意味で非常に楽しかったね。

　だから、海洋政策研究財団というのは、国際法の法律学者もいれば、安全保障だから、政治学者もいれば、お魚の専門家もいれば、それから、沿岸域管理というのは一つの特殊のグループでしたけどね、その専門家とか。

小林　ちょっと行政的な話ですよね。

秋山　行政的だけども、沿岸域管理の「マフィアグループ」は国際的にネットワークがあった。それから、技術開発はもともと運輸省の船舶局、あるいは船舶技術研究所という、造船のエンジニアグループの中の話で、これは補助金だけを出していた。国が出せないものを財団でやってくれと言われて、結構いろんな開発をして、面白かったね。

　そういう意味では私にとって、面白い財団だった。いろんな人がいて、やっていることもいろいろ。

小林　もう一つ、日印の対話も二〇〇三年から二〇〇六年にあり、さらに二〇一一年にもまた、海洋安全保障を前面に押し出したダイアログを再開されていますね。

秋山　そう。かなり早く、海洋政策研究財団では日印対話というのを始めた。私自身がインドに大変興味を持っていたというのが、その理由。

インドはもともと大陸国家なんだ。軍隊も、陸軍がもう圧倒的に強い。だけれども、一九九〇年代、冷戦が終わって海軍が猛烈に強くなってきた。それはやっぱりインド洋の安全保障、インド洋に中国が進出してきたとかいろいろあって、それからまた、インド洋での海洋資源なんかが発見されたりして、非常に海に関心が強まった。たまたまそのときに、ＳＩＯＳ（Society of Indian Ocean Studies）という、日本語に訳すとインド洋研究学会だけども、インド洋研究所なんだね。そこにロイ提督という面白い所長がいて、彼と組んでかなり早い段階から対話を始めました。

当時、日本はインドとあんまり対話をやっていなかったから、この民間版日印ダイアログに麻生さんなんかも来て、スピーチしてくれましたよ。そこでは、安全保障に焦点が多くありましたが、旧運輸省の海運局とか、船舶局とか、港湾局とか、あるいは船舶技術研究所とか、そういう辺りの課題もみんな議論した。結局、私らがやっていた対話の旧運輸省絡みの所は、今、国交省とインドの運輸省との間でやっている対話に昇華しています。四、五年前にそのアジェンダを見たら、私らがやっていたアジェンダとほとんど同じだったですね。

真田　そのとき、麻生さんは総理でしたか、外相でしたか。

秋山　外務大臣でした。

それから、これも非常によく覚えているんだけれど、海洋政策研究財団で、インドのインターナショナル・シーポート、つまり国際港湾の近代化（Modernization）について二年間にわたって現地調査を行った。二年間にわたって、いやあ、面白かったな。だから、インドの港湾についての知識は相当蓄積できて、レポートも作った。

小林　先進的なことをたくさん手掛けていて、しかも、今も続いているものも結構ありますね。

笹川日中友好基金運営委員として

小林　笹川日中友好基金運営委員としても、秋山先生は二〇〇一年九月一日から二〇一六年三月三一日まで活動をされております。その運営委員就任の経緯とその後の運営委員会のことで印象に残っていることについてお伺いします。

秋山　これは多分、笹川会長が日中友好基金の事業の中に安全保障を取り入れようとして、私に参加を呼び掛けたと思うんですね。

小林　そうですね、ちょうど笹川日中友好基金で安全保障交流を始めた頃でした。

秋山　安全保障には、安全保障対話と部隊交流というジャンルが二つあって、私自身が防衛庁の出身だから、いろいろ協力してほしいということで、この笹川日中友好基金運営委員会の委員に招聘されたと思います。私自身も中国に非常に思い入れがあって、防衛庁時代も、日中防衛交流をどうやって花開かせるかということに注力してきたものだから、大変関心を持ってその委員を引き受けました。

それで、特にその交流の分野で日中間の佐官級交流を大々的にやろうということになって、私がその責任者のようになったわけね。

小林　佐官級交流とは別の安保対話のプログラムも初期は大々的にやられていました。二〇〇一年一二月の第二回から、秋山先生はほぼ団長という形で参加し、遅浩田さんに会ったり王毅《おうき》さんに会ったり、対話型事業とはいえ、活動、交流もされています。

秋山　安保対話で団長を務めましたっけね。

小林　そうですね。王毅さんは、今は外相ですけれども、当時は次官でしたね。

秋山　そう。こういう対話も結構本格的にやって、それはそれで良かったと思います。佐官級防衛交流は準備も大変だったが、その成果も大きかったですね。特に準備から実施段階まで、笹川平和財団の胡《こ》一平《いっぺい》さんが本当によくやった。同じく、于展《うてん》さんも大きな力になった。

日本から行った人たちも大変勉強になったと思うし、中国から来た佐官級の人民解放軍の幹部たちも目から鱗みたいなところがあって、このプロジェクトは非常に良かった。一時は、中国の人民解放軍では、日本に行く、この交流事業に参加する競争率が猛烈に上がって大変だったという話をよく聞きました。

小林　日本側も、中国側も、プラチナチケットみたいになっていたようです。もうほとんど宝くじに当たるようなものだと、双方の参加者から聞いたことはありますね。佐官というのが、日本だと数千人、中国だと数万人いて、その中のたったの一〇人、二〇人に選ばれるというのはまずないと言っていました。

秋山　それで、佐官級の防衛交流は一年に二回、往復でやっていた。人民解放軍が来日し、自衛隊が訪中する。

小林　そうです。佐官級防衛交流は一年に二回の往復で、安保対話が一年に一回、二年で往復する形でした。

秋山　往復でやっているから、準備も大変なんだけれども、毎年、毎年、中国に私も行って、各地の部隊、教育機関なんかを見て回る、あるいは、艦船とか、飛行機とか、装備品を見て回る。毎年行っていたから、自然と体でいろんなことを吸収できて、面白かったね。

小林　それから、中国側でも自衛隊側でも、プロトコル上、陸海空を同時に見るというのはほとんどないと聞いています。

秋山　そうだったね。それで、この訪問先には要人への表敬もあるでしょ。表敬先を見てもらえば分かるように、日本では元総理大臣、現役の防衛庁長官あるいは大臣、それから、これはいつでもそうだったと思うんだけども、統合幕僚長あるいは統合幕僚会議議長。多分、なんかで不在の場合を除いて、防衛庁長官あるいは大臣と統合幕僚長には必ず、中国側の佐官は会えた。それで、自由にディスカッションできる。後から聞いてみると、彼らは自国で国防部長に会ったこともなければ、話したこともないって言っていた。日本では、防衛大臣にも会うし、元総理大臣にも会うし、統合幕僚長にも会う。

その逆の、日本の場合も、中国の国防部長あるいは参謀総長だとかに会っていた。

小林　あと、軍事委員会の副主席にも会っています。

秋山　中央軍事委員会の副主席は国防部長より上なんだ。それから、国際戦略学会の会長の熊光楷中将（のち上将）にはもう必ず会っている。

小林　訪問団の代表は、日本は一佐で、中国側は上級大佐でした。

秋山　上級大佐だったね。

小林　将軍ではないんです。訪問先も各地を、日本側、中国側ともに回っています。
秋山　それから、先方が日本に来たとき、東京では必ず財団主催の中国訪日団歓迎パーティーがあった。このプロジェクトに対する笹川さんの強い思いがあったからでしょうね。
　中国側の訪問先を後からこうやって見て思い出して、ああ、そうだったなと思うのはやっぱりウルムチだな。ウルムチを訪問した二週間後にあの暴動（二〇〇九年ウイグル騒乱）が起こった。
小林　そうですね。第九回自衛隊佐官級訪中団が二〇〇九年六月一〇日から一四日まで新疆ウイグル自治区を訪問しますが、まさに泊まったホテルの目の前の広場が七月五日に発生した騒乱の中心地になりました。
秋山　そう。それから、やっぱり昆明ね。あんな所にも行ったんだという気もするし、本当にいろんな所に行ったね。
小林　海上は、日本側のほうが基地が多いので、いろんな所に行っています。中国側はやっぱりどうしても、上海、青島、湛江ですね。寧波もあるんですけど、あそこは行っていません。
あとは、空軍は天津の第二四師団が展示部隊だと言われていたのに、第一一回で行ったら、そこにまで新鋭機のJ－10が入っていて、日本側がびっくりしていたというのが記憶にあります。
秋山　最後の頃は、もう向こうも見せてやろうという感じになっていたからね。そういう経年変化は面白かった。
　いやあ、残念だったな、これが中断だか、廃止だか分からないけれども、止まってしまったのは（なお、日中佐官級交流は二〇一八年四月から再開。同年四月に中国人民解放軍佐官級代表団が来日し、九月に日本防衛省・自衛隊佐官級代表団が訪中した)。

ＧＧベース(政府間)でやる尉官クラスの交流は続いているの。

小林　あれは、一回しかやっていなかったと思います。

民間団体による日中防衛交流

小林　秋山先生は笹川日中友好基金運営委員として、特に安全保障関連のプログラムの安全保障対話、佐官級交流の計画策定では中心的な役割を担ってこられました。民間団体の実施する日中防衛交流の意義について、秋山先生のお考えをあらためてお聞かせください。

秋山　私は、政府にいたときもやっていたので、比較できるわけだけれども、民間レベルでの対話というのはやっぱり、ルールとか、形式にこだわる必要がなくて、実質的で非常に意味がある対話になるんですね。政府でやる場合には、こういう人には会えないとか、レベルが違うとかということになっちゃうじゃないですか。それから、事前にテーマを決めるとか、会議となればやっぱり公式には非難しないといけないとか、双方の立場が出てくる。

この民間レベルでは、中国は言わなくちゃいけないときは言うというのはあったけれども、かなり自由に議論できたと思うし、必ず酒席も予定していたから、夜の会合なんかでは本当に胸襟開いて良かったよね。やっぱりそうなんだ、みんな、こういうところに関心があるんだというのは、待遇とか、昇進、人事、教育とか、当然、関心事項は共通なんだ。そういう話になると、もう本当にみんな、ワーワー言って議論していたみたいでしたね。それから、お酒を結構、よく飲んだな。
服部　アルコールは、お強いほうなんですか。
秋山　いや、私はもともと強くないんだけれども、何だか知らないけれども、この日中友好基金のときには日本側の酒席（首席）代表みたいな役割だったな。
私がトップだから、けしかければ皆飲み始めるという。私はつぶれることはなかったけど、日本側は何人かつぶれたな。
小林　そうですね、日本側も、中国側も結構、つぶれることは多かったですね。
秋山　それで、飲み比べを始めて、向こうのホストの主賓がずるくて、自分で飲んでいるときは水か何か飲んでいた。「そんなのずるい」とか言って飲ませると、もうやめちゃって副官かなんかにやらせてね。あのとき、日本の女性自衛官は立派だったな。指名があったんだ。向こうから「あの人と飲みたい」って始めたら、彼女のほうが強かったんだよ。ウルムチでだったかな、陸上自衛隊と海上自衛隊のあの二人の女性自衛官、強かった。
官でやる場合にはどうしても形式があるし制約があるけれども、民間でしたら、その辺が自由度はもちろんありますよね。これは対話もそうだし、それから部隊研修だって、多分、これが政府レベルになったら行きたいところも行けなくて、もっと難しい。相互主義みたいなものは、もちろん民間レベルでもあったことはあったけれども。
小林　相互不信用ですね。
秋山　それでも、日本側は結構見せてやったよね。だんだん、だんだん、中国側も見せるようになったけれども、最初の頃はひどかった。しかし、もしそれを政府レベルでやっていたら、もっと制約があったよね。

服部　民間団体の笹川日中友好基金が防衛交流に手を出すべきか、笹川さんにはためらいもあったようですね。

小林　「民間団体の笹川日中友好基金が、防衛交流のような国の要にかかわる事業に手を出すのが適当かどうか、ためらいもあった」（笹川陽平『人間として生きてほしいから　私が見た「世界の現場」』海竜社、二〇〇八年、四二頁）とあります。

秋山　これは、笹川さんのお考えだから私はあずかり知らないけれども、そうだったかもしれないね。

東京財団理事長として

小林　二〇一二年より東京財団理事長として活動をされます。日米中対話や日欧の対話、そして、政策研究所設立構想などの計画があったと聞いております。政策志向の民間シンクタンクとしての活動について、秋山先生からご覧になって、印象が深く残っている事業や業務などについてお伺いできますか。二〇一二年に移られたときも、突然移られたようですが、その辺りも含めて、お話を伺えればと思います。

秋山　突然、異動になったんだけれども、その理由はちょっと私はよく分かりませんでした。率直に言って、私自身は当時、海洋政策研究財団でもう少し仕事したいなと思っていました。笹川会長から話があったときに、「これはお断りはできないんですか」と言ったら、「できない」と言われたので、「はい、分かりました」と言って移った経緯があります。

東京財団に移って、常勤の研究者がすでにもう一〇人程いて、大きく分けて安全保障・外交と経済・国内政策という二つに分かれていたわけです。安全保障・外交のほうは、私なんかがやっていたこととぴったりなものだから全然問題なかったが、東京財団のそもそもの狙いは経済とか、国内政策に焦点があったので、これを拡充しなくちゃいけないという、そういう課題を持っていました。

ところが、それはなかなかうまくいかなくて、本格的なエコノミストがそろっているわけではないし、なかなか採用できないしというので、この点には苦労したという印象を持っていますね。

そのうち、安全保障・外交はもう笹川平和財団でやるから、東京財団は経済・国内政策に特化した研究所にならないかという話が出てきて、そういう方向に今、向かっているようですね。安全保障・外交分野で大活躍していた渡部恒雄さんや小原凡司《おはらぼんじ》さんは、笹川平和財団に移りました（東京財団は、二〇一八年より東京財団政策研究所）。

小林　二〇一三年に離島保全有識者懇談会に参加された経緯についてもお伺いできますか。

秋山　これは、東京財団にいるときの話ですが、海洋政策研究財団の会長をやっていたから頼まれたということでしょうね。ただ、安全保障の専門家としての立場も、当然ありましたが。

小林　同志社大学と共催していた日米欧国際シンポジウムについてですが、そうした外部とのパートナーシップも意識されていたということでしょうか。東奥日報社の記事、共同通信の配信記事においては、ここでも、日本の対外発信として、このジャーマン・マーシャル・ファンドと共催している日米欧東京フォーラムが、第一線の世界の識者を集めた日本初の議論の創設・発信の場として非常に成果を上げているという評価でした（「核心評論：日本の対外発信　民間主導が成功のカギ」『東奥日報』二〇一六年二月一六日）。

秋山　東京財団の安全保障・外交部門の活動で、私がいるときに一つの傾向が出てきたのは、ヨーロッパとの関係が強くなったということと、外務省との関係が非常に出てきたということです。前者については、一つのきっかけはこのジャーマン・マーシャル・ファンドと一緒にやった「日米欧 Trilateral Forum in Tokyo」なんです。ヨーロッパからも専門家が多く参加しました。もっとも、ジャーマン・マーシャル・ファンドは米国にあるシンクタンクですがね。

そのうち、ジャーマン・マーシャル・ファンドのフォーラムに関係なく、ヨーロッパの研究機関とか、ＮＡＴＯの研究機関とか、ＥＵの研究機関あるいは政治家、政府職員辺りが日本に来ると必ず、東京財団に来る。これは外務省が、日本のシンクタンクと何か議論するのであれば、東京財団がいいというふうに話したらしいんだね。東京財団に、欧州に強い関心とネットワークを持っていた西田一平太研究員とか鶴岡路人研究員がいたことも影響しています。

外務省傘下に日本国際問題研究所があるけれども、必ずしも、あそこに十分な常勤の研究員がいるわけじゃない。それから、他に、中曽根（康弘）さんの世界平和研究所という所もあるけれども、あそこもそんなに研究員がいるわけじゃなく、ほとんどが防衛省と外務省の出向者。あと訪問先に適当な研究所って思い当たらない。

小林　平和・安全保障研究所は西原正先生がやっていますね。

秋山　平和・安全保障研究所は、研究員がほとんどいないから、議論ができない。

そうすると、きちんと研究員がいて、かつ、議論ができるということになると東京財団というので、ヨーロッパから来る人がみんな東京財団に来るということになって、東京財団はヨーロッパとの関係が強くなりました。同志社大学の件はちょっと違って、東京財団の理事に村田晃嗣さん（元同志社大学学長）がなっていた関係で、村田さんと今井章子理事（現昭和女子大学教授、当時東京財団常務理事）が意気投合して、「じゃあ、Trilateral Forum 地方版を同志社大学でやりましょう」ということで実現した。

このフォーラムは東京で会議をやった後、国内ツアーをやる、これが一つの売りだったんですよ。このときが三回目じゃないのかな。一回目は東日本大震災の福島に行き、二回目は沖縄に行った。三回目は、地方からの発信ということで京都に行こうということになった。海外から来た人は、満足していた。

小林 日米中でもダイアログをやられていましたよね。

秋山 日米中もやっていましたよ。

小林 コロンビア大学と中国社会科学院とか。

秋山 そう。

小林 これも毎年継続して担当者の染野憲治さんとか、関山健さんが、やっていましたね。

秋山 そう。みんないなくなったので、こういう活動は、これから東京財団にはなくなるでしょうね。

それからついでに言えば、外務省との関係が非常に強くなったというのは、外務省から直々に頼まれて、東京財団がやった日印仏教シンポジウムという大きなシンポジウム。会議の名称は、「アジアの価値観と民主主義」（二〇一六年一月）で、日本もインドも仏教国だと。インドはヒンドゥー教国だけど、しかし、もともとはインドから仏教が出た。ヒンドゥーもその延長線上にある。

四、五年前にモディ首相が日本に初めて来たときに、京都から入って、京都、奈良のお寺を見て、それで新幹線に乗って、新幹線では安倍さんと二人で東京に向かう。その車中で意気投合して、日本もインドも仏教国だと、しかも民主主義だと、自由陣営だと。これをテーマにしたシンポジウムをやろうという話になって、それで日本でかなりの予算が付いて、日本とインドで会議をやった。

それで、日本でやるときに、内閣のほうから直々に、東京財団でオーガナイズしてくれと頼まれてやったということだけども。東京財団は政府から補助金をもらって事業をやることを非常に警戒していたので、その大きなシンポジウムを引き受けたんだけども、「お金は要りません」って言って断った。結局、お金の支払いの仕事は国際交流基金で行い、日本経済新聞社のホールを使うなど、ロジスティックスは全部、日本経済新聞社がやった。それから、人を呼ぶ、アジェンダ作りと人の選択を交流基金の協力を得て東京財団でやった。これは外務省から、正確には内閣官房の安全保障部局から頼まれてやったのね。

小林　次に、東京財団の事業の中でCSR（企業の社会的責任）の報告書についてお伺いしていいですか。

秋山　このCSRは、私が東京財団に移ったときに、笹川さんに直接頼まれた。それはどういうことかというと、日本財団にCSR関連のチームがあった。ところが、日本財団は企業からお金を集めようということを考えていた。そうすると、そのチームの事業が利益相反になるというので、日本財団でやっているCSRの仕事を東京財団でやってくれと言われて、分かりましたと。日本財団ではCSRの順位付けかなんかをやっていた。

私は、別に順位付けというのがCSR研究のポイントではないと思ったので、うちのやり方でやらしてもらいますと。実際、東京財団は順位付けをしていない。その代わり、本格的なCSR研究をやろうということで、委員会を作りまして、笹川さんにも入ってもらって小宮山さんを座長にして、これはそうそうたるメンバーをそろえた。元外相の川口順子さんとか、国連の日本からの代表者有馬利男さん（国連グローバルコンパクトボードメンバー）とか。

そこに、亀井善太郎研究員を持ってきた。これが当たりでね。あの人は、ボストン・コンサルにいて、企業のCSR活動にものすごく関心があって、もうアッという間に資料を作ってもってきた、二、三日で。私は、すこし地味にいろんなことをやらなくちゃいけないと思い、アンケート調査も始めたし、それこそ、『CSR白書』。どうも、私は白書好きで、こういうのはやっぱり白書を作ることが大事なんだと言って、『CSR白書』を作って、これも今、評判です。

小林　書店に並んでいますね。

秋山　そう。それで、割合にいい活動を二、三年やったと思いますね。

小林　他にも医療保険の地域一元化改革についても提言を出されています（プロジェクトリーダー・三原岳研究員「政策提言医療保険の制度改革に向けて～地域一元化と住民自治の充実を～」二〇一五年六月など）。

秋山　医療保険の関係では、いい提言を出したと思いますよ。経済・国内政策の関係だったから、「とにかく提言書を作って出せ」と言って出させました。地域医療に焦点を当てた提言は、国と地方団体が進めようとしている今の動きを先取りしたものでしょう。

小林　土地所有の関連の提言は、かなりセンセーショナルでしたね（プロジェクトリーダー・吉原祥子研究員「空洞化・不明化が進む国土にふさわしい強靭化対策を～失われる国土Ⅱ～」二〇一三年二月、「国土の不明化・死蔵化の危機～失われる国土Ⅲ～」二〇一四年二月など）。

秋山　そう、あれはいい研究になった。

小林　不動産登記法の義務化などの改善案も出されていましたが、まだ改善されていないんですね。問題意識はみんな共有してると思うんですが……（二〇一八年六月に、「所有者不明土地特措法」が成立）。

秋山　当時は、海洋基本法あるいは海賊処罰対処法に続く、民間主導の立法を私は考えていたほどです。

小林　目玉のテーマでしたね。

秋山　あと、もう一つあったのは尊厳死問題。これも、私は非常に関心があって、やろうと思ったんだけれども、これは残念だけどそろそろ終わりかな。あと大きいのは、人材育成というか、スカラシップの事業。

小林　笹川ヤングリーダー奨学金事業ですね。文化や価値の多様性を尊重し、人類の共通の利害のために行動する人材を育てるグローバルなプログラムとして、日本を含む世界四四カ国、六九の大学・大学連合の、おもに人文社会科学分野を研究する大学院生を対象に奨学金を授与していて、二〇一七年に一六〇〇〇人が授与されたとあります。

秋山　そう、笹川フェローヤングリーダー。私がいるときに大きな進展があったと思うけれども、これは私がやったというわけじゃない。笹川会長の思いが強く入った事業です。

日本の民間財団やシンクタンクについて

小林　秋山先生は退官後も、民間シンクタンクのトップとして、そしてまた安全保障の専門家としても、国内外を問わず各種執筆、会議参加、そして大学での講義をされてきました。政府の仕事、民間での仕事、双方を経験され、しかも諸外国の政府機関、民間組織と交流されてきた秋山先生からご覧になって、日本の民間財団、シンクタンク、大学や研究機関に今後期待することは何でしょうか。

秋山　私はある意味で、非常にハッピーだったと思うんですよ。多分、きちんと役所を勤め上げていれば、どこかの政府関係機関かなんかで仕事をして、そこに埋まっていたと思います。ちょっと変則的な辞め方をしたものだから、自分で何かしなくちゃいけないということで、大学とか、研究活動のほうに行って、たまたま笹川さんの誘いもあって、海洋政策研究財団ということだけども、ある意味でシンクタンクの仕事をやらせてもらって、研究活動をずっとできて、個人的には非常にハッピーでしたよね。

日本のシンクタンクってそんなにたくさんあるわけじゃなくて、国際関係では日本国際問題研究所、世界平和研究所、平和・安全保障研究所、キヤノングローバル戦略研究所などがある。研究者が多くいるわけではなくて、みんな、トップとかナンバー2ぐらいまでが、それなりにハッピーなんですよ。特に海外のシンクタンクと比べたら、もうベリーハッピーなんだよね、ファンドレイジング（資金集め）する必要がないから。

海外の研究所長というのは、もう仕事の八割がファンドレイジングだからね。それができなきゃ、もう首ですよ。だから、海外の研究所長というのはもう、お金を集めるのが仕事なわけですね。その代わり、相当の報酬を取る。日本の場合にはそれがなくて、アドミニストレーションをしっかりやっていれば、あとは何か研究活動もできる、こんな楽しいことはない。

だけど、こういう活動をしていてやっぱり思うのは、それぞれのシンクタンクの中の研究員が少ない、あるいは研究員の研究活動が十分でないということ。平和・安全保障研究所とか、日本国際問題研究所とか、あるいは世界平和研究所とかいう所に専属の研究員ってどのぐらいいますか。

小林　あとは、キヤノングローバル戦略研究所もありますけど、少ないですね。

秋山　キヤノングローバル戦略研究所が、専属の研究員がいて、かなり外国の研究活動に近い活動をしているというのはあるけれども、あれは時限組織だからね。一〇年間という期限で、福井俊彦元日銀総裁のために作った研究所と言われている。福井さんが辞めたらもう終わりかと思ったら、非常にいい活動をしていたというので、キヤノンもまた金を出して、活動を継続するようですね。

研究に没頭できるレジデント・リサーチ・フェローがある程度そろっている組織というのは、海洋政策研究財団と東京財団だけだったような気がしますね。東京財団も、海洋政策研究財団も専属の研究員がいて、その中に優秀な人もいて、かなり対外活動もできる人がいた。特に東京財団の場合には、外交・安保担当者はみんな、語学に全く問題がなかったからね。そういう意味じゃあ、いい組織だったと思います。

海洋政策研究財団はゼロから若い研究員を採ったから、みんなよく覚えています。トータルで一五人ぐらい採用したね。だけども、海洋政策研究財団の研究員のレベルが皆高かったかどうかは、問題があります。高い人もいたけどね。シンクタンク自体は結構、レピュテーション（評価）が上がったけれども、研究員自体の評判がどのぐらいまで上がったかは分からない。そこはやっぱりちょっと日本の研究活動、研究所、シンクタンクの大きな課題ですね。だから、日本の場合には、研究所を渡り歩くという、言葉は良くないけども、あっちの研究所で働き、今度はこっちの研究所で働き、大学で働き、こっちに来る。ポストが少ないからそういう形にならない。そこがちょっと日本のシンクタンクの活動の弱さだよね。そこがある程度厚くならないと、全体のレベルも上がらない。どうしても大学でポストを見つけて、そこでもうなるべく動かないということになる。

小林　大学についてはどうでしょうか。いろんな大学でも講義をされていますし、中国だと北京大学でも講義をされて、さらにハーバード大学も見てきて、日本の大学についての何かお考えとか、ご感想があれば伺えますか。

秋山　まず、日本の大学について言えば、私は防衛庁出身だったわけだから、なかなか受け入れてくれなかった。学習院大学というのは私が学習院（中等科）出身だから問題ないと思ったんだけども、ちょっとつまんないことがあって、一年で辞めた。

池袋の立教大学に目白から移り、特任教授となった。学習院大学もそうだったけれども、立教大学に入るときは大変で、一年以上かかった。招聘してくれた先生が「教職員組合との関係で時間がかかって」と言うから、「別に私、やりたいわけではないから、いいですよ」と言ったんですけど、結局、通った。その後、私の持つクラスの講義のタイトルでもめまして、私もちょっと言い過ぎだったのかもしれないけれども、「国防論」とか「国家安全保障論」とか言ったら、もう「絶対ノー」で、最終的に妥協が成り立って、「国際安全保障論」と。要するに、「安全保障論」だけじゃ困ると、国際というのを付けてくれと。それから、「国防論」がどうしても駄目で、しょうがなくて「日本防衛政策論」、最終的には「主要国安全保障政策論」になる。

それでも、立教大学は四年間か五年間行っていたけど、非常に楽しかった。やってみると、学生がもう本当に、安全保障とか、国防に関心があるんだよね。他のテーマで修士論文を書こうとする人たちも、私のクラスに結構集まってきた。私のゼミが有名になっちゃって、ゼミ旅行も関係ない人が来ていたな、小説家とか。

外国の大学というのは、私はハーバード大学くらいしか知りませんから、ちょっとうまく比較できないけれども。ハーバード大学というのは、懐が深いというか、いろんな人たちを世界から集めて、私のタイトルは、visiting scholar と言って、客員教授ではなく、客員研究員なんだろうね。実際にアカデミアの人は、visiting professor とか、そういう名称で多少、教育の仕事もやっていたと思います。私は、まさに学び遊ぶと、典型的な遊学だったね。

そういう人がたくさんいる。また、年がら年中、いろんな研究会議とか、プロジェクトがあってね。日本の大学がそういう分野でどのぐらいやっているのか、私は分かりませんから、ちょっと比較できないけれども。それはおそらく全然違うと思いますね。

あとは、アメリカでも大学で研究活動をするのにも、ファンドレイジングが大変なんだ。私もアメリカにいるときに、実際、二回ぐらい研究資金の応募をした。結構いいところまでいったけれども、通らなかったですがね。こういう理由で駄目ですという連絡があってね。結局、同じようなことを他でやっているというのが理由で多かったと思います。

アメリカの研究所ってお金があるわけじゃなくて、みんなファンドレイジングを一生懸命やっている。逆に言うと、そういう研究機関にお金を配るファンドというのが結構あって、大きなファンドを持っていて、そこが審査をしている。そのお金をもらって、アメリカの研究所はやっている。

小林 そうですね。

秋山 それから、企業が出している所もある。防衛関係、国防関係は、企業が出している所が結構あって、それは企業の意向に左右されると思うね。

日本のシンクタンクって、ファンドからお金を引き出してくるというのがあまり多くなく、大きな企業が研究機関を持っている。例えばトヨタ財団なんて、トヨタの作った財団だよね。それから上原記念生命科学財団というのは、笹川平和財団が今度、資金規模で抜いたと思うんだけど、それまでは日本一大きかった財団だ。あれは大正製薬が作った財団ですね。そういうのはあるんだけども、民間の財団で金を集めて研究をやっているというのは、日本は少ないですね。せいぜい、政府からの研究委託費を取って来る位です。日本国際フォーラム、伊藤憲一さんのところだけど、あそこは例外かな。あれはほとんど企業からの献金と会員の会費でやっている。日本では珍しい。

そういう仕組みと、大学も最近はそうやって、国際関係を強化しようとか、英語で授業しなくちゃいけないとか、あるいはそういう研究活動を広げようとか、東京大学なんかだいぶ変わってきていると思います。中央大学なんかはどうなんですか。

服部 大学は、どこも改革に追われてます。

秋山　私は、役所を退いてから、外国の大学に二年半遊学し、日本に戻って民間の研究機関に都合一五年籍を置きました。この間、三つの大学で特任教授をしました。私はアカデミアの教育は受けていませんので、専門的学術研究はできませんが、政策に関連した研究提言活動はずっと続けてきました。日本では、民間で政策提言をするところは限られていますが、これを行い、実際に法律まで作成したりすることができましたので、大変充実した活動をしたと思います。国の組織、機関ではできなかったことです。

今回のオーラルヒストリーのインタビューにおいても、最近のこととはいえ、役所をやめた後の研究活動のことはよく覚えていました。民間でしたので、自分の考えに従って研究活動をしたからだと思います。こういう活動ができる場が、今後も日本に根付き広がっていくとよいと思います。

東京財団をやめた後、今は私的な研究会、「安全保障外交政策研究会」（URL http://ssdpaki.la.coocan.jp）を立ち上げて、それこそファンドレイジングをして、民間ベースの政策提言活動を続けています。民間ベースの研究活動は重要なことだと思いますので、日本の社会も、こういう活動をもっと支えることができるようになるとよいと思います。

解題

本書は、元防衛事務次官である秋山昌廣氏がたずさわった一九九〇年代の安全保障政策を中心に、退官後の民間財団における活動も含めて、振り返ったものである。

秋山氏は、東京大学法学部を卒業した一九六四年、大蔵省に入省する。その後、主計局主計官や関税局総務課長、東京税関長、銀行局担当の大臣官房審議官を経て、一九九一年に防衛庁へ移った。防衛庁では、長官官房の防衛審議官や人事局長、経理局長、防衛局長を歴任し、一九九七年から一九九八年にかけて防衛事務次官を務める。

この経歴からも分かるように、一九九〇年代の安全保障問題とともに歩んだのが秋山氏である。これまで外交官や外務官僚、自衛隊将官の経験者による回顧録などは出版されてきたが、防衛庁最高幹部のものはほとんどない。元防衛官僚の立場から、この時代の安全保障政策を包括的に回想する書籍は、本書が初めてといいえる。

秋山氏が、防衛局長という防衛庁の中枢部署のトップとして関わったものの中には、四半世紀を経た今日でも、別言すると今日だからこそ、注目を集める事柄も多い。その一つが日米同盟と沖縄問題であり、具体的には日米安保の再定義、日米ガイドラインの見直し、普天間基地に代表される沖縄の基地問題である。一九九五年九月の沖縄少女暴行事件を受けて、外務省は日米地位協定の運用見直しを試みようとした。一方の防衛庁は、「ただでは済まないという意識が強かった」といい、地位協定の改善だけでは不十分であり、解決策は基地の整理・統合・縮小しかないと考えたという。その後設置されるSACO（沖縄に関する特別行動委員会）について、秋山氏は「外務省もSACOの立ち上げについて動いてくれたと思いますよ。だけれど、SACO立ち上げのきっかけは、〔一九九五年一〇月の〕秋山・ナイ電話会談だったと思います」と述懐する。

かくして沖縄における基地の整理と地域振興は、SACOでの議論を踏まえながら、外務省とともに進められていくわけだが、秋山氏は在沖縄米軍、特に海兵隊が有する抑止力の側面を軽視することはなかった。基地負担の軽減策として、橋本内閣の官房長官であった梶山静六から指示を受けた外務省は、在日米軍と相談の上、在沖米海兵隊の削減案を示す。それに対して秋山氏は、基地の整理はあくまでも在日米軍の機能を維持したまま行うのが原則であり、また海兵隊の削減は「中国、北朝鮮に誤ったメッセージを与えることになる」として「絶対反対だ」と黙過せず、この案を「つぶした」という。

日本の安全保障政策をつかさどる主要官庁は防衛庁と外務省であるものの、それまで特に日米関係では外務省が前面に出ていた。ところが、この時期になると、上述のように防衛庁が積極的に影響力を発揮し始める。防衛庁は、自衛隊を管理するだけという意味で「自衛隊管理庁」と呼ばれることもあったが、一九九〇年代半ば頃から安全保障政策の一翼を担う「政策官庁」に脱皮し始めたといえよう。

この「政策官庁」化に呼応するように防衛庁の内部機構も変化し、そこには秋山氏が意識的に主導した面もあった。一九九七年七月、防衛庁にて大規模な組織改編があり、防衛局から運用担当部門がはずされ、新たに運用局が設けられる。これは、一九九〇年代に入ってからPKO（平和維持活動）や災害派遣などで自衛隊の運用が重視されるようになり、そのための改編と解することもできる。だが、秋山氏の主眼は防衛官僚の育成にあった。防衛局の防衛課に権限が集中する一方、防衛庁生え抜き（プロパー）の若手官僚が育ってきている。この状況を、防衛局の権限分散を図ることで多くの官僚が仕事を分担し、やがては彼らが局長や事務次官として防衛庁を引っ張っていき、安全保障戦略や安全保障政策に責任を持つというかたちに持っていこうとしたのである。

この観点から、シビリアン・コントロール（文民統制）に関する問題として、たびたび注目を浴びる防衛官僚と自衛隊幹部の関係性についても、秋山氏は思いをめぐらす。防衛官僚（文官）が自衛隊幹部（制服）よりも優位に立つという文官優位システムは、いくつかの制度から構成され、一九五〇年代前半に作られたといわれる。一九九七年六月、それを支える柱の一つである事務調整訓令（保安庁訓令第九号）が、四〇年以上のときを経て廃止された。文官優位システムの支柱が廃止されるのは初めてであり、防衛庁内部では制度存続を求める声が強かったものの、秋山氏は首肯する。批判を浴びる中で、防衛官僚と自衛隊幹部がともに同じ部署で働くというかたち（UC混合）も主張し、現在の防衛省や国家安全保障局ではこのあり方が定着している。

同じ一九九七年には、陸海空自衛隊から集められた情報を一元的に取り扱うための新しい組織として、防衛庁に情報本部が設置された。防衛庁・自衛隊による情報収集能力の強化に対しては、警察庁長官や副総理を歴任した後藤田正晴が強い苦言を呈し、外務省も非常に警戒的であった。その情報本部を統合幕僚会議に設置することについては、防衛官僚から「防衛局長は何を考えているんだ」との批判が噴出する。逆に自衛隊側でも、情報が情報本部に吸い上げられるとして、抵抗があった。こうした中で防衛局長であった秋山氏は、防衛庁内局と三自衛隊、他省庁との調整に奔走し、インテリジェンス能力の強化に努める。

その秋山氏は、一九九一年八月のソ連におけるクーデター未遂事件の際、外務省からもたらされる情報のあり方に疑問を抱いたという。外務省は当時、ソ連での情勢変化を各省庁の幹部にほぼ毎日伝えていたものの、それは「全部ソ連政府の外務省から出ている情報」であったため、防衛審議官であった同氏は「がく然」とし、「こんなの聞いたってしょうがない」との思いに至る。そこで、モスクワに駐在する防衛駐在官からの情報を頼りにしたところ、「そこから入ってくる情報が本当に新鮮」との印象を持った。この体験が、防衛庁が独自にインテリジェンス活動を強化すべきとの思いに昇華し、情報本部新設に取り組む原動力になったと指摘することも可能であろう。

日米同盟や沖縄問題が時代の要請として対応せざるを得ない事柄であったとすると、これらの防衛庁改革は秋山氏が能動的に推し進めたものである。そして今日、防衛省と防衛官僚が安全保障政策に与える影響力をみるに、同氏が蒔いた種、すなわち幹部育成、UC混合、情報本部は確実に育っているといえよう。

もっとも、秋山氏が自ら精力を注いだ施策は、それらだけではない。学生時代から国際関係に関心があったと述べる同氏は、「防衛」というよりも「安全保障」の観点に立ち、それまであまり注目されてこなかった領域にまで視野を広げる。それが、一九九〇年代半ばから本格化する防衛交流である。中国やロシア、韓国との防衛分野における交流の草分け的存在として、それらの国々との信頼醸成を牽引し、本書では実際に会った中国軍やロシア軍の最高幹部に対する印象を率直に語る。かつての「仮想敵国」である旧ソ連（ロシア）から打診された最新鋭の主力戦闘機スホーイ27の購入には前向きな姿勢を示し、同盟国である米国が慌てたという逸話も興味深い。これらの国々ばかりではなく、国交がないことから「台湾との関係はあまりにも日本側は冷た過ぎるという気持ち」から、台北駐日経済文化代表処代表（台湾の駐日代表）である林金莛と会談したほか、それまで課長レベルで行われていた情報交換を含む交流も局長クラスまで引き上げた。

防衛庁退職後も、シップ・アンド・オーシャン財団（海洋政策研究財団）や東京財団の会長あるいは理事長として防衛交流を押し進め、笹川日中友好基金運営委員としても中国との安全保障対話や佐官級交流で中心的な役割を担う。これらの活動は、伝統的な軍事的安全保障とは異なる領域のものであり、「防衛の地平線」を広げる試みであろう。

秋山氏が防衛局長の就任に際し、「自分で内心、意思を固めていたのは〔中略〕もし日本が防衛出動をするとき、それをまず事務方で意思決定するのは防衛局長だという」ことであり、「これだけは間違っちゃいけない」と強く思ったという。尖閣諸島をめぐって問題が発生したときには武力衝突の可能性も否定できないとして、同諸島を海上自衛隊の航空機で上空から視察し、現場を確認した。その尖閣諸島が侵略された場合、一九九〇年代の時点では米軍の力を借りなくとも自衛隊が独力で排除できると考えていた。だが、その後の日中の軍事バランスの変化から、今では自衛隊単独での対処はなかなか難しいかもしれないとの見解を披露する。

一九九〇年代は、安全保障政策のみならず、国内政治でも大きな変化があった。五五年体制は崩壊して非自民党政権が誕生したものの、そのあとに自社さ連立政権が生まれ、自民党は与党に返り咲く。経理局長であった秋山氏は、細川護熙首相が「軍縮」との意向を鮮明にする中、防衛予算の編成という重責を負う。自民党と社会党が組む連立政権に対しては、両党のイデオロギーの違いから「こんなものが成功するのか」と率直な感想を漏らし、しかも自民党ではなく少数政党である社会党から首相を選出したことについては「政治の常道に反している」と厳しい認識を示す。

このような時代に秋山氏が直接接した政治家についても、貴重な証言が多い。秋山氏が防衛局長や防衛事務次官として仕えた橋本龍太郎首相とは、ときに防衛庁長官などの上司を飛ばすかたちで、日米安保問題や沖縄問題に深く踏み込む。宮澤喜一首相は、PKOが実施されるカンボジアにおいて日本の選挙監視団が襲撃された場合、自衛隊としては見殺しにできないという現場部隊からの意思表明を受け、「最後は自分が責任を取る」と述べて事実上の「駆けつけて警護」を決断したという。これは平和・安全保障法制が成立する二〇年前のことであり、秋山氏が「宮澤さんはハト派って言われているけれども全然そうではないですよ」と評したように、ハト派との印象が強い宮澤像は今後修正されるかもしれない。

本書は、二〇一七年一月から七月まで七回にわたって実施した秋山氏への聞き取りをもとに、書籍化したものである。聞き取りには編者である服部龍二氏、小林義之氏、真田尚剛が参加し、それぞれの専門分野に基づいて質問とやりとりをした。

秋山氏は、退官後も民間人の立場から安全保障問題に取り組み、財団トップの座を退いたあともそれは変わらない。現在も、国際会議や海外要人との意見交換、国内の研究者との交流などで活発に飛びまわっている。このように多忙の中、聞き取りに快く応じてくださった秋山氏に厚く御礼申し上げる。
刊行に際しては、吉田書店の吉田真也氏に大変お世話になった。編集過程では、細部まで目を通してくださり、適切な助言をいただいた。記して深謝申し上げる。

真田 尚剛

<table>
<tr><th>官房長</th><th>防衛局長</th><th></th><th>経理局長</th><th>人事局長</th><th>教育訓練局長</th><th>装備局長</th></tr>
<tr><td>日吉章</td><td rowspan="3">畠山蕃</td><td rowspan="9"></td><td>村田直昭</td><td rowspan="2">坪井龍文</td><td rowspan="2">小池清彦</td><td rowspan="2">関収</td></tr>
<tr><td rowspan="2">村田直昭</td><td rowspan="2">宝珠山昇</td></tr>
<tr><td>秋山昌廣</td><td>諸冨増夫</td><td rowspan="2">中田哲雄</td></tr>
<tr><td>宝珠山昇</td><td rowspan="2">村田直昭</td><td rowspan="2">秋山昌廣</td><td>三井康有</td><td>上野治夫</td></tr>
<tr><td rowspan="2">三井康有</td><td rowspan="3">萩次郎</td><td>佐藤謙</td><td rowspan="4">荒井寿光</td></tr>
<tr><td rowspan="4">秋山昌廣</td><td rowspan="4">佐藤謙</td><td>—</td></tr>
<tr><td rowspan="3">江間清二</td><td rowspan="3">粟威之</td></tr>
<tr><td rowspan="2">大越康弘</td></tr>
<tr><td rowspan="3">鴇田勝彦</td></tr>
<tr><td rowspan="2">大越康弘</td><td rowspan="6">佐藤謙</td><th>運用局長</th><td rowspan="2">藤島正之</td><th colspan="2">人事教育局長</th></tr>
<tr><td>太田洋次</td><td colspan="2" rowspan="4">坂野勝</td></tr>
<tr><td>藤島正之</td><td rowspan="2">大越康弘</td><td rowspan="2">大森敬治</td><td rowspan="5">及川耕造</td></tr>
<tr><td>—</td></tr>
<tr><td rowspan="5">守屋武昌</td><td rowspan="4">柳澤協二</td><td rowspan="2">首藤新悟</td></tr>
<tr><td colspan="2" rowspan="2">新貝正勝</td></tr>
<tr><td rowspan="3">首藤新悟</td><td rowspan="3">嶋口武彦</td></tr>
<tr><td colspan="2" rowspan="2">柳澤協二</td><td rowspan="2">中村薫</td></tr>
<tr><td>北原巌男</td></tr>
</table>

498頁をもとに、真田尚剛が作成。

防衛庁幹部名簿（1991 年 1 月～ 2001 年 1 月、局長級以上）

年	月	首相	防衛庁長官	事務次官	防衛施設庁長官	調達実施本部長
1991	1	海部俊樹	池田行彦	依田智治	児玉良雄	長谷川宏
	10			日吉章	藤井一夫	
	11	宮澤喜一	宮下創平			
1992	6					米山市郎
	12		中山利生			
1993	6			畠山蕃	米山市郎	諸冨増夫
	8	細川護熙	中西啓介			
	12		愛知和男			
1994	4	羽田孜	神田厚			
	6	村山富市	玉澤徳一郎			
	7				宝珠山昇	
1995	4			村田直昭		
	6					
	8		衛藤征士郎			
	10				諸冨増夫	—
1996	1	橋本龍太郎	臼井日出男			萩次郎
	7					
	11		久間章生			
1997	7			秋山昌廣	萩次郎	粟威之
1998	6					太田洋次
	7	小渕恵三	額賀福志郎			
	9					
	11		野呂田芳成	江間清二	大森敬治	
1999	7					坂野興
	10		瓦力			
2000	1			佐藤謙		
	4	森喜朗				
	6					西村市郎
	7		虎島和夫			
	12		斉藤斗志二			
2001	1				伊藤康成	契約本部長 西村市郎

※秦郁彦編『日本官僚制総合事典 1868-2000』（東京大学出版会、2001 年）496-

秋山昌廣関連年譜

年	月	秋山昌廣関連事項	その他国内外主要事項
1940	5	東京都で出生	
1964	3	東京大学法学部政治学科卒業	
	4	大蔵省入省。同省主計局総務課配属	
1969	7	帯広税務署長	
1980	4	外務省在カナダ大使館参事官	
1984	4	大蔵省主計局主計官（外務・通産担当）	
1986	8	奈良県警察本部長	
1988	6	大蔵省関税局総務課長	
1989	6	東京税関長	
1990	6	大蔵省大臣官房審議官（銀行局担当）	
1991	6	**防衛庁長官官房防衛審議官**	
	8		ソ連で八月クーデター事件
	11		**宮澤内閣成立**
	12		ソ連崩壊
1992	2		中国、領海法制定
	6	**防衛庁人事局長**	
	9	カンボジアPKO要員出発	
	10	幹部自衛官「クーデター論文」問題	天皇訪中
	12	中期防（〇三中期防）見直し閣議決定	
1993	1	カンボジア・マレーシア出張	クリントン米大統領就任

年	月	事項	一般事項
	3		北朝鮮、NPT脱退宣言
	5		カンボジアで高田警視殉職 北朝鮮、ノドンミサイル発射
	6	**防衛庁経理局長**	
	7		北海道南西沖地震
	8		**細川内閣成立**
1994	2	樋口懇談会発足 防衛庁「在り方検討会議」発足	
	3	第一回日中安保対話	
	4		**羽田内閣発足**
	5		若泉敬『他策ナカリシヲ信ゼムト欲ス』刊行
	6		北朝鮮、IAEA脱退を通知 **村山内閣発足**
	7		金日成主席死去 第一回ASEAN地域フォーラム（ARF）
	8	樋口レポート提出（樋口懇談会終了）	
	11	初の日韓防衛実務者対話	
	12		ロシア、チェチェンへ軍事作戦
1995	1	韓国・中国出張	阪神・淡路大震災
	2		「東アジア戦略報告」（ナイ・レポート）
	3		地下鉄サリン事件
	4	**防衛庁防衛局長**	
	5	防衛庁報告書「大量破壊兵器の拡散問題について」	

年	月		
		日米安全保障高級事務レベル協議（SSC） 米国出張	オウム真理教教祖逮捕
	6		全日空857便ハイジャック事件
	9	米国出張 韓国出張 米国出張	沖縄少女暴行事件
	10	SACO設置合意	
	11	SACO第一回会合 新防衛大綱（〇七大綱）閣議決定	APEC大阪会議
	12	新中期防（〇八中期防）閣議決定	
1996	1	中国出張	**橋本内閣成立**
	3		台湾海峡危機
	4	日米物品役務相互提供協定（ACSA）署名 日米安全保障共同宣言	
	7	フィリピン・マレーシア出張 海自艦艇、初の訪露	
	9	海自艦艇、初の訪韓 米国出張	米大使「尖閣に安保条約で介入せず」 江陵浸透事件
	10		台湾・香港の活動家が魚釣島に不法上陸
	12		ペルー大使公邸人質事件（翌年四月解決）
1997	1	防衛庁情報本部新設	ナホトカ号重油流出事故 第二次クリントン政権
	2		鄧小平死去
	4	米国出張	

年	月	事項	社会の動き
	5	豪州出張	
	6	米国出張 化学兵器禁止機関（OPCW）に自衛官派遣 事務調整訓令廃止	
	7	**防衛事務次官** 防衛庁組織改編（運用局・人事教育局設置）	
	9	日米新ガイドライン了承	
	11		韓国、竹島に接岸施設設置
	12	中期防（〇八中期防）見直し閣議決定	日本、対人地雷禁止条約署名 行政改革会議「最終報告」
1998	1	英国・ウクライナ・ロシア出張 即応予備自衛官制度導入	
	2		長野冬季オリンピック
	3	米国・カナダ出張	
	4	防衛二法改正（統幕強化）	
	6		中央省庁等改革基本法成立 クリントン米大統領訪中
	7	シンガポール・インドネシア・韓国出張	**小渕内閣成立**
	8		北朝鮮、テポドンミサイル発射
	9	防衛庁調達実施本部背任事件	
	11	三自衛隊、初の統合演習実施 **退官**	
	12	情報収集衛星導入決定	
1999	4	**米ハーバード大学客員研究員**	

	5		周辺事態法成立
2000	4		森内閣成立
2001	4	海洋政策研究財団会長	小泉内閣成立
	9		アメリカ同時多発テロ事件
2002	4	学習院大学特別客員教授（～二〇〇三年三月）	
2003	6	武力攻撃事態法成立	
2004	4	立教大学大学院 二一世紀社会デザイン研究科特任教授（～二〇〇九年三月）	
2006	9		安倍内閣成立
2007	1	防衛省設置	
	7	海洋基本法成立	
	9		福田内閣成立
2008	8		麻生内閣成立
2009	6	海賊対処法成立	
	9		鳩山内閣成立
2010	6		菅内閣成立
	9		尖閣諸島中国漁船衝突事件
2011	3		東日本大震災
	9		野田内閣成立
2012	4	瑞宝重光章受章	
	6	東京財団理事長（～二〇一六年六月）	
	12		第二次安倍内閣成立

2013	1		アルジェリア人質事件
	12	国家安全保障会議設置	
2014		北京大学国際関係学院招聘教授（〜二〇一五年）	
2015	9	平和・安全法成立	
2016		「安全保障外交政策研究会」立ち上げ	

防衛庁・自衛隊の組織の概要（1998 年）

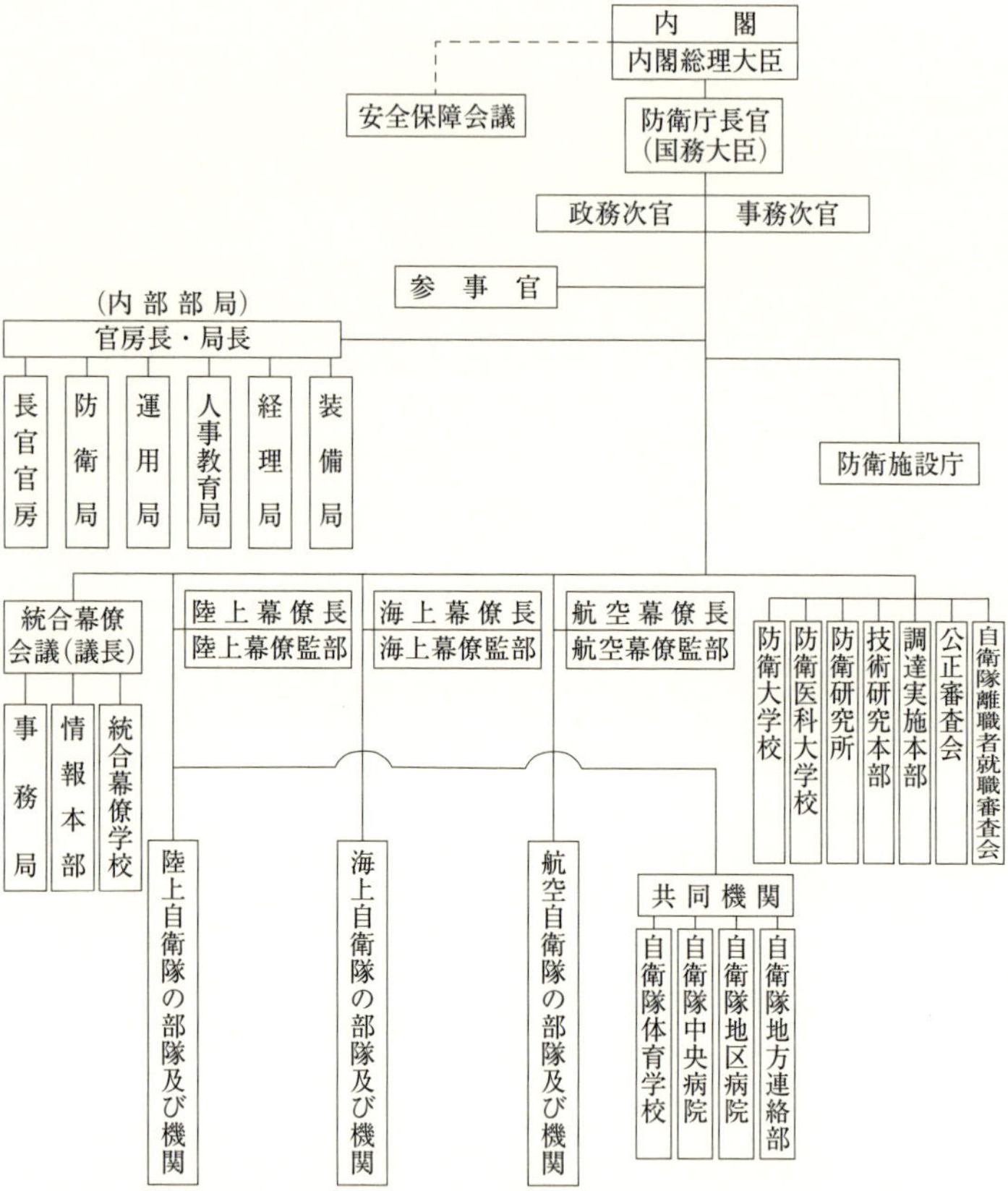

注）運用局は 1997 年に創設された。その経緯などについては、本書 111-113 頁を参照。

同様に、日米両国政府は、周辺事態における協力措置の準備に関しても、合意により共通の準備段階を選択し得るよう、共通の基準を確立する。

(3) 共通の実施要領等の確立

日米両国政府は、自衛隊及び米軍が日本の防衛のための整合のとれた作戦を円滑かつ効果的に実施できるよう、共通の実施要領等をあらかじめ準備しておく。これには、通信、目標位置の伝達、情報活動及び後方支援並びに相撃防止のための要領とともに、各々の部隊の活動を適切に律するための基準が含まれる。また、自衛隊及び米軍は、通信電子活動等に関する相互運用性の重要性を考慮し、相互に必要な事項をあらかじめ定めておく。

2 日米間の調整メカニズム

日米両国政府は、日米両国の関係機関の関与を得て、日米間の調整メカニズムを平素から構築し、日本に対する武力攻撃及び周辺事態に際して各々が行う活動の間の調整を行う。

調整の要領は、調整すべき事項及び関与する関係機関に応じて異なる。調整の要領には、調整会議の開催、連絡員の相互派遣及び連絡窓口の指定が含まれる。自衛隊及び米軍は、この調整メカニズムの一環として、双方の活動について調整するため、必要なハードウェア及びソフトウェアを備えた日米共同調整所を平素から準備しておく。

Ⅶ. 指針の適時かつ適切な見直し

日米安全保障関係に関連する諸情勢に変化が生じ、その時の状況に照らして必要と判断される場合には、日米両国政府は、適時かつ適切な形でこの指針を見直す。

(別表略)

日米両国政府は、この包括的なメカニズムの在り方を必要に応じて改善する。日米安全保障協議委員会は、このメカニズムの行う作業に関する政策的な方向性を示す上で引き続き重要な役割を有する。日米安全保障協議委員会は、方針を提示し、作業の進捗を確認し、必要に応じて指示を発出する責任を有する。防衛協力小委員会は、共同作業において、日米安全保障協議委員会を補佐する。

第二に、日米両国政府は、緊急事態において各々の活動に関する調整を行うため、両国の関係機関を含む日米間の調整メカニズムを平素から構築しておく。

1　計画についての検討並びに共通の基準及び実施要領等の確立のための共同作業

双方の関係機関の関与を得て構築される包括的なメカニズムにおいては、以下に掲げる共同作業を計画的かつ効率的に進める。これらの作業の進捗及び結果は、節目節目に日米安全保障協議委員会及び防衛協力小委員会に対して報告される。

(1)　共同作戦計画についての検討及び相互協力計画についての検討

自衛隊及び米軍は、日本に対する武力攻撃に際して整合のとれた行動を円滑かつ効果的に実施し得るよう、平素から共同作戦計画についての検討を行う。また、日米両国政府は、周辺事態に円滑かつ効果的に対応し得るよう、平素から相互協力計画についての検討を行う。

共同作戦計画についての検討及び相互協力計画についての検討は、その結果が日米両国政府の各々の計画に適切に反映されることが期待されるという前提の下で、種々の状況を想定しつつ行われる。日米両国政府は、実際の状況に照らして、日米両国各々の計画を調整する。日米両国政府は、共同作戦計画についての検討と相互協力計画についての検討との間の整合を図るよう留意することにより、周辺事態が日本に対する武力攻撃に波及する可能性のある場合又は両者が同時に生起する場合に適切に対応し得るようにする。

(2)　準備のための共通の基準の確立

日米両国政府は、日本の防衛のための準備に関し、共通の基準を平素から確立する。この基準は、各々の準備段階における情報活動、部隊の活動、移動、後方支援その他の事項を明らかにするものである。日本に対する武力攻撃が差し迫っている場合には、日米両国政府の合意により共通の準備段階が選択され、これが、自衛隊、米軍その他の関係機関による日本の防衛のための準備のレベルに反映される。

(イ) 施設の使用

日米安全保障条約及びその関連取極に基づき、日本は、必要に応じ、新たな施設・区域の提供を適時かつ適切に行うとともに、米軍による自衛隊施設及び民間空港・港湾の一時的使用を確保する。

(ロ) 後方地域支援

日本は、日米安全保障条約の目的の達成のため活動する米軍に対して、後方地域支援を行う。この後方地域支援は、米軍が施設の使用及び種々の活動を効果的に行うことを可能とすることを主眼とするものである。そのような性質から、後方地域支援は、主として日本の領域において行われるが、戦闘行動が行われている地域とは一線を画される日本の周囲の公海及びその上空において行われることもあると考えられる。

後方地域支援を行うに当たって、日本は、中央政府及び地方公共団体が有する権限及び能力並びに民間が有する能力を適切に活用する。自衛隊は、日本の防衛及び公共の秩序維持のための任務の遂行と整合を図りつつ、適切にこのような支援を行う。

(3) 運用面における日米協力

周辺事態は、日本の平和と安全に重要な影響を与えることから、自衛隊は、生命・財産の保護及び航行の安全確保を目的として、情報収集、警戒監視、機雷の除去等の活動を行う。米軍は、周辺事態により影響を受けた平和と安全の回復のための活動を行う。

自衛隊及び米軍の双方の活動の実効性は、関係機関の関与を得た協力及び調整により、大きく高められる。

Ⅵ. 指針の下で行われる効果的な防衛協力のための日米共同の取組み

指針の下での日米防衛協力を効果的に進めるためには、平素、日本に対する武力攻撃及び周辺事態という安全保障上の種々の状況を通じ、日米両国が協議を行うことが必要である。日米防衛協力が確実に成果を挙げていくためには、双方が様々なレベルにおいて十分な情報の提供を受けつつ、調整を行うことが不可欠である。このため、日米両国政府は、日米安全保障協議委員会及び日米安全保障高級事務レベル協議を含むあらゆる機会をとらえて情報交換及び政策協議を充実させていくほか、協議の促進、政策調整及び作戦・活動分野の調整のための以下の２つのメカニズムを構築する。

第一に、日米両国政府は、計画についての検討を行うとともに共通の基準及び実施要領等を確立するため、包括的なメカニズムを構築する。これには、自衛隊及び米軍のみならず、各々の政府のその他の関係機関が関与する。

(1) 日米両国政府が各々主体的に行う活動における協力

日米両国政府は、以下の活動を各々の判断の下に実施することができるが、日米間の協力は、その実効性を高めることとなる。

(イ) 救援活動及び避難民への対応のための措置

日米両国政府は、被災地の現地当局の同意と協力を得つつ、救援活動を行う。日米両国政府は、各々の能力を勘案しつつ、必要に応じて協力する。

日米両国政府は、避難民の取扱いについて、必要に応じて協力する。避難民が日本の領域に流入してくる場合については、日本がその対応の在り方を決定するとともに、主として日本が責任を持ってこれに対応し、米国は適切な支援を行う。

(ロ) 捜索・救難

日米両国政府は、捜索・救難活動について協力する。日本は、日本領域及び戦闘行動が行われている地域とは一線を画される日本の周囲の海域において捜索・救難活動を実施する。米国は、米軍が活動している際には、活動区域内及びその付近での捜索・救難活動を実施する。

(ハ) 非戦闘員を退避させるための活動

日本国民又は米国国民である非戦闘員を第三国から安全な地域に退避させる必要が生じる場合には、日米両国政府は、自国の国民の退避及び現地当局との関係について各々責任を有する。日米両国政府は、各々が適切であると判断する場合には、各々の有する能力を相互補完的に使用しつつ、輸送手段の確保、輸送及び施設の使用に係るものを含め、これらの非戦闘員の退避に関して、計画に際して調整し、また、実施に際して協力する。日本国民又は米国国民以外の非戦闘員について同様の必要が生じる場合には、日米両国が、各々の基準に従って、第三国の国民に対して退避に係る援助を行うことを検討することもある。

(ニ) 国際の平和と安定の維持を目的とする経済制裁の実効性を確保するための活動

日米両国政府は、国際の平和と安定の維持を目的とする経済制裁の実効性を確保するための活動に対し、各々の基準に従って寄与する。

また、日米両国政府は、各々の能力を勘案しつつ、適切に協力する。そのような協力には、情報交換、及び国際連合安全保障理事会決議に基づく船舶の検査に際しての協力が含まれる。

(2) 米軍の活動に対する日本の支援

ついても支援を行う。

(iv) 施設

日本は、必要に応じ、日米安全保障条約及びその関連取極に従って新たな施設・区域を提供する。また、作戦を効果的かつ効率的に実施するために必要な場合には、自衛隊及び米軍は、同条約及びその関連取極に従って、自衛隊の施設及び米軍の施設・区域の共同使用を実施する。

(v) 衛生

日米両国政府は、衛生の分野において、傷病者の治療及び後送等の相互支援を行う。

V. 日本周辺地域における事態で日本の平和と安全に重要な影響を与える場合（周辺事態）の協力

周辺事態は、日本の平和と安全に重要な影響を与える事態である。周辺事態の概念は、地理的なものではなく、事態の性質に着目したものである。日米両国政府は、周辺事態が発生することのないよう、外交上のものを含むあらゆる努力を払う。日米両国政府は、個々の事態の状況について共通の認識に到達した場合に、各々の行う活動を効果的に調整する。なお、周辺事態に対応する際にとられる措置は、情勢に応じて異なり得るものである。

1　周辺事態が予想される場合

周辺事態が予想される場合には、日米両国政府は、その事態について共通の認識に到達するための努力を含め、情報交換及び政策協議を強化する。

同時に、日米両国政府は、事態の拡大を抑制するため、外交上のものを含むあらゆる努力を払うとともに、日米共同調整所の活用を含め、日米間の調整メカニズムの運用を早期に開始する。また、日米両国政府は、適切に協力しつつ、合意によって選択された準備段階に従い、整合のとれた対応を確保するために必要な準備を行う。更に、日米両国政府は、情勢の変化に応じ、情報収集及び警戒監視を強化するとともに、情勢に対応するための即応態勢を強化する。

2　周辺事態への対応

周辺事態への対応に際しては、日米両国政府は、事態の拡大の抑制のためのものを含む適切な措置をとる。これらの措置は、上記Ⅱに掲げられた基本的な前提及び考え方に従い、かつ、各々の判断に基づいてとられる。日米両国政府は、適切な取決めに従って、必要に応じて相互支援を行う。

協力の対象となる機能及び分野並びに協力項目例は、以下に整理し、別表に示すとおりである。

する。自衛隊及び米軍は、効果的な作戦を共同して実施するため、役割分担の決定、作戦行動の整合性の確保等についての手続をあらかじめ定めておく。

(ロ) 日米間の調整メカニズム

日米両国の関係機関の間における必要な調整は、日米間の調整メカニズムを通じて行われる。自衛隊及び米軍は、効果的な作戦を共同して実施するため、作戦、情報活動及び後方支援について、日米共同調整所の活用を含め、この調整メカニズムを通じて相互に緊密に調整する。

(ハ) 通信電子活動

日米両国政府は、通信電子能力の効果的な活用を確保するため、相互に支援する。

(ニ) 情報活動

日米両国政府は、効果的な作戦を共同して実施するため、情報活動について協力する。これには、情報の要求、収集、処理及び配布についての調整が含まれる。その際、日米両国政府は、共有した情報の保全に関し各々責任を負う。

(ホ) 後方支援活動

自衛隊及び米軍は、日米間の適切な取決めに従い、効率的かつ適切に後方支援活動を実施する。

日米両国政府は、後方支援の効率性を向上させ、かつ、各々の能力不足を軽減するよう、中央政府及び地方公共団体が有する権限及び能力並びに民間が有する能力を適切に活用しつつ、相互支援活動を実施する。その際、特に次の事項に配慮する。

(i) 補給

米国は、米国製の装備品等の補給品の取得を支援し、日本は、日本国内における補給品の取得を支援する。

(ii) 輸送

日米両国政府は、米国から日本への補給品の航空輸送及び海上輸送を含む輸送活動について、緊密に協力する。

(iii) 整備

日本は、日本国内において米軍の装備品の整備を支援し、米国は、米国製の品目の整備であって日本の整備能力が及ばないものについて支援を行う。整備の支援には、必要に応じ、整備要員の技術指導を含む。また、日本は、サルベージ及び回収に関する米軍の需要に

盤を構築し、維持する。

(2) 作戦構想

(イ) 日本に対する航空侵攻に対処するための作戦

自衛隊及び米軍は、日本に対する航空侵攻に対処するための作戦を共同して実施する。

自衛隊は、防空のための作戦を主体的に実施する。

米軍は、自衛隊の行う作戦を支援するとともに、打撃力の使用を伴うような作戦を含め、自衛隊の能力を補完するための作戦を実施する。

(ロ) 日本周辺海域の防衛及び海上交通の保護のための作戦

自衛隊及び米軍は、日本周辺海域の防衛のための作戦及び海上交通の保護のための作戦を共同して実施する。

自衛隊は、日本の重要な港湾及び海峡の防備、日本周辺海域における船舶の保護並びにその他の作戦を主体的に実施する。

米軍は、自衛隊の行う作戦を支援するとともに、機動打撃力の使用を伴うような作戦を含め、自衛隊の能力を補完するための作戦を実施する。

(ハ) 日本に対する着上陸侵攻に対処するための作戦

自衛隊及び米軍は、日本に対する着上陸侵攻に対処するための作戦を共同して実施する。

自衛隊は、日本に対する着上陸侵攻を阻止し排除するための作戦を主体的に実施する。

米軍は、主として自衛隊の能力を補完するための作戦を実施する。その際、米国は、侵攻の規模、態様その他の要素に応じ、極力早期に兵力を来援させ、自衛隊の行う作戦を支援する。

(ニ) その他の脅威への対応

(i) 自衛隊は、ゲリラ・コマンドウ攻撃等日本領域に軍事力を潜入させて行う不正規型の攻撃を極力早期に阻止し排除するための作戦を主体的に実施する。その際、関係機関と密接に協力し調整するとともに、事態に応じて米軍の適切な支援を得る。

(ii) 自衛隊及び米軍は、弾道ミサイル攻撃に対応するために密接に協力し調整する。米軍は、日本に対し必要な情報を提供するとともに、必要に応じ、打撃力を有する部隊の使用を考慮する。

(3) 作戦に係る諸活動及びそれに必要な事項

(イ) 指揮及び調整

自衛隊及び米軍は、緊密な協力の下、各々の指揮系統に従って行動

日本に対する武力攻撃に際しての共同対処行動等は、引き続き日米防衛協力の中核的要素である。

日本に対する武力攻撃が差し迫っている場合には、日米両国政府は、事態の拡大を抑制するための措置をとるとともに、日本の防衛のために必要な準備を行う。日本に対する武力攻撃がなされた場合には、日米両国政府は、適切に共同して対処し、極力早期にこれを排除する。

1　日本に対する武力攻撃が差し迫っている場合

日米両国政府は、情報交換及び政策協議を強化するとともに、日米間の調整メカニズムの運用を早期に開始する。日米両国政府は、適切に協力しつつ、合意によって選択された準備段階に従い、整合のとれた対応を確保するために必要な準備を行う。日本は、米軍の来援基盤を構築し、維持する。また、日米両国政府は、情勢の変化に応じ、情報収集及び警戒監視を強化するとともに、日本に対する武力攻撃に発展し得る行為に対応するための準備を行う。

日米両国政府は、事態の拡大を抑制するため、外交上のものを含むあらゆる努力を払う。

なお、日米両国政府は、周辺事態の推移によっては日本に対する武力攻撃が差し迫ったものとなるような場合もあり得ることを念頭に置きつつ、日本の防衛のための準備と周辺事態への対応又はそのための準備との間の密接な相互関係に留意する。

2　日本に対する武力攻撃がなされた場合

(1)　整合のとれた共同対処行動のための基本的な考え方

(イ)　日本は、日本に対する武力攻撃に即応して主体的に行動し、極力早期にこれを排除する。その際、米国は、日本に対して適切に協力する。このような日米協力の在り方は、武力攻撃の規模、態様、事態の推移その他の要素により異なるが、これには、整合のとれた共同の作戦の実施及びそのための準備、事態の拡大を抑制するための措置、警戒監視並びに情報交換についての協力が含まれ得る。

(ロ)　自衛隊及び米軍が作戦を共同して実施する場合には、双方は、整合性を確保しつつ、適時かつ適切な形で、各々の防衛力を運用する。その際、双方は、各々の陸・海・空部隊の効果的な統合運用を行う。自衛隊は、主として日本の領域及びその周辺海空域において防勢作戦を行い、米軍は、自衛隊の行う作戦を支援する。米軍は、また、自衛隊の能力を補完するための作戦を実施する。

(ハ)　米国は、兵力を適時に来援させ、日本は、これを促進するための基

日米両国政府は、平素から様々な分野での協力を充実する。この協力には、日米物品役務相互提供協定及び日米相互防衛援助協定並びにこれらの関連取決めに基づく相互支援活動が含まれる。

1　情報交換及び政策協議

日米両国政府は、正確な情報及び的確な分析が安全保障の基礎であると認識し、アジア太平洋地域の情勢を中心として、双方が関心を有する国際情勢についての情報及び意見の交換を強化するとともに、防衛政策及び軍事態勢についての緊密な協議を継続する。

このような情報交換及び政策協議は、日米安全保障協議委員会及び日米安全保障高級事務レベル協議（SSC）を含むあらゆる機会をとらえ、できる限り広範なレベル及び分野において行われる。

2　安全保障面での種々の協力

安全保障面での地域的な及び地球的規模の諸活動を促進するための日米協力は、より安定した国際的な安全保障環境の構築に寄与する。

日米両国政府は、この地域における安全保障対話・防衛交流及び国際的な軍備管理・軍縮の意義と重要性を認識し、これらの活動を促進するとともに、必要に応じて協力する。

日米いずれかの政府又は両国政府が国際連合平和維持活動又は人道的な国際救援活動に参加する場合には、日米両国政府は、必要に応じて、相互支援のために密接に協力する。日米両国政府は、輸送、衛生、情報交換、教育訓練等の分野における協力の要領を準備する。

大規模災害の発生を受け、日米いずれかの政府又は両国政府が関係政府又は国際機関の要請に応じて緊急援助活動を行う場合には、日米両国政府は、必要に応じて密接に協力する。

3　日米共同の取組み

日米両国政府は、日本に対する武力攻撃に際しての共同作戦計画についての検討及び周辺事態に際しての相互協力計画についての検討を含む共同作業を行う。このような努力は、双方の関係機関の関与を得た包括的なメカニズムにおいて行われ、日米協力の基礎を構築する。

日米両国政府は、このような共同作業を検証するとともに、自衛隊及び米軍を始めとする日米両国の公的機関及び民間の機関による円滑かつ効果的な対応を可能とするため、共同演習・訓練を強化する。また、日米両国政府は、緊急事態において関係機関の関与を得て運用される日米間の調整メカニズムを平素から構築しておく。

Ⅳ. 日本に対する武力攻撃に際しての対処行動等

日米防衛協力のための指針（1997〈平成9〉年9月23日）

Ⅰ．指針の目的

この指針の目的は、平素から並びに日本に対する武力攻撃及び周辺事態に際してより効果的かつ信頼性のある日米協力を行うための、堅固な基礎を構築することである。また、指針は、平素からの及び緊急事態における日米両国の役割並びに協力及び調整の在り方について、一般的な大枠及び方向性を示すものである。

Ⅱ．基本的な前提及び考え方

指針及びその下で行われる取組みは、以下の基本的な前提及び考え方に従う。

1　日米安全保障条約及びその関連取極に基づく権利及び義務並びに日米同盟関係の基本的な枠組みは、変更されない。

2　日本のすべての行為は、日本の憲法上の制約の範囲内において、専守防衛、非核三原則等の日本の基本的な方針に従って行われる。

3　日米両国のすべての行為は、紛争の平和的解決及び主権平等を含む国際法の基本原則並びに国際連合憲章を始めとする関連する国際約束に合致するものである。

4　指針及びその下で行われる取組みは、いずれの政府にも、立法上、予算上又は行政上の措置をとることを義務づけるものではない。しかしながら、日米協力のための効果的な態勢の構築が指針及びその下で行われる取組みの目標であることから、日米両国政府が、各々の判断に従い、このような努力の結果を各々の具体的な政策や措置に適切な形で反映することが期待される。日本のすべての行為は、その時々において適用のある国内法令に従う。

Ⅲ．平素から行う協力

日米両国政府は、現在の日米安全保障体制を堅持し、また、各々所要の防衛態勢の維持に努める。日本は、「防衛計画の大綱」にのっとり、自衛のために必要な範囲内で防衛力を保持する。米国は、そのコミットメントを達成するため、核抑止力を保持するとともに、アジア太平洋地域における前方展開兵力を維持し、かつ、来援し得るその他の兵力を保持する。

日米両国政府は、各々の政策を基礎としつつ、日本の防衛及びより安定した国際的な安全保障環境の構築のため、平素から密接な協力を維持する。

別表

<table>
<tr><td rowspan="5">陸上自衛隊</td><td colspan="2">編成定数
　常備自衛官定員
　即応予備自衛官員数</td><td>16万人
14万5千人
1万5千人</td></tr>
<tr><td rowspan="3">基幹部隊</td><td>平時地域配備する部隊</td><td>8個師団
6個旅団</td></tr>
<tr><td>機動運用部隊</td><td>1個機甲師団
1個空挺団
1個ヘリコプター団</td></tr>
<tr><td>地対空誘導弾部隊</td><td>8個高射特科群</td></tr>
<tr><td>主要装備</td><td>戦車
主要特科装備</td><td>約900両
約900門／両</td></tr>
<tr><td rowspan="2">海上自衛隊</td><td>基幹部隊</td><td>護衛艦部隊（機動運用）
護衛艦部隊（地方隊）
潜水艦部隊
掃海部隊
陸上哨戒機部隊</td><td>4個護衛隊群
7個隊
6個隊
1個掃海隊群
13個隊</td></tr>
<tr><td>主要装備</td><td>護衛艦
潜水艦
作戦用航空機</td><td>約50隻
16隻
約170機</td></tr>
<tr><td rowspan="2">航空自衛隊</td><td>基幹部隊</td><td>航空警戒管制部隊

要撃戦闘機部隊
支援戦闘機部隊
航空偵察部隊
航空輸送部隊
地対空誘導弾部隊</td><td>8個警戒群
20個警戒隊
1個飛行隊
9個飛行隊
3個飛行隊
1個飛行隊
3個飛行隊
6個高射群</td></tr>
<tr><td>主要装備</td><td>作戦用航空機
　うち戦闘機</td><td>約400機
約300機</td></tr>
</table>

うに適切な弾力性を確保することとする。

主要な編成、装備等の具体的規模は、別表のとおりとする。

V　防衛力の整備、維持及び運用における留意事項

1　各自衛隊の体制等IVで述べた防衛力を整備、維持及び運用することを基本とし、その具体的実施に際しては、次の諸点に留意してこれを行うものとする。

なお、各年度の防衛力の具体的整備内容のうち、主要な事項の決定に当たっては、安全保障会議に諮るものとする。

(1)　経済財政事情等を勘案し、国の他の諸施策との調和を図りつつ、防衛力の整備、維持及び運用を行うものとする。その際、格段に厳しさを増している財政事情を踏まえ、中長期的な見通しの下に経費配分を適切に行うことにより、防衛力全体として円滑に十全な機能を果たし得るように特に配意する。

(2)　関係地方公共団体との緊密な協力の下に、防衛施設の効率的な維持及び整備並びに円滑な統廃合の実施を推進するため、所要の態勢の整備に配意するとともに、周辺地域とのより一層の調和を図るための諸施策を実施する。

(3)　装備品等の整備に当たっては、緊急時の急速取得、教育訓練の容易性、装備の導入に伴う後年度の諸経費を含む費用対効果等についての総合的な判断の下に、調達価格等の抑制を図るための効率的な調達補給態勢の整備に配意して、その効果的な実施を図る。

その際、適切な国産化等を通じた防衛生産・技術基盤の維持に配意する。

(4)　技術進歩のすう勢に対応し、防衛力の質的水準の維持向上に資するため、技術研究開発の態勢の充実に努める。

2　将来情勢に重要な変化が生じ、防衛力の在り方の見直しが必要になると予想される場合には、その時の情勢に照らして、新たに検討するものとする。

米安全保障体制の信頼性の維持向上に努めるとともに、直接侵略事態が発生した場合、各種の防衛機能を有機的に組み合わせることにより、その態様に即応して行動し、有効な能力を発揮し得ること。

イ　間接侵略及び軍事力をもってする不法行為が発生した場合には、これに即応して行動し、適切な措置を講じ得ること。

ウ　我が国の領空に侵入した航空機又は侵入するおそれのある航空機に対し、即時適切な措置を講じ得ること。

⑵　災害救援等の態勢

国内のどの地域においても、大規模な災害等人命又は財産の保護を必要とする各種の事態に対して、適時適切に災害救援等の行動を実施し得ること。

⑶　国際平和協力業務等の実施の態勢

国際社会の平和と安定の維持に資するため、国際平和協力業務及び国際緊急援助活動を適時適切に実施し得ること。

⑷　警戒、情報及び指揮通信の態勢

情勢の変化を早期に察知し、機敏な意思決定に資するため、常時継続的に警戒監視を行うとともに、多様な情報収集手段の保有及び能力の高い情報専門家の確保を通じ、戦略情報を含む高度の情報収集・分析等を実施し得ること。

また、高度の指揮通信機能を保持し、統合的な観点も踏まえて防衛力の有機的な運用を迅速かつ適切になし得ること。

⑸　後方支援の態勢

各種の事態への対処行動等を効果的に実施するため、輸送、救難、補給、保守整備、衛生等の各後方支援分野において必要な機能を発揮し得ること。

⑹　人事・教育訓練の態勢

適正な人的構成の下に、厳正な規律を保持し、各自衛隊・各機関相互間及び他省庁・民間との交流の推進等を通じ、高い士気及び能力並びに広い視野を備えた隊員を有し、組織全体の能力を発揮し得るとともに、国際平和協力業務等の円滑な実施にも配意しつつ、隊員の募集、処遇、人材育成・教育訓練等を適切に実施し得ること。

3　防衛力の弾力性の確保

防衛力の規模及び機能についての見直しの中で、養成及び取得に長期間を要する要員及び装備を、教育訓練部門等において保持したり、即応性の高い予備自衛官を確保することにより、事態の推移に円滑に対応できるよ

していること。

ウ　師団等及び重要地域の防空に当たり得る地対空誘導弾部隊を有していること。

エ　高い練度を維持し、侵略等の事態に迅速に対処し得るよう、部隊等の編成に当たっては、常備自衛官をもって充てることを原則とし、一部の部隊については即応性の高い予備自衛官を主体として充てること。

(2)　海上自衛隊

ア　海上における侵略等の事態に対応し得るよう機動的に運用する艦艇部隊として、常時少なくとも1個護衛隊群を即応の態勢で維持し得る1個護衛艦隊を有していること。

イ　沿岸海域の警戒及び防備を目的とする艦艇部隊として、所定の海域ごとに少なくとも1個護衛隊を有していること。

ウ　必要とする場合に、主要な港湾、海峡等の警戒、防備及び掃海を実施し得るよう、潜水艦部隊、回転翼哨戒機部隊及び掃海部隊を有していること。

エ　周辺海域の監視哨戒等の任務に当たり得る固定翼哨戒機部隊を有していること。

(3)　航空自衛隊

ア　我が国周辺のほぼ全空域を常時継続的に警戒監視するとともに、必要とする場合に警戒管制の任務に当たり得る航空警戒管制部隊を有していること。

イ　領空侵犯及び航空侵攻に対して即時適切な措置を講じ得る態勢を常時継続的に維持し得るよう、戦闘機部隊及び地対空誘導弾部隊を有していること。

ウ　必要とする場合に、着上陸侵攻阻止及び対地支援の任務を実施し得る部隊を有していること。

エ　必要とする場合に、航空偵察、航空輸送等の効果的な作戦支援を実施し得る部隊を有していること。

2　各種の態勢

自衛隊が以下の態勢を保持する際には、自衛隊の任務を迅速かつ効果的に遂行するため、統合幕僚会議の機能の充実等による各自衛隊の統合的かつ有機的な運用及び関係各機関との間の有機的協力関係の推進に特に配意する。

(1)　侵略事態等に対応する態勢

ア　日米両国間における各種の研究、共同演習・共同訓練等を通じ、日

イ　間接侵略事態又は侵略につながるおそれのある軍事力をもってする不法行為が発生した場合には、これに即応して行動し、早期に事態を収拾することとする。

直接侵略事態が発生した場合には、これに即応して行動しつつ、米国との適切な協力の下、防衛力の総合的・有機的な運用を図ることによって、極力早期にこれを排除することとする。

(2)　大規模災害等各種の事態への対応

ア　大規模な自然災害、テロリズムにより引き起こされた特殊な災害その他の人命又は財産の保護を必要とする各種の事態に際して、関係機関から自衛隊による対応が要請された場合などに、関係機関との緊密な協力の下、適時適切に災害救援等の所要の行動を実施することとし、もって民生の安定に寄与する。

イ　我が国周辺地域において我が国の平和と安全に重要な影響を与えるような事態が発生した場合には、憲法及び関係法令に従い、必要に応じ国際連合の活動を適切に支持しつつ、日米安全保障体制の円滑かつ効果的な運用を図ること等により適切に対応する。

(3)　より安定した安全保障環境の構築への貢献

ア　国際平和協力業務の実施を通じ、国際平和のための努力に寄与するとともに、国際緊急援助活動の実施を通じ、国際協力の推進に寄与する。

イ　安全保障対話・防衛交流を引き続き推進し、我が国の周辺諸国を含む関係諸国との間の信頼関係の増進を図る。

ウ　大量破壊兵器やミサイル等の拡散の防止、地雷等通常兵器に関する規制や管理等のために国際連合、国際機関等が行う軍備管理・軍縮分野における諸活動に対し協力する。

Ⅳ　我が国が保有すべき防衛力の内容

Ⅲで述べた我が国の防衛力の役割を果たすための基幹として、陸上、海上及び航空自衛隊において、それぞれ1に示される体制を維持し、2及び3に示される態勢等を保持することとする。

1　陸上、海上及び航空自衛隊の体制

(1)　陸上自衛隊

ア　我が国の領域のどの方面においても、侵略の当初から組織的な防衛行動を迅速かつ効果的に実施し得るよう、我が国の地理的特性等に従って均衡をとって配置された師団及び旅団を有していること。

イ　主として機動的に運用する各種の部隊を少なくとも1個戦術単位有

適時適切にその役割を担っていくべきである。

今後の我が国の防衛力については、こうした観点から、現行の防衛力の規模及び機能について見直しを行い、その合理化・効率化・コンパクト化を一層進めるとともに、必要な機能の充実と防衛力の質的な向上を図ることにより、多様な事態に対して有効に対応し得る防衛力を整備し、同時に事態の推移にも円滑に対応できるように適切な弾力性を確保し得るものとすることが適当である。

（日米安全保障体制）

3　米国との安全保障体制は、我が国の安全の確保にとって必要不可欠なものであり、また、我が国周辺地域における平和と安定を確保し、より安定した安全保障環境を構築するためにも、引き続き重要な役割を果たしていくものと考えられる。

こうした観点から、日米安全保障体制の信頼性の向上を図り、これを有効に機能させていくためには、①情報交換、政策協議等の充実、②共同研究並びに共同演習・共同訓練及びこれらに関する相互協力の充実等を含む運用面における効果的な協力態勢の構築、③装備・技術面での幅広い相互交流の充実並びに④在日米軍の駐留を円滑かつ効果的にするための各種施策の実施等に努める必要がある。

また、このような日米安全保障体制を基調とする日米両国間の緊密な協力関係は、地域的な多国間の安全保障に関する対話・協力の推進や国際連合の諸活動への協力等、国際社会の平和と安定への我が国の積極的な取組に資するものである。

（防衛力の役割）

4　今後の我が国の防衛力については、上記の認識の下に、以下のとおり、それぞれの分野において、適切にその役割を果たし得るものとする必要がある。

(1)　我が国の防衛

ア　周辺諸国の軍備に配意しつつ、我が国の地理的特性に応じ防衛上必要な機能を備えた適切な規模の防衛力を保有するとともに、これを最も効果的に運用し得る態勢を築き、我が国の防衛意思を明示することにより、日米安全保障体制と相まって、我が国に対する侵略の未然防止に努めることとする。

核兵器の脅威に対しては、核兵器のない世界を目指した現実的かつ着実な核軍縮の国際的努力の中で積極的な役割を果たしつつ、米国の核抑止力に依存するものとする。

Ⅲ　我が国の安全保障と防衛力の役割

（我が国の安全保障と防衛の基本方針）

1　我が国は、日本国憲法の下、外交努力の推進及び内政の安定による安全保障基盤の確立を図りつつ、専守防衛に徹し、他国に脅威を与えるような軍事大国とならないとの基本理念に従い、日米安全保障体制を堅持し、文民統制を確保し、非核三原則を守りつつ、節度ある防衛力を自主的に整備してきたところであるが、かかる我が国の基本方針は、引き続きこれを堅持するものとする。

（防衛力の在り方）

2　我が国はこれまで大綱に従って、防衛力の整備を進めてきたが、この大綱は、我が国に対する軍事的脅威に直接対抗するよりも、自らが力の空白となって我が国周辺地域における不安定要因とならないよう、独立国としての必要最小限の基盤的な防衛力を保有するという「基盤的防衛力構想」を取り入れたものである。この大綱で示されている防衛力は、防衛上必要な各種の機能を備え、後方支援体制を含めてその組織及び配備において均衡のとれた態勢を保有することを主眼としたものであり、我が国の置かれている戦略環境、地理的特性等を踏まえて導き出されたものである。

このような基盤的な防衛力を保有するという考え方については、国際情勢のすう勢として、不透明・不確実な要素をはらみながら国際関係の安定化を図るための各般の努力が継続されていくものとみられ、また、日米安全保障体制が我が国の安全及び周辺地域の平和と安定にとって引き続き重要な役割を果たし続けるとの認識に立てば、今後ともこれを基本的に踏襲していくことが適当である。

一方、保有すべき防衛力の内容については、冷戦の終結等に伴い、我が国周辺諸国の一部において軍事力の削減や軍事態勢の変化がみられることや、地域紛争の発生や大量破壊兵器の拡散等安全保障上考慮すべき事態が多様化していることに留意しつつ、その具体的在り方を見直し、最も効率的で適切なものとする必要がある。また、その際、近年における科学技術の進歩、若年人口の減少傾向、格段に厳しさを増している経済財政事情等に配意しておかなければならない。

また、自衛隊の主たる任務が我が国の防衛であることを基本としつつ、内外諸情勢の変化や国際社会において我が国の置かれている立場を考慮すれば、自衛隊もまた、社会の高度化や多様化の中で大きな影響をもたらし得る大規模な災害等の各種の事態に対して十分に備えておくとともに、より安定した安全保障環境の構築に向けた我が国の積極的な取組において、

景とする東西間の軍事的対峙の構造は消滅し、世界的な規模の武力紛争が生起する可能性は遠のいている。他方、各種の領土問題は依然存続しており、また、宗教上の対立や民族問題等に根ざす対立は、むしろ顕在化し、複雑で多様な地域紛争が発生している。さらに、核を始めとする大量破壊兵器やミサイル等の拡散といった新たな危険が増大するなど、国際情勢は依然として不透明・不確実な要素をはらんでいる。

2　これに対し、国家間の相互依存関係が一層進展する中で、政治、経済等の各分野において国際的な協力を推進し、国際関係の一層の安定化を図るための各般の努力が継続されており、各種の不安定要因が深刻な国際問題に発展することを未然に防止することが重視されている。安全保障面では、米ロ間及び欧州においては関係諸国間の合意に基づく軍備管理・軍縮が引き続き進展しているほか、地域的な安全保障の枠組みの活用、多国間及び二国間対話の拡大や国際連合の役割の充実へ向けた努力が進められている。

主要国は、大規模な侵略への対応を主眼としてきた軍事力について再編・合理化を進めるとともに、それぞれが置かれた戦略環境等を考慮しつつ、地域紛争等多様な事態への対応能力を確保するため、積極的な努力を行っている。この努力は、国際協調に基づく国際連合等を通じた取組と相まって、より安定した安全保障環境を構築する上でも重要な要素となっている。このような中で、米国は、その強大な力を背景に、引き続き世界の平和と安定に大きな役割を果たし続けている。

3　我が国周辺地域においては、冷戦の終結やソ連の崩壊といった動きの下で極東ロシアの軍事力の量的削減や軍事態勢の変化がみられる。他方、依然として核戦力を含む大規模な軍事力が存在している中で、多数の国が、経済発展等を背景に、軍事力の拡充ないし近代化に力を注いでいる。また、朝鮮半島における緊張が継続するなど不透明・不確実な要素が残されており、安定的な安全保障環境が確立されるには至っていない。このような状況の下で、我が国周辺地域において、我が国の安全に重大な影響を与える事態が発生する可能性は否定できない。しかしながら、同時に、二国間対話の拡大、地域的な安全保障への取組等、国家間の協調関係を深め、地域の安定を図ろうとする種々の動きがみられる。

日米安全保障体制を基調とする日米両国間の緊密な協力関係は、こうした安定的な安全保障環境の構築に資するとともに、この地域の平和と安定にとって必要な米国の関与と米軍の展開を確保する基盤となり、我が国の安全及び国際社会の安定を図る上で、引き続き重要な役割を果たしていくものと考えられる。

平成８年度以降に係る防衛計画の大綱

（1995〈平成7〉年11月28日　閣議決定）

Ⅰ　策定の趣旨

1　我が国は、国の独立と平和を守るため、日本国憲法の下、紛争の未然防止や解決の努力を含む国際政治の安定を確保するための外交努力の推進、内政の安定による安全保障基盤の確立、日米安全保障体制の堅持及び自らの適切な防衛力の整備に努めてきたところである。

2　我が国は、かかる方針の下、昭和51年、安定化のための努力が続けられている国際情勢及び我が国周辺の国際政治構造並びに国内諸情勢が当分の間大きく変化しないという前提に立ち、また、日米安全保障体制の存在が国際関係の安定維持等に大きな役割を果たし続けると判断し、「防衛計画の大綱」（昭和51年10月29日国防会議及び閣議決定。以下「大綱」という。）を策定した。爾来、我が国は、大綱に従って防衛力の整備を進めてきたが、我が国の着実な防衛努力は、日米安全保障体制の存在及びその円滑かつ効果的な運用を図るための努力と相まって、我が国に対する侵略の未然防止のみならず、我が国周辺地域の平和と安定の維持に貢献している。

3　大綱策定後約20年が経過し、冷戦の終結等により米ソ両国を中心とした東西間の軍事的対峙の構造が消滅するなど国際情勢が大きく変化するとともに、主たる任務である我が国の防衛に加え、大規模な災害等への対応、国際平和協力業務の実施等より安定した安全保障環境の構築への貢献という分野においても、自衛隊の役割に対する期待が高まってきていることにかんがみ、今後の我が国の防衛力の在り方について、ここに「平成8年度以降に係る防衛計画の大綱」として、新たな指針を示すこととする。

4　我が国としては、日本国憲法の下、この指針に従い、日米安全保障体制の信頼性の向上に配意しつつ、防衛力の適切な整備、維持及び運用を図ることにより、我が国の防衛を全うするとともに、国際社会の平和と安定に資するよう努めるものとする。

Ⅱ　国際情勢

この新たな指針の策定に当たって考慮した国際情勢のすう勢は、概略次のとおりである。

1　最近の国際社会においては、冷戦の終結等に伴い、圧倒的な軍事力を背

【ま行】

前原誠司　130, 266
マケイン（John Sidney McCain III）　250
松島悠佐　4, 5, 62
松原亘子　30
的場順三　247
三木武夫　54
三谷秀史　106
三井康有　35, 198
宮城大蔵　125
宮澤喜一　11-14, 19, 20, 22, 27, 29, 53, 66, 172, 173, 236, 238
宮下創平　17, 18, 27, 238
村岡兼造　215
村田晃嗣　283
村田直昭　43, 74, 75, 94, 95, 178, 196, 198, 212
村田良平　247
村山富市　13, 14, 46-48, 51-56, 65, 66, 69, 70, 126-129, 132, 150, 154, 169, 174, 175, 190, 237, 238
モチヅキ（Mike M. Mochizuki）　256-258
モディ（Narendra D. Modi）　284
守屋武昌　122, 137, 138, 140-142, 160, 199-201, 240
諸井虔　40, 135, 136
モンデール（Walter F. Mondale）　97, 98, 164

【や行】

矢崎新二　2
谷内正太郎　88
柳井俊二　191, 221
柳澤協二　240
山口昇　77, 191
山崎拓　56, 130, 169, 178, 179, 197, 199, 201
山田敏雅　261
山本草二　269
楊念祖　88
熊光楷　59, 95, 226, 227, 276
吉田茂　185
吉元政矩　122
依田智治　75

【ら行】

李登輝　53, 138
李鵬　20
林金莖　87-89
ルインスキー（Monica S. Lewinsky）　249, 250
レアード（Melvin R. Laird）　51
レーガン（Ronald W. Reagan）　49
ロジオノフ（Igor N. Rodionov）　93
ロード（Winston Lord）　123

【わ行】

若泉敬　48-51, 79
渡邉昭夫　41, 177
渡邊隆　27, 28
渡部恒雄　281

張万年　226
千容宅　218, 219
陳水扁　53, 54, 245
坪井龍文　35
鶴岡路人　282
手嶋龍一　9
寺島紘士　263, 265, 271
土井たか子　201
唐飛　245, 246
冨澤暉　61, 64
トランプ（Donald J. Trump）　70

【な行】

ナイ（Joseph S. Nye, Jr）　122-125, 131, 149, 154, 242-244, 246, 251-253
中川秀直　266
長島昭久　266, 270
中曽根康弘　51, 211, 282
中田厚仁　12, 13, 28
中谷元　201, 261, 271
中西啓介　38-40, 239
中西輝政　43
中山利生　239
ニクソン（Richard M. Nixon）　79
西田一平太　282
西原正　162, 282
西廣整輝　11, 41-43, 136, 173, 175-177, 237
西正典　77
西村康稔　266
西元徹也　4, 12, 43, 61, 64, 247
額賀福志郎　215, 218-221, 233, 239, 240
野坂浩賢　127-129, 238
野中広務　215, 220, 221, 238
盧武鉉　219

【は行】

萩次郎　35, 240
橋本龍太郎　72, 84, 85, 94, 95, 134-138, 141, 143-145, 147-151, 154, 157, 160, 199-203, 207, 209, 216, 226, 237, 238, 247, 260
畠山蕃　2, 5, 12, 27, 28, 37-39, 43-45, 52, 74, 75, 89, 105, 198
羽田孜　51, 52
浜田靖一　201, 233, 266
原口幸市　221
比嘉鉄也　146, 148
樋口廣太郎　40, 45, 47
日吉章　2, 4, 198
平沢勝栄　132, 133
平林博　144
ビン・ラディン（Osama bin Laden）　245
福井俊彦　288
福田康夫　268
福地建夫　247
藤井一夫　11
藤尾正行　89
藤島正之　233
藤縄祐爾　226
フジモリ（Alberto Kenya Fujimori Fujimori）　105
傅全有　114, 115, 215
ブッシュ（George H. W. Bush）　20, 49
ブッシュ（George W. Bush）　20
船橋洋一　124, 125, 142
冬柴鐵三　267
古川貞二郎　126, 144, 223
古沢忠彦　115
古庄幸一　212
ペース（Peter Pace）　152
ペリー（William J. Perry）　138, 144, 145, 150, 151, 159, 160, 164, 165
宝珠山昇　34, 65, 66, 120, 121, 126, 127, 198
細川護熙　35-38, 41, 42, 45, 51, 55, 168, 237, 238
本谷夏樹　151

金丸信　17, 238
城内実　28
城内康光　28
岸本建男　146, 147
金日成　25
金正男　68
金大中　206
キャンベル（Kurt M. Campbell）　123, 137, 138, 141, 142, 144, 145, 149, 216, 222, 223
久間章生　96, 148, 200, 201, 212, 215, 226, 239, 261
國見昌宏　107
グラチョフ（Pavel S. Grachev）　91
クリストファー（Warren M. Christopher）48, 49, 123, 150
栗林忠男　265, 269
栗原祐幸　96, 227
栗山尚一　191
クリントン（William J. "Bill" Clinton）20, 21, 124, 125, 131, 132, 135, 137, 138, 154, 159, 164, 165, 249, 250
黒田義久　232
ケリー（James A. Kelly）　26
ゴア（Albert A. "Al" Gore, Jr）　132
小泉純一郎　39, 95
胡一平　275
江沢民　19, 226, 228, 230, 247
高村正彦　218
コーエン（William S. Cohen）164, 165
呉釗燮　88
後藤田正晴　106, 107, 109, 188
小宮山宏　263, 269, 285
ゴルバチョフ（Mikhail S. Gorbachev）10
今義男　263

【さ行】

蔡英文　88
齋藤正樹　19
三枝成彰　43
坂篤郎　158
酒井英次　263
坂田道太　180
佐久間一　46, 47, 74
笹川陽平　247, 261-263, 266, 269, 274, 277, 280, 284-287
佐藤栄作　49, 51, 79
佐藤謙　35, 197, 198, 240
佐藤信二　79
志方俊之　4
宍倉宗夫　2
首藤新悟　240
蔣介石　99
白川勝彦　39
杉山蕃　91, 93
鈴木宗男　148, 223
関山健　283
セルゲーエフ（Igor D. Sergeyev）　214, 215
銭樹根　94
宋美齢　99
園田博之　130
染野憲治　283
孫文　227

【た行】

高井晋　244
高木義明　266
高田晴行　12, 13, 27, 28
高野紀元　148
高見澤將林　8, 138, 190
武見敬三　265, 266
武村正義　41
田中均　137, 138, 151, 152, 158, 191
玉澤徳一郎　5, 59-61, 63, 64, 120, 121, 201, 239
田谷廣明　37, 38
丹波實　221
遅浩田　94, 96, 226-229, 275

主要人名索引

【あ行】

愛知和男　40, 43, 48, 49, 239
明石康　28
麻原彰晃（松本智津夫）　66, 67
麻生太郎　269, 270, 273
阿南惟茂　116
安倍晋三　16, 201, 202, 267, 269, 284
有馬利男　285
安秉吉　204, 205
五十嵐広三　127, 128
五十嵐武士　43
池田行彦　105, 150, 223, 238
石下義夫　29
石川亨　75
石附弘　90, 233
石破茂　201, 212, 266, 267
石原信雄　47, 52
伊藤憲一　291
伊藤宗一郎　201
伊藤康成　76
井上みさき　230-232
猪口邦子　43
今井章子　283
岩垂寿喜男　129, 130
ウィリアムズ（Jody Williams）　207
ヴォーゲル（Ezra F. Vogel）　242-244, 246, 260
臼井日出男　11, 86, 89, 91, 92, 150, 239
于展　275
梅本和義　133
衛藤征士郎　94, 127, 239
江間清二　198, 240
エリツィン（Boris N. Yeltsin）　10, 94
王毅　275
大出俊　128, 129, 130
大河原良雄　40, 45
大口善徳　266
大越兼行　117
大越康弘　198, 240
大田昌秀　66, 120-122, 124-127, 135, 139, 140, 145, 149, 150
太田洋次　240
大野功統　130
大古和雄　160
大森敬治　113, 199, 240
大森政輔　6
大森義夫　106, 260
岡本行夫　43, 150-152
小沢一郎　41, 55, 212, 238
小野寺五典　266
オバマ（Barack H. Obama II）　98
小原凡司　281
小渕恵三　72, 207, 208, 216, 218, 220, 221, 223, 229, 230, 237, 238
折田正樹　123, 133, 135, 151, 157, 159
温家宝　267

【か行】

海部俊樹　5, 6, 11, 20, 66, 236
垣見隆　67
梶山静六　102, 136, 137, 152, 153
カーター（James E. “Jimmy” Carter, Jr）　25, 26
加藤紘一　14, 55, 56, 226
亀井善太郎　285
川口順子　285
川島真　100
川島裕　194
河尻融　221
神田厚　239

【編者紹介】

真田 尚剛（さなだ・なおたか）

1983年生まれ。立教大学大学院21世紀社会デザイン研究科博士後期課程修了、博士（社会デザイン学）

立教大学大学院兼任講師

主な業績に、「防衛官僚・久保卓也の安全保障構想――その先見性と背景」（河野康子・渡邉昭夫編『安全保障政策と戦後日本 1972～1994 ――記憶と記録の中の日米安保』千倉書房、2016年）、「『防衛計画の大綱』における基盤的防衛力構想の採用 1974～1976年――防衛課の『常備すべき防衛力』構想を巡る攻防」（『国際政治』第188号、2017年）。

服部 龍二（はっとり・りゅうじ）

1968年生まれ。神戸大学大学院法学研究科博士後期課程単位取得退学、博士（政治学）

中央大学総合政策学部教授

主な業績に、『佐藤栄作――最長不倒政権への道』（朝日新聞出版、2017年）、『高坂正堯――戦後日本と現実主義』（中公新書、2018年）。

小林 義之（こばやし・よしゆき）

1978年生まれ。早稲田大学大学院社会科学研究科博士課程満期退学、修士（学術）

公益財団法人笹川平和財団日中友好交流事業グループ主任研究員

主な業績に、「日中佐官級交流」（秋山昌廣・朱鋒編『日中安全保障・防衛交流の歴史・現状・展望』亜紀書房、2011年）、『ナゾの国おどろきの国 でも気になる国 日本――中国人ブロガー22人の「ありのまま」体験記』（共編、日本僑報社、2017年）。

【著者紹介】
秋山 昌廣（あきやま・まさひろ）
1940年生まれ。東京大学法学部卒業。1964年、大蔵省入省。主計局主計官、関税局総務課長、東京税関長、大臣官房審議官（銀行局担当）を経て、防衛庁に移り、長官官房防衛審議官、人事局長、経理局長、防衛局長、防衛事務次官などを歴任。1998年退官後、ハーバード大学客員研究員、海洋政策研究財団会長、東京財団理事長を経て、安全保障外交政策研究会代表。
主な著作に、『日米の戦略対話が始まった――安保再定義の舞台裏』（亜紀書房、2002年）、『日本をめぐる安全保障 これから10年のパワー・シフト――その戦略環境を探る』（共編著、亜紀書房、2004年）、『アジア太平洋の未来図』（共編著、中央経済社、2017年）。

元防衛事務次官 秋山昌廣回顧録
冷戦後の安全保障と防衛交流

2018年12月10日 初版第1刷発行

著者	秋山昌廣
編者	真田尚剛
	服部龍二
	小林義之
発行者	吉田真也
発行所	合同会社 吉田書店

102-0072 東京都千代田区飯田橋 2-9-6 東西館ビル本館 32
TEL：03-6272-9172 FAX：03-6272-9173
http://www.yoshidapublishing.com/

装丁 野田和浩
DTP 閏月社
印刷・製本 モリモト印刷株式会社

定価はカバーに表示してあります。

ISBN978-4-905497-69-1